高等学校生物技术、生物工程系列教材

JIYIN GONGCHENG

基因工程

朱旭芬 吴 敏 向太和 编著

高等教育出版社·北京

内容提要

本书系统阐述了基因工程的基本理论与实用技术,以基因工程四大要素(工具酶、载体、供体、受体)为基础,以基因工程操作流程为主线,涵盖了核酸提取、靶基因克隆、基因重组、基因诱导表达、表达蛋白质的纯化、动植物转基因,以及基因工程应用等内容。此外,还介绍了支撑该学科发展的一些常用和最新的技术,如各种电泳技术、第1~3代测序技术、噬菌体展示技术、酵母双杂交技术、RNA干扰技术、基因靶向技术,以及基因组、转录组、蛋白质组的基因表达谱的研究技术等前沿热点。

与书配套的数字课程(http://abook.hep.com.cn/40848)提供以下拓展资源:与教材内容相关的彩图及拓展阅读资料,各章思考题的解题要点与思路,中英文名词及缩写,菌株学名,参考文献,相关网站等。

本书条理清晰,内容新颖,具有较好的系统性、先进性与教学适用性,可供高等学校生命科学相关专业的师生作为教材使用,也可供研究人员参考。

图书在版编目(CIP)数据

基因工程 / 朱旭芬,吴敏,向太和编著. -- 北京:高等教育出版社,2014.9(2018.1重印)
ISBN 978-7-04-040848-5

Ⅰ.①基… Ⅱ.①朱… ②吴… ③向… Ⅲ.①基因工程-高等学校-教材 Ⅳ.①Q78

中国版本图书馆CIP数据核字(2014)第207492号

策划编辑 王 莉　　责任编辑 高新景　　封面设计 张 楠　　责任印制 尤 静

出版发行	高等教育出版社	咨询电话	400-810-0598
社　址	北京市西城区德外大街4号	网　址	http://www.hep.edu.cn
邮政编码	100120		http://www.hep.com.cn
印　刷	涿州市京南印刷厂	网上订购	http://www.landraco.com
开　本	787mm×1092mm 1/16		http://www.landraco.com.cn
印　张	14.5	版　次	2014年9月第1版
字　数	500千字(含数字课程)	印　次	2018年1月第2次印刷
购书热线	010-58581118	定　价	28.00元

本书如有缺页、倒页、脱页等质量问题,请到所购图书销售部门联系调换

数字课程（基础版）

基因工程

朱旭芬　吴敏　向太和　编著

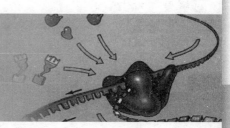

基 因 工 程　朱旭芬 吴敏 向太和　编著

| 用户名 | 密码 | 验证码 | 9337 | 进入课程 |

系列教材

基因工程实验指导（第2版）
朱旭芬 编著

内容介绍　　纸质教材　　版权信息　　联系方式

基因工程数字课程与纸质教材一体化设计，紧密配合。数字课程内容包括以下各部分：与教材内容相关的彩图及知识扩展资料、教学与实践案例PPT、各章思考题的解题要点与思路、中英文名词及缩写、菌株学名、相关文献和网站等。充分运用多种形式媒体资源，极大地丰富了知识呈现形式，拓展教材内容，提升课程教学效果。

高等教育出版社

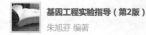

http://abook.hep.com.cn/40848

前　言

　　21 世纪是生命科学的世纪,基因工程作为一门发展较快、影响较大、最具有生命力、引人瞩目的前沿学科之一,其技术已经渗透到医学、药学、农学、食品、环保、能源、材料和工程技术各个领域,成为现代生物学研究的核心技术,不断推动着生命科学的发展,驱动着人类社会生活发生巨大的变化。

　　本教材以基因工程四大要素(工具酶、载体、供体、受体)为基础,以基因工程操作流程为主线,按照核酸提取、靶基因克隆、DNA 酶切与连接、重组子的转化与筛选、靶基因的诱导表达、目标蛋白的纯化,以及基因表达的研究进行基因工程原理的描述,尽可能将一个完整的基因工程知识体系介绍给读者。

　　此外,本教材还介绍了支撑该学科发展的一些技术,如各种电泳技术(核酸凝胶电泳、毛细管凝胶电泳、变性凝胶电泳、聚丙烯酰胺凝胶电泳、脉冲场凝胶电泳、蛋白双向电泳和双向荧光差异凝胶电泳),第 1 代、第 2 代(454 技术、Solexa 技术和 SOLiD 技术)、第 3 代(HeliScope 测序、单分子实时 SMRT 测序、荧光共振能量转移 FRET 测序、纳米孔单分子读取技术,Ion Torrent 测序)测序技术,噬菌体展示,酵母双杂交,基因靶向,RNA 干扰技术以及基因组、转录组、蛋白质组的基因表达谱的研究技术等。

　　根据本科生专业课程学习时间减少,学时缩短的现状,本教材对一些基因工程原理与基础知识进行必要的阐述,第一、二章工具酶与载体的内容,可以穿插在"基因 – 酶切 – 连接 – 转化 – 筛选 – 鉴定"中介绍。结合我们长期的教学与科研经验以及对基因工程原理与实践的领悟,书中采用 200 多幅图示及 30 多张表格进行辅助说明。此外,本教材纸质内容精炼,其配套数字课程中包含:与教材相关的彩图及拓展阅读材料,各章思考题的解题要点与思路,中英文名词及缩写,菌株学名,相关网站等,以方便学生对知识的理解,满足他们进一步学习和工作的需要。

　　本教材得到了浙江大学生物学实验教学中心探究性教学项目以及浙江省药用植物种质改良与质量控制技术重点实验室、杭州师范大学"攀登工程"计划的出版资助。在教材编写中,我们参考了相关书籍与互联网的资料,并得到高等教育出版社王莉老师的大力支持与帮助,高新景编辑为本书出版做了大量工作,在此一并表示最真诚的谢意!

　　限于作者的知识与学术水平与能力,书中一定有疏漏与错误,敬请同行专家与读者批评指正,以便不断地改进和完善。

2014 年秋于启真湖畔

目　录

绪 论

基因工程(gene engineering)是以分子遗传学为理论基础,以分子生物学和微生物学的现代方法为手段,将不同来源的基因按预先设计的蓝图,在体外构建重组 DNA 分子,然后导入宿主细胞,以改变生物原有的遗传特性,获得新品种、生产新产品。

一、基因工程研究进展

1953 年 Watson 和 Crick 在总结 Wilkins 等人研究工作的基础上,提出了 DNA 双螺旋结构的立体模型,设想核酸所携带的遗传信息以密码的形式储存于核苷酸排列顺序中,通过 DNA 半保留复制传给下一代,并通过指导蛋白质合成而表现出各种遗传性状。为此 Watson、Crick 和 Wilkins 获得 1962 年诺贝尔生理学或医学奖。

1956 年 Kornberg 分离并纯化了 DNA 聚合酶;1957 年 Ochoa 和 Kornberg 人工合成了 DNA 和 RNA,于 1959 年获得诺贝尔生理学或医学奖。1958 年 Crick 在综合了 20 世纪 50 年代有关遗传信息流向资料的基础上,首次提出了遗传信息的中心法则(central dogma),即储存于 DNA 分子中遗传信息通过 RNA 分子传递给蛋白质分子(DNA→RNA→蛋白质)。1966 年 Nirenberg、Ochoa 和 Khorana 等人破译了遗传密码,建立了遗传三联密码图。Nirenberg 由于在破译 DNA 遗传密码方面的贡献,获得了 1968 年诺贝尔生理学或医学奖。

1967 年世界上 5 个实验室几乎同时报道发现了 DNA 连接酶,特别是 1970 年 Khorana 等发现 T4 DNA 连接酶可高效连接不同的 DNA 片段。1962 年 Arber 等提出限制与修饰假说,于 1968 年发现 I 型限制性内切酶。1970 年 Smith 和 Wilcox 等从流感嗜血杆菌(*Haemophilus influenzae* Rd)分离出第 1 个 II 型核酸内切酶(*Hind* II)[图1],1971 年 Nathaus 首次使用 II 型核酸内切酶完成了对基因的切割;3 人同时获得 1978 年诺贝尔生理学或医学奖。

1970 年美国 Temin 和 Baltimor 在 RNA 肿瘤病毒中发现反转录酶(reverse transcriptase),如劳斯氏肉瘤病毒(Rous sarcoma virus, RSV)能以 RNA 分子为模板,在反转录酶的作用下,合成 DNA 互补链。1971 年 Crick 修改了中心法则(图 1)。Temin 和 Baltimor 获得 1975 年诺贝尔生理学或医学奖。

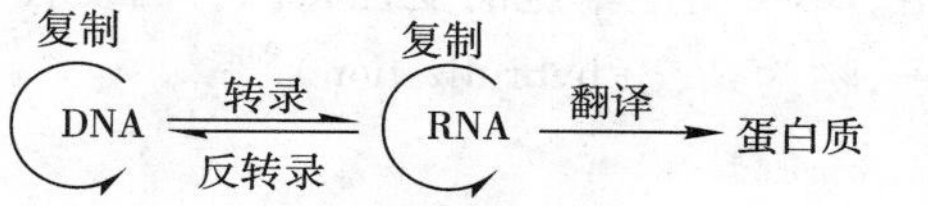

图 1 中心法则

1972 年美国斯坦福大学 Berg 等将猴病毒 40 的基因组 SV40 DNA 和 λ 噬菌体 DNA 分别用内切酶切割,再用 T4 DNA 连接酶将两个片段进行连接,完成了世界上第一个 DNA 体外重组的实验,获得了 SV40 与 λDNA 重组的杂种 DNA 分子[图2]。

1973 年斯坦福大学 Cohen 等将含有卡那霉素抗性基因的 *E. coli* R6-5 质粒与含有四环素抗性基因的 pSC101 质粒进行连接,在体外构建出含有四环素和链霉素两个抗性基因的重组质粒,并导入 *E. coli* 中,获得了双抗性的转化子。1974 年 Cohen 等又将非洲爪蟾核糖体基因与 pSC101 质粒重组,转化 *E. coli*,并在菌体内成功转录出相应的 mRNA,第一次成功进行基因克隆实验,标志着基因工程的诞生。

1978 年和 1981 年,美国科学家 Altman 和 Cech 由于分别发现某些 RNA 具有生物催化(酶)的功能,将其称为核酶(ribozyme),共享 1989 年的诺贝尔化学奖。1975 年 Sanger,Maxam 和 Gilbert 发明 DNA 快速测序技术;1979 年 Smith 发明了寡聚核苷酸基因定点突变技术,获得 1993 年诺贝尔化学奖。1980 年噬菌体 ΦX174(5 368 碱基对)完成全部测序,成为第一个测定的基因组。

1980 年 Palmiter 和 Brinster 成功获得第一个转基因小鼠。1983 年通过农杆菌介导法培育出了转基因烟草。1985 年美国科学家 Mullis 发明了 PCR 仪,与第一个设计定点突变的 Smith 共享了 1993 年诺贝尔化学奖。此后,在常规 PCR 基础上又发展了多种特殊的 PCR。1990 年"人类基因组计划"(HGP)正式启动,英、法、德、日等国家先后加入了 HGP 计划,1999 年 9 月中国承担了 1% 的测序工作。1997 年英国爱丁堡大学罗斯林(Roslin)研究所胚胎学家 Wilmut 领导的科研小组利用一只成年绵羊的乳腺细胞克隆出一只羊羔多利(Dolly)。2000 年 6 月人类基因组草图绘制完毕,即"工作框架图"。此外,RNA 干扰技术的建立,在基因治疗、功能基因组学等研究等方面具有重要的应用价值,获得 2006 年诺贝尔生理学或医学奖。基因打靶技术等获得 2007 年诺贝尔生理学或医学奖。

二、遗传物质的性质与存在方式

1. DNA 性质

(1) 碱基配对(base pairing)　碱基配对是 DNA 分子结构的重要特性,GC 碱基对有 3 对氢键,AT 碱基对仅有 2 对氢键[电图3]。

(2) DNA 变性　将双链 DNA 或天然 DNA 加热时,两条链之间的结合力受到破坏,两条链分离。另外,高 pH 如在 pH 大于 11.3 时,所有的氢键断裂,DNA 完全变性。这种由于外部条件导致双链 DNA 形成单链的过程称为 DNA 变性(denaturation)。把 DNA 达到 50% 变性的温度称为融解温度(melting temperature,T_m)[电图4],与 DNA 的 G + C 含量成正比。基因工程中 DNA 变性常用加热或碱水解。DNA 变性后双链的亲水力减少,碱基的电荷性能改变,造成对紫外线的吸收增加,即增色反应(hyperchromicity)[电图5]。

(3) 复性与杂交　变性的 DNA 在一定条件下,两条互补单链重新配对成原有双链 DNA,即为复性(renaturation)[电图6]。如加热后的 DNA 让其慢慢冷却,则会发生复性。如果加热后迅速冷却置于冰浴,DNA 则呈单链的变性状态。当复性 DNA 由不同的两条同源单链互配形成杂合双链分子,称为杂交(hybridization)[电图7]。

2. DNA 二级结构

DNA 二级结构分 3 种构型:B 型 DNA、A 型 DNA 和 Z 型 DNA[电图8]。

B 型 DNA 是经典的 Watson-Crick 结构,二级结构相对稳定。DNA 分子由两条互补但方向相反的多核苷酸长链组成双螺旋,通过氢键的引力把两条多核苷酸长链连在一起。B 型 DNA 沿中心轴旋转一周为 10 个核苷酸,且有大沟和小沟之分。

A 型 DNA 是 B 型 DNA 的重要变构形式,其分子形状与 RNA 的双链区和 DNA/RNA

杂交分子很相近。在低温条件下,DNA 可被诱导形成 A 型。A 型也为右旋,但结构更加紧密。当 B 型 DNA 所处环境的相对湿度小于 70% 时可转变为 A 型。A 型 DNA 的螺距仅为 2.8 nm,每个螺距含 11 个碱基对。

Z 型 DNA 是左手螺旋,也是 B 型 DNA 的变构形式。Z 型 DNA 中两条由 dC 和 dG 交替形成的多聚核苷酸反向平行排列,通过碱基配对联结并缠绕成 Z 型 DNA。在左旋双螺旋 DNA 中,脱氧胞苷为反式构象,而脱氧鸟苷取顺式构象。这种顺、反式使得主链上的糖环的取向也交替变化,从而使 Z 型 DNA 主链呈锯齿状(zigzag)。

ⓔ 表 1　3 种构型 DNA 的主要特征

生物体内一般以右旋 B 型为主,少量以左旋 Z 型存在。研究表明 Z 型 DNA 构象与基因的转录活性有关。3 种构型 DNA 中,大沟的特征在遗传信息表达中起关键作用,此外,沟的宽窄及深浅也直接影响碱基对的暴露程度,从而影响调控蛋白对 DNA 信息的识别。B 型 DNA 是活性最高的 DNA 构象;变构后的 A 型 DNA 仍有活性;变构后的 Z 型 DNA 活性明显降低。此外,DNA 双螺旋能进一步扭曲盘绕形成特定的高级结构,DNA 二级结构变化在 DNA 复制与转录中具有重要的生物学意义。

ⓔ 知识扩展 1　DNA 的压缩折叠

3. 遗传密码的性质

遗传密码是指 DNA 链上各个核苷酸的特定排序。每个密码子(codon)由 3 个核苷酸决定,是负载遗传信息的基本单位,具有以下特性:

(1) 通用性(universal property)　自然界所有的生命形式公用一本密码图,除极少数例外,三联密码子与氨基酸之间的对应关系见图 2。由于这一通用性,使不同生物基因之间

第一位核苷酸(5′端)	第二位核苷酸 U	C	A	G	第三位核苷酸(3′端)
U	UUU 苯丙氨酸(Phe)	UCU 丝氨酸(Ser)	UAU 酪氨酸(Tyr)	UGU 半胱氨酸(Cys)	U
U	UUC 苯丙氨酸(Phe)	UCC 丝氨酸(Ser)	UAC 酪氨酸(Tyr)	UGC 半胱氨酸(Cys)	C
U	UUA 亮氨酸(Leu)	UCA 丝氨酸(Ser)	UAA 终止密码	UGA 终止密码	A
U	UUG 亮氨酸(Leu)	UCG 丝氨酸(Ser)	UAG 终止密码	UGG 色氨酸(Trp)	G
C	CUU 亮氨酸(Leu)	CCU 脯氨酸(Pro)	CAU 组氨酸(His)	CGU 精氨酸(Arg)	U
C	CUC 亮氨酸(Leu)	CCC 脯氨酸(Pro)	CAC 组氨酸(His)	CGC 精氨酸(Arg)	C
C	CUA 亮氨酸(Leu)	CCA 脯氨酸(Pro)	CAA 谷氨酰胺(Gln)	CGA 精氨酸(Arg)	A
C	CUG 亮氨酸(Leu)	CCG 脯氨酸(Pro)	CAG 谷氨酰胺(Gln)	CGG 精氨酸(Arg)	G
A	AUU 异亮氨酸(Ile)	ACU 苏氨酸(Thr)	AAU 天冬酰胺(Asn)	AGU 丝氨酸(Ser)	U
A	AUC 异亮氨酸(Ile)	ACC 苏氨酸(Thr)	AAC 天冬酰胺(Asn)	AGC 丝氨酸(Ser)	C
A	AUA 异亮氨酸(Ile)	ACA 苏氨酸(Thr)	AAA 赖氨酸(Lys)	AGA 精氨酸(Arg)	A
A	AUG 甲硫氨酸(Met)或起始密码	ACG 苏氨酸(Thr)	AAG 赖氨酸(Lys)	AGG 精氨酸(Arg)	G
G	GUU 缬氨酸(Val)	GCU 丙氨酸(Ala)	GAU 天冬氨酸(Asp)	GGU 甘氨酸(Gly)	U
G	GUC 缬氨酸(Val)	GCC 丙氨酸(Ala)	GAC 天冬氨酸(Asp)	GGC 甘氨酸(Gly)	C
G	GUA 缬氨酸(Val)	GCA 丙氨酸(Ala)	GAA 谷氨酸(Glu)	GGA 甘氨酸(Gly)	A
G	GUG 缬氨酸(Val)	GCG 丙氨酸(Ala)	GAG 谷氨酸(Glu)	GGG 甘氨酸(Gly)	G

图 2　三联密码图

的转移和表达成为可能。

(2) 简并性(degeneracy)　一个氨基酸由一个以上的密码子编码。密码图上除甲硫氨酸(Met)和色氨酸(Trp)只有一个密码子外,编码其他氨基酸的密码子都有2个或2个以上,最多有6个,如亮氨酸(Leu)、丝氨酸(Ser)和精氨酸(Arg)(表1)。

表1　遗传密码的简并性

同义密码数	编码的氨基酸	合计
6	Leu、Ser、Arg	18
4	Gly、Pro、Ala、Val、Thr	20
3	Ile	3
2	Phe、Tyr、Cys、His、Gln、Glu、Asp、Asn、Lys	18
1	Met、Trp	2
	编码氨基酸密码	61
	终止密码	3

蛋白质合成中,氨基酸通过相应的tRNA携带,即tRNA分子上的反密码子与编码氨基酸密码子的碱基配对,这种配对要求密码子的前两个核苷酸形成精确的配对,而在第三位上可以不同,即简并性。通过改变基因序列中的核苷酸,可以不使其编码的氨基酸发生变化,从而产生或删除必要的限制性内切酶的酶切位点,也可以进行蛋白质已知氨基酸序列设计,合成具有各种可能性编码的寡核苷酸探针,用于基因的分离和鉴定。

(3) 偏倚性(bias)　密码子的专一性主要由前两个碱基决定。在蛋白质合成中,对简并密码子的使用频率不同。如UUU和UUC都编码苯丙氨酸(Phe),但在高表达的蛋白质中UUC的使用频率明显高于UUU。一般密码子的第一、二位碱基是AU,那么第三位碱基将尽量使用GC,反之亦然。在基因工程中常选择性使用"高频密码",增加基因中常用密码子的数量,提高外源基因在宿主细胞中的表达水平;另外通过密码子中间的碱基性质,可以判断所编码的氨基酸是亲水性还是疏水性氨基酸,即第二位碱基U是编码疏水性氨基酸的密码子;第二位碱基A是编码亲水性氨基酸的密码子;而第二位碱基G或C是编码疏水性亲水性居中的氨基酸。

(4) 不重叠性(non-overlapping)和阅读方向性(reading directivity)　对于特定的多肽链,在蛋白质合成过程中密码子是不重叠的,即从起始密码开始,严格地按照3个碱基决定一个氨基酸的方式依次顺读。密码阅读的方向与mRNA编码的方向一致,从5′→3′进行(图3)。

aa_1	aa_2	aa_3	aa_4	aa_5	aa_6	aa_7	aa_8	
UCC	GGA	AAC	UCC	UUU	CAG	CCC	UCA	UC

图3　密码子阅读的方向性

(5) 摆动性(wobble)　密码子与反密码子配对,有时会出现不遵从碱基配对规律的情况,称为遗传密码的"摆动"现象(表2)。

表 2　密码子与反密码子配对的"摆动"现象

反密码子的 5′端碱基	密码子的 3′端碱基
C	G
A	U
U	A 或 G
G	C 或 U
I	U、C 或 A

（6）特殊性（particularity）　在酵母、无脊椎动物、脊椎动物的线粒体（mitochondrion），以及支原体中的遗传密码与遗传密码图有一些偏离（表 3），如终止密码子（UGA）变为编码色氨酸（Trp）；在哺乳类细胞线粒体中的 AGA 与 AGG（精氨酸 Arg）变成终止密码子；哺乳类、果蝇和酵母线粒体中的 AUA（异亮氨酸 Ile）变为甲硫氨酸（Met）；酵母线粒体中的 CUA（亮氨酸 Leu）和果蝇线粒体中的 AGA（精氨酸 Arg）分别改变为苏氨酸（Ser）和丝氨酸（Thr）。遗传密码的某些偏离可能是生命演化过程中的产物。

表 3　遗传密码的特殊性

密码子	常用	交替使用	交替使用地方
AGA、AGG	Arg	终止密码、Ser	一些动物线粒体，原生动物
AUA	Ile	Met	线粒体
CGG	Arg	Trp	植物线粒体
CUU、CUC、CUA、CUG	Leu	Thr	酵母线粒体
AUU	Ile	起始密码子	一些原核生物
GUG	Val	起始密码子	一些原核生物
UUG	Leu	起始密码子	一些原核生物
UAA、UAG	终止密码	Glu	一些原核生物
UGA	终止密码	Trp、硒代半胱氨酸	线粒体、支原体、E. coli

起始密码子 AUG，原核 mRNA 将其译作甲酰甲硫氨酸（f-Met），真核生物则译作甲硫氨酸（Met）。除 AUG 外，以 GUG 作为起始密码子占 8%，而以 UUG 作为起始密码子只有 1%。终止密码子有 UAA、UAG 和 UGA，其中 UAA 终止密码子效率最高，UAG 最低，且紧随着三种密码子之后的是 U。

近来研究发现，除线粒体使用一组密码子其含义有别于核基因外，原先被认为仅用作终止信号的无义密码子在某些情况下编码特定的氨基酸，如 UGA 编码硒代半胱氨酸（sele-nocysteine，Se-Cys）（图 4）。在某些古菌和细菌中，UAG 编码第 22 种天然氨基酸吡咯赖氨酸（pyrrolysine，Pyl）（图 5）。

三、基因及基因表达

基因组（genome）是细胞或生物体的全套遗传物质。就细菌和噬菌体而言，其基因组是指拟核遗传物质所含的全部基因，而二倍体真核生物的基因组则是指维持配子正常功能的一套染色体及其所携带的全部基因。如人的基因组包括一套 23+1 条染色体、含有

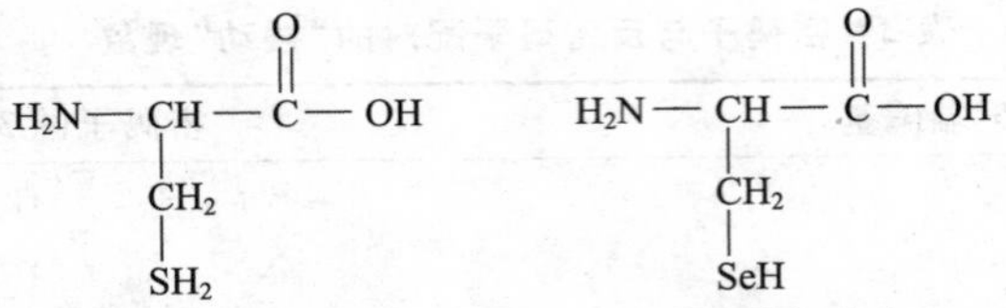

半胱氨酸（Cys）　　　　硒代半胱氨酸（Se-Cys）

图4　半胱氨酸与硒代半胱氨酸的分子结构

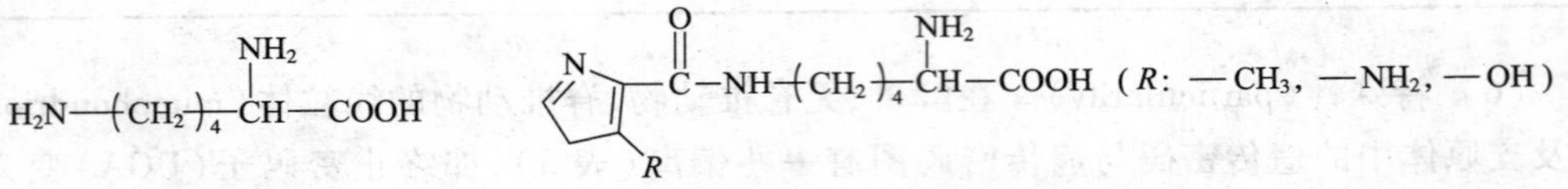

赖氨酸（Lys）　　　　吡咯赖氨酸（Pyl）

图5　赖氨酸与吡咯赖氨酸的分子结构

3×10^9个碱基对的 DNA。20 世纪 60 年代发现了插入序列,开始认识到基因组中某些成分的位置并非一成不变,同种生物的不同个体间基因组大小或基因组数目也不是绝对固定的,甚至由于基因组结构变化还会导致功能的变化。

1. 基因

基因(gene)是生物体内一切具有自主复制能力的遗传单位,是负载特定生物遗传信息的 DNA 或 RNA 分子片段,是细胞中所有 RNA 及蛋白质分子的"蓝图"。

(1) 移动基因(movable gene)　1951 年美国冷泉港实验室(cold spring harbor laboratory)科学家 McClintock 在玉米研究中发现,玉米种子的颗粒颜色可通过杂交使其改变,这种改变可通过非杂交方法恢复。她认为在玉米基因组上存在可移动的控制因子,在基因组上穿梭巡逻,当它任意插到玉米染色体的靶位点上,就可控制所在位置基因的表达,使基因开启或关闭。且此控制因子又可从插入部位重新被删除,使基因的表达恢复原来的状态。McClintock 在 20 世纪 50 年代创立了移动基因理论,但由于传统的观念及当时对分子生物学知识的贫乏,此观点没能被接受,直到 1961 年 Jacob 和 Monod 的乳糖操纵子模型和控制基因理论发表,才被人们重视。20 世纪 60 年代末 Shapiro 研究 E. coli 高效突变时,在细菌中发现了插入序列,从而使"移动基因"被大家所接受,直到 1983 年 McClintock 才获得诺贝尔生理学或医学奖。

> 📖 知识扩展 2　移动基因

(2) 断裂基因(split gene)　断裂基因是指编码序列在 DNA 分子中不连续,或是被插入序列隔开。在真核细胞中,编码蛋白质的 DNA 序列只占整个基因组序列的小部分,如人类基因组中蛋白质编码的 DNA 序列只占 3%,而 90% 以上的序列并不编码蛋白质。其中一些是内含子(intron)[图9],已发现这些 DNA 序列对包括癌症在内的人类正常基因组的修复、调控及多细胞有机体的演化至关重要。高等真核生物多数基因都有内含子。酿酒酵母(Saccharomyces cerevisiae)只有少数基因有内含子,裂殖酵母(Schizosaccharomyces)较多,E. coli T4 噬菌体、枯草杆菌 SPO1 噬菌体和蓝细菌少数基因含有内含子。线粒体、叶绿体基因也含内含子。不同生物的同一基因,内含子长度尽管变化很大,但数目、位置往往相同。

(3) 基因丰余(gene redundance)　真核 rRNA 基因、tRNA 基因和组蛋白基因的份数超过实际需要,称为基因丰余。①细菌中 rRNA 基因是多拷贝的,E. coli 有 7 份,枯草杆菌有 10 份,各自都组成一个操纵子。基因的排列顺序为 16S—23S—5S,rRNA 基因之间以及 5S rRNA 基因下游插有 tRNA 基因。②tRNA 基因:由于遗传密码具简并性,且密码子的 3′ 碱基和反密码子的 5′ 碱基配对可以摇摆,所以细菌翻译 61 种密码子只需 32 种反密码子。但实际上仍然有约 60 种 tRNA 存在。③组蛋白基因由 H₁、H₂A、H₂B、H₃、H₄ 共 5 个组成, 首尾相连、重复排列成串。各基因之间和各重复单位之间都有间隔区分开,重复次数因物种而异。如人、鼠每单倍体基因为 10 ~ 40 份;鸡为 10 份,酵母 2 份,果蝇约 100 份,小麦 50 ~ 60 份。

（4）重叠基因(overlapping gene)　一般同一段 DNA 序列内不可能存在着重叠的读码基因,但在噬菌体和动物病毒中,不同基因的核苷酸序列有时是可以共用,即核苷酸序列采取彼此重叠的方式(基因多种读框)来增加单位 DNA 序列所携带的信息量。如 φX174 DNA 只含有 5 387 个核苷酸,却编码了 11 种蛋白质,一般每个基因有 900 ~ 1 500 bp。自发现 φX174 噬菌体基因重叠后,已发现一些遗传信息重叠的情况,其中包括重叠操纵子、异相位重叠基因、同相位重叠基因、反相位重叠基因等。

异相位重叠基因中最常见的是上游基因的终止密码子和下游基因的起始密码子重叠,如基因 B 和基因 K 两基因交界处是…TGATG…,其中 A 使用两次(图 6)。

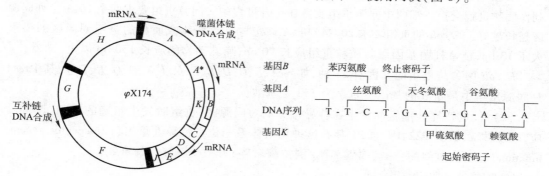

图 6　φX174 的重叠基因

同相位重叠基因是重叠基因中最简单的一种,其编码的蛋白质只是长短不同,其氨基酸顺序完全一样。如 Tn5 转座子的 P2 蛋白质比 P1 蛋白质 N 端少 40 个氨基酸,P1 是转座酶,P2 是转座酶的竞争性抑制物。

反相位重叠基因两条 DNA 都有编码功能。IS5 由右向左编码一个较大的蛋白质,由左向右编码一个较小的蛋白质。两者读框相同,方向各异,氨基酸序列不同。

这种重复利用会使 ORF 的信息容量和利用率变高,主要见于 φX174、SV40 和 RNA 噬菌体等小型基因组中,基因重叠可以尽量发挥其编码能力。

🔊 知识扩展 3　基因簇

2. 基因的分类

基因根据是否具有转录和翻译功能分为 4 类:

（1）结构基因为编码蛋白质的基因　具有转录和翻译功能,即可转录形成 mRNA,并进而翻译成多肽链,构成各种结构蛋白质、催化各种生化反应的酶和激素等。

（2）只有转录功能没有翻译功能的基因　如 rRNA 基因、tRNA 基因以及一些小分子的细胞核 RNA(snRNA)基因。

（3）不转录和翻译的调控基因　指某些可调节控制结构基因表达的基因。其突变可能影响一个或多个结构基因的功能，或导致一个或多个蛋白质（或酶）量的改变，包括启动基因（promoter gene）和操纵基因（operator gene）。

（4）功能未知 DNA　真核生物 DNA 中 90% 是不编码蛋白质的，其中包括插入序列（insertion sequence，IS）、重复序列，尤其是重复序列次数达 $10^5 \sim 10^6$ 倍的高度重复序列。

3. 生物基因的自身重组

生物进行繁殖时，能把遗传信息精确地传给后代，遗传稳定性对维持生物的生存十分重要。而在一个较长的时期内，生物体的生存则取决于遗传的变异，以适应环境的变化。基因的 DNA 序列发生重排，即为重组，可分为同源重组、位点特异性（定位）的非同源性重组等。

（1）同源重组　在生物细胞中，DNA 或 RNA 分子间或分子内的同源序列能在自然条件下以一定的频率发生重新组合，这个过程称为同源重组（homologous recombination）。它是生物演化的一种重要方式，对于原核细菌和病毒而言，同源重组现象的发生尤为普遍。如果外源 DNA 含有适当的同源区，就可通过同源重组整合到生物的染色体上，这为靶基因导入特定位点提供了便利。

真核生物同源重组发生在减数分裂中，重组酶以两个 DNA 螺旋分子中任何一对同源序列作底物进行交换。细菌中同源重组发生在接合过程中。同源重组要求两个 DNA 序列同源区越长越好。*E. coli* 的重组要求 20～40 bp；*E. coli* 与 λ 噬菌体或质粒的重组同源区的要求大于 13 bp；枯草杆菌基因组与质粒重组应长 70 bp；哺乳动物的应长 150 bp 以上。

E. coli 中参与重组的基因有 27 种，如 *recA*、*B*、*C*、*D*、*E*、*F*、*G*、*J*、*N*、*O*、*Q*、*R*、*T* 等，其中 *recA* 是同源重组中最重要的基因，RecA 为 352 氨基酸。

（2）位点特异性重组　发生在特异位置的短同源区，重组时发生精确的切割、连接反应，噬菌体 λ、Φ80、P22、P4 和 P1 都有这种重组体系。位点特异性重组（site-specific recombination）有两类重组酶：一类属解离酶/倒位酶家族，另一类属整合酶家族。

解离酶/倒位酶家族：Hin、Gin、Cin

整合酶家族
- FLP　FLP 酶 – FRT 位点　　（酿酒酵母 2 μm 质粒）
- Cre　Cre 酶 – Lox 位点　　（P1 噬菌体）
- Int　Int 酶 – att 位点　　（噬菌体）

酿酒酵母 2 μm 质粒的 FLP 为位点特异性重组酶，相对分子质量为 340×10^3，其特异性位点为 FRT（FLP recognition target）。有功能的最小 FRT 段是 34 bp 的 DNA 序列（图 7），由 13 bp 的反向重复序列和一个不对称的核心序列组成，且在 34 bp 的 DNA 序列侧翼还有一反向重复序列，可增强 FLP 介导的重组反应，在体外可影响重组过程中的切口形成与链交换。FLP 蛋白酶催化 2 μm 质粒 FRT 位点（48 bp）重组。

GAAGTTCCTATAC**TTTCTAGA**GAATAGGAACTTGGGAATAGGAACTTC
CTTCAAGGATATG**AAAGATCT**CTTATGGTTGAACCCTTATCCTTGAAG

图 7　FRT 序列

P1 噬菌体包含重组位点 Lox 和 Cre 酶基因，Cre 蛋白酶负责 P1 特异位点 Lox 的重组。Lox 由 34 个核苷酸组成，两端为 13 bp 反转重复序列，中间为 8 bp 的非回文序列（图 8）。

λ 噬菌体和 *E. coli* 间位点特异重组的因子有 Int、Xis、IHF 和重组位点 att。

噬菌体 Int 为相对分子质量 4×10^4 的单肽整合蛋白,可非特异地结合 DNA。Int 有三重功能:噬菌体的插入,溶原噬菌体的切离,拓扑异构酶活性。Xis(excision)为 72 氨基酸切离蛋白,与 att 左臂结合,无需外界提供能源和辅助因子。IHF(integration host factor)是宿主 *E. coli* 所编码,分别由 *himA* 和 *hip* 基因编码的 α 和 β 两亚基组成,IHF 结合于 attP。

ATAACTTCGTATAATGTATGCTATACGAAGTTAT
TATTGAAGCATATTACATACGATATGCTTCAATA

图 8 Lox 序列

att 位点为重组特异位点(attachment site),细菌一方为 attB(att bacteria),25 bp 长度;噬菌体一方为 attP(att phage),240 bp 长度。attB 和 attP 的同源区仅限于 15 bp 的互换区,同源区的记号是 O,其核心顺序为 GCTTTTTTATACTAA,互换即在这个区域发生(图 9)。

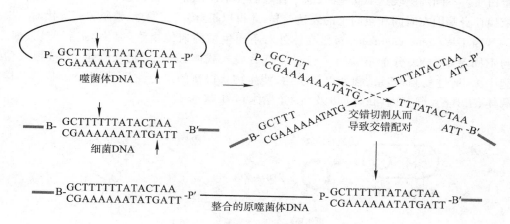

图 9 att 位点特异重组

在噬菌体一方 O 的左翼为 P,160 bp 必要长度,而右翼 P′是 88 bp 必要长度,即 POP′;在细菌一方 O 的左翼为 B,是 11 bp 必要长度;右翼 B′的必要长度也是 11 bp,即 BOB′。噬菌体与细菌重组的整合依赖于 Int,而切离则依赖于 Int 和 Xis(图 10)。

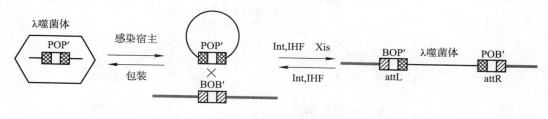

图 10 噬菌体整合机制

由于交换区双方有相同的序列,具有完美的黏性末端,给连接提供了方便。attL 表示整合后 O 左翼,attR 表示 O 右翼。λ 噬菌体的整合位置是在 *E. coli* 染色体的半乳糖基因和生物素基因之间的 attB 位置。Int、IHF 只能在 attP 上形成整合体,不能在 attL 或 attR 上形成整合体;而 attL 和 attR 只能和 Xis、IHF、Int 形成另一种复合体,重组的结局是把原噬菌体从细菌基因组上切下来。

4. 基因表达与调控

基因表达(gene expression)是指基因所携带的遗传信息,经过转录前、转录、转录后、翻译和翻译后这一系列的生物化学反应,最终产生具有生物功能的基因产物即蛋白质的过程。在基因表达过程中,每一阶段都有其自身的调控。调控作用包括基因表达的开始、行进和终止,其中也包括基因表达的强弱和表达产物多少的控制。

> 知识扩展 4　原核与真核生物基因表达调控

基因调控(gene regulation)是指细胞用来控制各基因产物产出量的机制。基因表达是多步骤多层次过程,决定了基因表达的调控必然是多步骤、多层次的过程。基因表达的量、程序、时间、空间特性是受到严格调节控制的[图10]。

虽然生物体中的各种细胞都具备特有的一整套基因组,但不同分化的细胞却产生不同的蛋白质。不同细胞表达不同基因,同一种基因在不同细胞中表达也有很大差异,生物体正是依赖自身基因在时间和空间上的表达差异,才得以正常分化、发育、繁殖和调节代谢[图11]。

基因工程(gene engineering)是在体外对不同生物的遗传物质(基因)进行剪切、加工,再与不同亲本 DNA 分子重新组合、连接,然后插入载体分子中,转入微生物、植物或动物细胞中去,通过复制、转录、翻译以及表达,使生物获得新的遗传性状(图11)。基因工程包括载体、工具酶、靶基因(供体)以及宿主(受体)4 个基本要素。

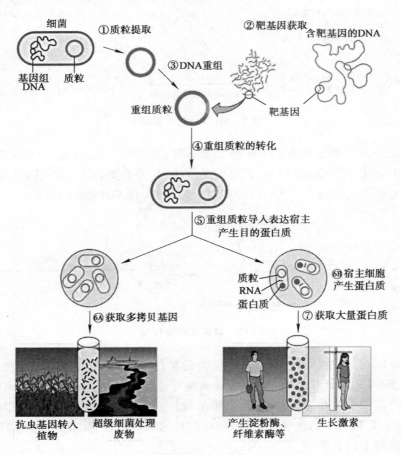

图 11　基因工程基本原理示意

基因工程可以打破物种间的限制,依照人们的设计,通过体外 DNA 重组和转基因等技术,高效表达靶基因编码的产物或修饰改造生物物种的特性,使其表现出新的遗传性状。第一代基因工程是将单一外源基因导入宿主细胞,使其高效表达靶基因编码的蛋白质或多肽;第二代基因工程为蛋白质工程,通过基因水平的修饰改变蛋白质多肽的序列结构,生产性状、功能更为优良的蛋白质;第三代基因工程则在基因水平上局部设计细胞内的代谢途径和信号转导途径,使细胞具有优越的品质。

基因工程技术已广泛应用于医、农、工(酶制剂)、环境等产业,相关内容详见第十章。

思考题

1. 名词解释:融解温度、增色反应、DNA 变性与复性、DNA 杂交、同源重组、基因表达。
2. 叙述你所理解的基因及基因表达概念。
3. 在生命科学发展进程中,哪几位科学家及其研究对你影响最深?
4. 简述基因工程的要素和基本流程。
5. 原核生物基因与真核生物基因有什么差异?
6. 原核细胞 mRNA 含有几个功能所需要的特征区域,它们是( )。

A. 启动子、SD 序列、起始密码子、终止密码子、茎环结构

B. 启动子、转录起始位点、前导序列、SD 序列、ORF、起始密码子、茎环结构

C. 转录起始位点、尾部序列、SD 序列、ORF、茎环结构

D. 转录起始位点、前导序列、SD 序列、ORF、尾部序列

7. DNA 的变性( )。

A. 包括双螺旋的解链　　　　　B. 可以由低温产生

C. 是磷酸二酯键的断裂　　　　D. 包括氢键的断裂

8. 反密码子中( )碱基参与了密码子的简并性。

A. 第一个　　　B. 第二个　　　C. 第三个　　　D. 第一个和第三个

第一章
工具酶

基因工程中使用的工具酶种类繁多,有专司切割之职的限制性内切酶、核酸外切和内切酶,具有连接功能的 DNA 连接酶,有行使复制之责的 DNA 和 RNA 聚合酶,带有末端转移功能的核酸末端修饰酶等(表 1-1)。

表 1-1　DNA 重组中常见的工具酶

酶类	功能
限制性内切酶	识别并在特定的位点上切开 DNA
DNA 连接酶	通过磷酸二酯键把不同的 DNA 片段连接起来
DNA 聚合酶 I	按 5′到 3′方向加入新的核苷酸,补平 DNA 双链中的缺口
反转录酶	按照 RNA 的碱基序列,根据碱基互补原则合成 DNA 链
碱性磷酸酶	除去位于 DNA 链 5′或 3′端的磷酸基团
末端转移酶	在双链核酸的 3′端加上多聚单核苷酸
多聚核苷酸激酶	使多聚核苷酸 5′端磷酸化
DNA 外切酶 III	从 DNA 链的 3′端逐个切除单核苷酸

第一节　限制与修饰酶

一、限制性内切酶

任何生物都具有排斥异己、保护自身的防御机制,如细菌的限制与修饰。限制(restriction)是指宿主细胞中存在着限制性内切酶(restriction endonuclease),当外源 DNA 进入其细胞时,限制酶发生切割和降解作用。从某种意义上讲,限制酶构成了生物抵抗外源 DNA 入侵的防御机制,是细菌的"卫士"。修饰(modification)是指核酸内切酶识别的 DNA 序列中,为数极为有限的若干碱基发生甲基化作用,如宿主本身的内源 DNA 则因为修饰可以免受限制性内切酶的切割和降解(图 1-1)。限制-修饰(R/M)系统构成了物种遗传稳定性的自我防卫体系,有利于生物进化。细菌的限制与修饰作用中,*hsd* R 编码限制性核酸内切酶,*hsd* M 编码限制性甲基化酶;*hsd* S 为限制性酶和甲基化酶的协同表达。

1968 年 Meselson 等从 *E. coli* 菌株 K 和菌株 B 中发现了 I 型核酸内切酶。1970 年 Smith 等分离了 II 型限制性内切酶 *Hind* II,从而证实了 Arber 等人的假说。Nathaus 使用 II 型限制性内切酶首次完成了对基因的切割。

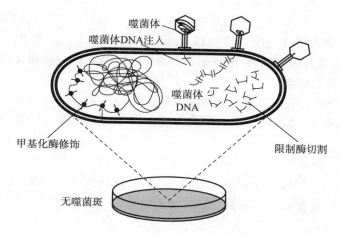

图 1-1　限制与修饰机制

凡能够识别和切割双链 DNA(double strand DNA,dsDNA)分子内特殊核苷酸序列的酶统称为限制酶。几乎所有种类的原核生物都能产生限制性内切酶,根据其结构和作用特点分成Ⅰ型、Ⅱ型、Ⅲ型三类。其中Ⅱ型限制性内切酶与其所对应的甲基化酶是分离的,而且这类酶的识别切割位点专一,被广泛用于 DNA 重组。严格地说Ⅰ型和Ⅲ型酶为限制-修饰酶,因为它们的限制性核酸内切活性及甲基化活性都作为亚基的功能单位包含在同一酶分子中。既有内切酶的限制活性,又具有甲基化酶的修饰作用。而对于限制作用的方式,Ⅰ型和Ⅲ型却不一样,切点也不固定。

Ⅰ型限制酶相对分子质量较大,需要 ATP、Mg^{2+} 和 S-腺苷甲硫氨酸(S-adenosylme-thionine,SAM)作为催化反应的辅助因子,在降解 DNA 时伴有 ATP 水解。Ⅰ型限制酶在识别位点上与 DNA 结合,但被结合 DNA 向前滑行(1 至几 kb)形成一个环,然后随机切割环回(loops back)的 DNA。所以,Ⅰ型限制酶只有专一性的识别位点(约 15 个碱基)而没有专一性的切割位点,不产生特异性 DNA 片段。Ⅲ型限制酶也需要 Mg^{2+} 以及 ATP 和 SAM 作为催化反应的辅助因子。该酶有专一的非对称识别序列,只切割 DNA 上的特定的位点,如 EcoP15 识别 CAGCAG。在识别顺序旁边几个核苷酸对的固定位置上切割双链,但这几个核苷酸对非特异性。Ⅰ型和Ⅲ型限制酶是大型的多亚基的复合物。在同一种蛋白质分子中兼有切割和修饰作用,但都不能产生可利用的 DNA 片段,在 DNA 重组中意义不大。

Ⅱ型限制酶常以同源二聚体形式存在©图1-1,只具有限制性的切割作用,没有甲基化的修饰作用,即限制-修饰系统分别由切割核酸特定序列的限制酶与修饰相同序列的甲基化酶组成。Ⅱ型限制酶的相对分子质量较小,仅需要 Mg^{2+} 作为催化反应的辅助因子,能识别与切割 DNA 链上特异性核苷酸序列,产生特异性的 DNA 片段。由于其核酸内切酶活性与甲基化作用活性分开,具有可控制和预期切割的位点,故在 DNA 重组中具有广泛的用途。

1. Ⅱ型限制酶的命名

普遍采用 1973 年 Smith 和 Nathaus 提出的命名系统,根据其来源的微生物,以 3~4 个字母组成,即属名+种名+株名+序号。①用微生物属名的头一个大写字母和种名的前 2 个小写字母组成 3 个斜体字母,表示限制性内切酶的名称,如大肠杆菌(Escherichia coli)用 Eco 表示。②第四个字母代表菌株的类型,是大写还是小写,根据情况而定,用正体。如

*Eco*R 的 R 代表大肠杆菌 R 株。③如果一种微生物同时具有几个不同的限制 - 修饰系统，则按先后顺序，在代表菌株的字母后冠以正体的罗马数字Ⅰ、Ⅱ、Ⅲ等，如流感嗜血杆菌（*H. influenzae*）d 株有几种限制酶，则分别表示为 *Hind*Ⅰ、*Hind*Ⅱ、*Hind*Ⅲ（表 1 - 2）。

2. Ⅱ型限制酶的特点

（1）位点特异性　能严格地识别双链分子上的特异核苷酸序列，并在特定部位上水解双链 DNA 中的磷酸二酯键，产生 5′端为磷酸基（5′ - P），3′端为羟基（3′ - OH）的 DNA 片段（图 1 - 2）[图1-2]。

绝大多数限制酶识别 4 ~ 8 个核苷酸特定序列，并以切割序列的正中作为轴心，成 180°反向重复，即回文结构（palindrom）（图 1 - 3）。可根据识别序列的规律性，从成千上万个核苷酸组成的 DNA 中找出限制酶识别的可能序列。

图 1 - 2　限制酶作用的末端　　　　**图 1 - 3　回文结构**

（2）限制酶产生的切口有平末端和黏性末端两种　有些酶切割两条链时会产生两端平整的 DNA 分子即平末端（blunt end），如 *Eco*RⅤ（GAT↓ATC）。多数的切割可产生黏性末端（cohesive end），即切口处留下没有配对的单链尾巴。其又分为 5′黏性末端，如 *Eco*RⅠ（G↓AATT）；3′黏性末端，如 *Pst*Ⅰ（CTGCA↓G）[图1-3]。

表 1 - 2　常用限制酶的识别序列及产生菌株

限制性内切酶	识别位点	产生菌株
*Apa*Ⅰ	GGGCC↓C	巴氏醋酸杆菌（*Acetobacter pasteurianus*）
*Bgl*Ⅱ	A↓GATCT	球形芽孢杆菌（*Bacillus globigii*）
*Bam*HⅠ	G↓GATCC	淀粉液化芽孢杆菌（*B. amyloliquefaciens* H）
*Eco*RⅠ	G↓AATTC	大肠杆菌（*Escherichia coli* RY13）
*Eco*RⅤ	GAT↓ATC	大肠杆菌（*E. coli*）
*Hind*Ⅲ	A↓AGCTT	流感嗜血杆菌（*Haemophilus influenzae* Rd）
*Kpn*Ⅰ	GGTAC↓C	肺炎克雷伯氏杆菌（*Klebsiella pneumomiae* OK8）
*Mbo*Ⅰ	↓GATC	牛莫拉氏杆菌（*Moraxella bovis*）
*Nde*Ⅰ	CA↓TATG	脱硝奈瑟氏菌（*Neisseria denitrificans*）
*Not*Ⅰ	GC↓GGCCGC	豚鼠耿诺卡氏菌（*Nocardia otitidis*）
*Pst*Ⅰ	CTGCA↓G	普罗威登斯菌（*Providencia stuartii* 164）
*Pvu*Ⅱ	CAG↓CTG	普通变形菌（*Proteus vulgaris*）
*Sac*Ⅰ	GAGCT↓C	产色链霉菌（*Streptomyces achromogenes*）
*Sal*Ⅰ	G↓TCGAC	白色链霉菌（*S. albus* G）

限制性内切酶	识别位点	产生菌株
Sau3A I	↓ GATC	金黄色葡萄球菌（*Staphylococcus aureus* 3A）
Sca I	AGT ↓ ACT	头状链霉菌（*Streptomyces caespitosus*）
Sma I	CCC ↓ GGG	黏质沙雷氏菌（*Serratia marcescens*）
Xba I	T ↓ CTAGA	巴氏黄色单胞菌（*Xanthomonas badrii*）
Xho I	C ↓ TCGAG	油菜黄单胞菌（*X. holcicola*）

（3）限制酶的反应温度通常为 37 ℃，但少数限制酶的最适温度较低或较高（表 1-3），需要 Mg^{2+} 作辅助因子，pH 7.2～7.6。

表 1-3　特殊限制酶的最适温度

限制性内切酶	最适温度/℃
Apa I、Sma I、Swa I、	25
BamH I、Cla I、Cpo I、Sma I、Smi I、	30
Bst X	45
Bcl I、BssH II、Sfi I	50
Acc III、BstP I	60
Taq I	65

限制性内切酶不仅识别特定的序列，且对序列两端的核苷酸有一定长度的要求，对裸露的酶切位点很难发挥正常的切割功能。一般要加 2～4 个保护碱基才能满足常规的酶切需要。影响限制性内切酶活性的因素很多，如 DNA 样品的纯度、反应条件（缓冲液）是否合适、酶的作用位点是否离 DNA 末端太近、两种酶的作用位点是否太近，是否存在 DNA 甲基化的问题等。

3. II 型限制酶根据相互关系和特殊性质可分为同裂酶与同尾酶

（1）同裂酶（isoschizomer）　同裂酶是那些来源不同，但识别序列相同的限制酶。这些酶可具有不同的或相同的切割位点，所产生的末端可能是相同，也可能是不同。如 *Sac* I 和 *Sst* I 可识别 GAGCT ↓ C，产生相同的末端；*Asp*718 和 *Kpn* I 识别的顺序都是 G ↓ GTAC ↑ C，但前者的切点在 ↓ 处，产生 4 个核苷酸的 5′ 端突起末端，后者的切点则在 ↑ 处，产生 4 个核苷酸的 3′ 端突起末端；此外 *Sma* I 和 *Xma* I 识别顺序相同，切割位点不同：*Sam* I（CCC ↓ GGG）和 *Xma* I（C ↓ CCGGG）。*Mbo* I 和 *Sau3A* ↓ ↑ GA$^{(*)}$TC 也是成对的同裂酶，它们的识别和切割位点都相同，但 *Sau3A* 还可切甲基化的 A*。

（2）同尾酶（isocaudamer）　亦称异源同工酶，虽然来源各异，识别的序列也不完全相同，但产生相同的黏性末端（至少含有 4 碱基相同）的一类限制酶。同尾酶在重组 DNA 中有特殊的用途，同尾酶处理的载体和外源 DNA 能产生相同的 DNA 黏性末端（表 1-4），可通过其黏性末端之间的相互作用利用连接酶进行连接^{图1-4}。但同尾酶的黏性末端连接的 DNA 片段一般不再被原来的同尾酶所识别，但也有例外，如 *Sau3A* 与 *BamH* I 中的 *Sau3A*。

表 1-4 同尾酶

黏性末端	限制性内切酶
5′ - GATC - 3′	*BamH* I 、*Bcl* I 、*Bgl* II 、*Sau3A* I 、*Xho* II
5′ - CTAG - 3′	*Spe* I 、*Nhe* I 、*Xba* I 、
5′ - AATT - 3′	*EcoR* I 、*Mun* I
5′ - CG - 3′	*Taq* I 、*Cla* I 、*Acc* I

经限制酶切割产生的 DNA 片段称为限制性片段,不同限制酶切割 DNA 后所形成的限制性片段长度不同,可通过 DNA 分子中 A、T 和 G、C 出现的频率,推断限制酶在该 DNA 分子上存在的频率 $F = X^n Y^m$,其中 n 为限制酶识别顺序内双链 A-T 对数,m 为限制酶识别顺序内双链 G-C 对数;X 为 A 或 T 在 DNA 分子中出现频率,Y 为 G 或 C 在 DNA 分子中出现频率。识别序列的长度影响其在 DNA 分子中出现的频率,识别序列越长,在 DNA 分子中存在的概率越小,切割的片段越长。假定在 DNA 分子中,四种核苷酸残基数量相等,出现的频率为 1/4,如识别顺序为四个碱基对的限制酶,限制酶识别顺序内双链 A-T 与 G-C 的对数和为 4,即 $n + m = 4$,在该 DNA 分子中的切割位点出现概率为 $(1/4)^4$,即平均 256 个碱基出现一个切割位点;对于识别六个碱基对顺序的限制酶,切割位点出现概率为 $(1/4)^6$,即平均 4 096 个碱基对出现一个切割位点。而对于识别八个碱基对顺序的限制酶,切割位点出现概率为 $(1/4)^8$,即平均 65 536 个碱基对出现一个切割位点。图1-5

在非标准条件下,酶的性能甚至酶切位点可能会发生改变,出现非特异性切割。如当离子强度降低、pH 升高或酶浓度过高时,*EcoR* I 除了切割 - GAATTC - 外,还随机地切割 AATT 序列,这就是星号活性(star activity)。引起星号活性的因素很多,如甘油浓度过高(>5%)、酶过量(>100 U/μL)、离子浓度低(<25 mmol/L),pH 过高(>8.0)等。

限制酶的功能:①利用限制性内切酶可对不同 DNA 样品进行切割,将相同酶或同尾酶切割的黏性末端进行连接,也可将相同酶或不同酶产生的两个平末端进行拼接。②可进行限制性内切作图(restriction mapping),即 DNA 分子限制性内切酶切割位点的定位,DNA 分子中各种不同限制性内切酶的酶切位点的线性排列图。③可进行 RFLP(restriction fragment length polymorphism,限制性片段长度多态性)分析。当 DNA 序列的差异发生在限制性内切酶的识别位点时,或当 DNA 片段的插入、缺失或重复导致基因组 DNA 经限制性内切酶酶解后,其片段长度的改变可经凝胶电泳进行区分。

二、甲基化酶

甲基化酶(methylase)主要有两类:II 型甲基化酶和大肠杆菌的 dam、dcm 甲基化酶。针对大多数 II 型限制酶已分离出相应的甲基化酶,它们同属一个 R/M 系统,可将甲基基团连接到 DNA 分子的特定碱基上修饰 DNA。甲基化酶的识别序列与相应的限制酶相同,但甲基化位点与限制酶酶切位点是不同的。甲基化的碱基是 A 和 C;大多数 *E.coli* 中含有两种可甲基化的酶,即 DNA 腺嘌呤甲基化酶 dam(DNA adenine methylase)和 DNA 胞嘧啶甲基化酶 dcm(DNA cytosine methylase)。dam 甲基化酶可以将甲基引入 5′ - GATC - 3′中的腺嘌呤的 N^6 位上(图 1-4),同时 S - 腺苷甲硫氨酸(SAM)转变为 S - 腺苷高半胱氨酸(SAH)。

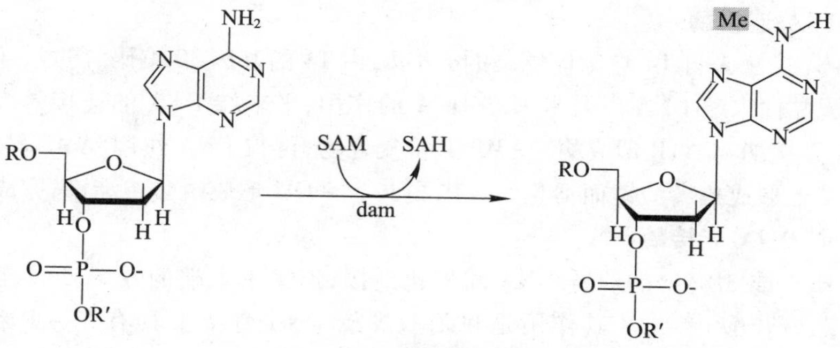

图 1－4 腺嘌呤甲基化过程

dcm 甲基化酶可将甲基引入 5′ － CCA/TGG － 3′序列中间一个胞嘧啶的 C^5 上。在 DNA 甲基转移酶 DMT(DNA methyltransferases) 的作用下,CpG(CNG,CCGG) 位点胞嘧啶 C^5 被甲基化(图 1－5)。

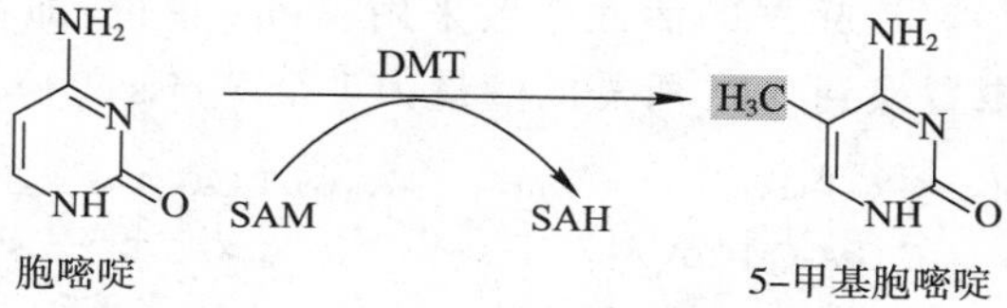

图 1－5 胞嘧啶甲基化过程

第二节 DNA 连接酶

DNA 连接酶(DNA ligase)催化 DNA 链的相邻 3′ － 羟基(3′ － OH)和 5′ － 磷酸(5′ － P)基团发生缩合反应,形成磷酸二酯键,填补(封闭)双链 DNA 上相邻核苷酸之间的单链缺口。DNA 连接酶因所需求的辅助因子不同,可分为 T4 DNA 连接酶与 *E. coli* DNA 连接酶两大类(图 1－6)。

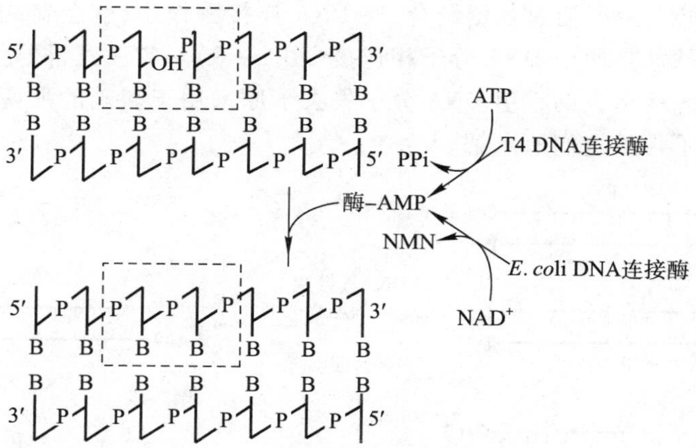

图 1－6 两种 DNA 连接酶作用

17

1. T4 DNA 连接酶

T4 DNA 连接酶来自 T4 噬菌体感染的 *E.coli*，由 T4 的基因30编码，需要 ATP 参与，具有连接相互匹配黏性末端 DNA 以及平末端 DNA 的作用，平末端 DNA 的连接效率低于黏性末端。T4 DNA 连接酶与 ATP 形成酶 - AMP 共价复合物，再与 DNA 作用，AMP 转移至 DNA 缺口 5′ - 磷酰基上形成焦磷酸键而活化 5′ - P，再与 3′ - OH 形成磷酸二酯键，完成连接过程。

2. *E. coli* DNA 连接酶

在带互补 5′ 或 3′ 突出的双链 DNA 间催化连接，连接平末端的效率较低、需要 NAD（烟酰胺腺嘌呤二核苷酸）参与。其作用是封闭双螺旋 DNA 骨架上具有 5′ - P 和 3′ - OH 的缺口，形成磷酸二酯键，而不能封闭裂口。主要用于正常 DNA 的合成及损伤 DNA 的修复、体外基因重组中的 DNA 连接。作用机制是首先生成 NAD$^+$ - 酶的复合物，通过酶的作用将 NAD$^+$ 转移到 DNA 缺口处与 5′ - P 形成焦磷酸键，使 5′ - P 活化，活化的磷酸基与 3′ - OH 之间磷酸酯键，释放出 NAD$^+$，完成连接过程。

连接酶的连接需要切口内 5′ - P 末端，如果缺乏 5′ - P 末端，DNA 连接酶不能催化切口的共价连接（图 1 - 7）。连接酶的活性一般采用 Weiss 单位，即在 37 ℃下 20 min 催化 1 nmol/L ^{32}P 从焦磷酸根置换到 ATP 所需的酶量为 1 个 Weiss 单位。

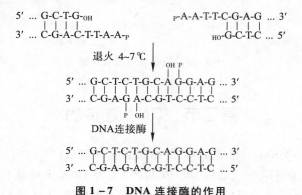

图 1 - 7　DNA 连接酶的作用

在基因工程中，经限制性内切酶处理而形成的平末端以及同一种酶或同尾酶产生的相同黏性末端的 DNA 分子通过氢键结合，经 DNA 连接酶作用，就会在相邻的核苷酸之间形成磷酸二酯键，从而将两个 DNA 分子相连接（图 1 - 8）。应注意，同尾酶产生的相同黏性末端之间的连接，所产生的重组 DNA 分子失去了原来用于切割的那两种限制性内切核酸酶的识别位点，不再被它们所水解。

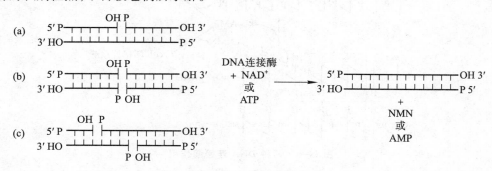

图 1 - 8　不同末端的连接

影响 DNA 连接的因素有:①连接酶的用量。一般情况下,酶浓度高,反应速率快,产量也高,但连接酶保存在 50% 的甘油中,因此连接反应系统由于甘油含量过高,会影响连接效果。②作用的时间与温度。反应的速度随温度的提高而增加,虽然 DNA 连接酶的最适温度是 37 ℃,但此温度下,黏性末端之间的氢键结合不稳定,不足以抗御热破裂作用。所以采用温度介于酶作用速率与末端结合速率之间,一般为 12～16 ℃,连接 12～16 h,这样既可以最大限度地发挥连接酶的活性,又有助于短暂氢键配对的结构稳定。而平末端之间的连接可较高的温度如 22～30 ℃。③底物浓度。一般采用提高 DNA 的浓度来增加重组的比例,但底物浓度过高,反应体积太小,连接效果也很差。载体与靶基因采用等摩尔量进行连接。

一般相同或不同的平末端、相同酶产生的黏性末端、同尾酶产生的黏性末端可进行连接。如希望黏性末端与平末端进行连接,则黏性末端可以采用补平或切平成平末端再进行连接。

第三节　聚合酶

一、DNA 聚合酶

常用的 DNA 聚合酶(polymerase)包括 *E. coli* DNA 聚合酶 I、*E. coli* DNA 聚合酶 I 大片段(Klenow 片段)、T4 DNA 聚合酶、T7 DNA 聚合酶及修饰的 T7 DNA 聚合酶(测序酶)、耐热 DNA 聚合酶(*Taq* DNA 聚合酶)、反转录酶等。分为三类:①具有 5′→3′ 的聚合酶活性,没有 3′→5′ 外切酶活性,催化 DNA 合成能力强,其产物具有 3′-A 末端,可进行 TA 克隆,但无修复功能,保真度低。②既具有 5′→3′ 的聚合酶活性,又具有 3′→5′ 外切酶活性,能纠正 DNA 合成过程中发生的碱基错配,有修复功能,保真度高。但催化能力较弱,产生平末端。③能以RNA 为模板,合成 DNA。

1. *E. coli* DNA 聚合酶 I

1956 年 Kornberg 等首先从 *E. coli* 中分离的 DNA 聚合酶,是一条 120×10^3 的肽链(图 1-9)。该酶具有以下特性:

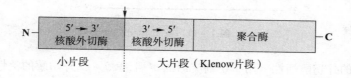

图 1-9　*E. coli* DNA 聚合酶 I 结构

(1) 5′→3′ 的聚合酶活性　能以单链 DNA 为膜板,以 dNTPs 为底物,在 3′-OH 引物的引导下,按 5′→3′ 方向合成互补的 DNA 序列(图 1-10)。

图 1-10　*E. coli* DNA 聚合酶 5′→3′ 的聚合酶活性

（2）5′→3′的外切酶活性　从游离的5′端降解双链DNA或单链DNA成为单核苷酸，每次能切除多达10个脱氧核苷酸。该活性在修复DNA的损伤中起重要的作用。

（3）3′→5′的外切酶活性　沿着3′→5′方向降解单链DNA，对维持DNA复制的准确性具有十分重要的作用。

E. coli DNA聚合酶Ⅰ的5′→3′的聚合酶活性以及5′→3′的外切酶活性协同作用，可以使DNA一条链上的切口从5′→3′方向移动，即有DNA缺口平移功能ⓔ图1-6。

2. Klenow 片段

1974年Klenow用枯草杆菌蛋白酶水解完整的DNA聚合酶Ⅰ，得到两个片段。其中N端的小片段具有5′→3′外切酶活性，相对分子质量为34×10^3；而C端的大片段，即Klenow片段（Klenow fragment）（图1-9），相对分子质量为76×10^3，具有5′→3′聚合酶和3′→5′外切酶活性，但失去了DNA聚合酶Ⅰ中降解5′引物的5′→3′外切酶活性。

（1）5′→3′的聚合酶活性　可用于填补由DNA限制酶产生的凹缺3′端。制成平末端，使原先不具相容的黏性末端通过平末端重组。此外可进行DNA末端标记，在高浓度的标记底物（$\gamma - ^{32}P - dNTP$）存在下，对具有3′隐蔽末端的DNA片段作快速放射性标记（图1-11）。

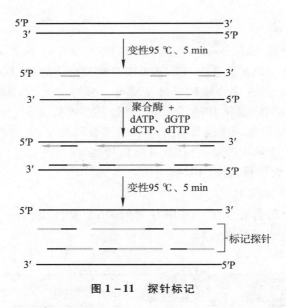

图1-11　探针标记

（2）3′→5′的外切酶活性　用于切割突出的3′端，无5′→3′外切酶的活性。但用Klenow片段的切割反应来修复3′突出末端是不理想的，而用T4 DNA聚合酶或其他酶更好。

3. T4 DNA 聚合酶

从T4噬菌体感染的*E. coli*培养物中纯化出来的相对分子质量为1.14×10^5的DNA聚合酶，和*E. coli*的Klenow片段一样具有：

（1）5′→3′的聚合酶活性　可以补平或标记3′凹端的DNA。

（2）3′→5′的外切酶活性　其外切酶活性比Klenow片段强200倍，且对单链的作用比双链要强。在没有dNTP存在的条件下，3′→5′外切酶活性便是T4聚合酶的独特功能（图1-12）。此时它作用于双链DNA片段，并按3′→5′的方向从3′-OH末端开始降解

DNA。应用取代合成法可以标记平末端的 DNA 片段。

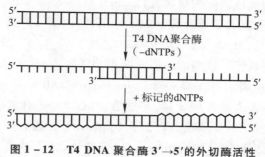

图 1-12　T4 DNA 聚合酶 3′→5′的外切酶活性

4. T7 DNA 聚合酶

从感染了 T7 噬菌体的 *E. coli* 中纯化出来,由两个不同亚基组成,一种是 T7 噬菌体基因 5 编码的 84×10^3 大亚基,另一种是 *E. coli* 编码的 12×10^3 的硫氧还蛋白小亚基,作为辅助蛋白可增加基因 5 蛋白质同引物模板的亲合性能。

(1) 5′→3′核酸聚合酶活性　该酶是已知 DNA 聚合酶中持续合成能力最强,所催化合成的 DNA 平均长度远大于其他 DNA 聚合酶,常用于相对分子质量大的模板 DNA(数千个核苷酸)合成;在测序方面有优势,测序使用的酶就是 T7 DNA 聚合酶改造而来的,其具有较强的链延伸能力和较高的聚合反应速度。

(2) 很高的单链及双链的 3′→5′核酸外切酶活性　但无 5′→3′核酸外切酶的活性。

T7 DNA 聚合酶的持续合成能力强,一旦与模板结合就会不间断地合成互补链,且不受 DNA 二级结构的影响。其用途如同 T4 DNA 聚合酶一样,可通过单纯的延伸或取代合成途径,标记 DNA 3′端;可将双链 DNA 的 5′或 3′突出末端,转变成平末端。

5. *Taq* DNA 聚合酶

单亚基耐热的 DNA 聚合酶,其相对分子质量是 94×10^3,最初是从水生栖热菌(*Thermus aquaticus*)中纯化的,具有 5′→3′的聚合酶活性,最适反应温度为 72~80 ℃,每秒可延伸 150~300 个核苷酸,其聚合酶活力在 60 ℃时下降 2 倍,在 37 ℃时下降 10 倍。磷酸缓冲液抑制 *Taq* DNA 聚合酶活性,反应一般在 pH 8.3 的 Tris 缓冲液中进行。主要用于 PCR 反应和高温测序。*Taq* DNA 聚合酶由于失去 3′→5′方向的校正活性,缺乏校正功能,其错误掺入率比 Klenow 片段高 4 倍,即配错出现频率为 0.2%~0.5%。

最新发展了多种高保真的 DNA 聚合酶系,如 *Taq* DNA 聚合酶的变体 *Taq* Plus Ⅱ,其碱基错配率下降至 10^{-6},而其聚合效率大为增强,一次可扩增 30 kb 的 DNA 靶序列。此外,还有 *Tth* DNA 聚合酶、Vent DNA 聚合酶以及 *Pfu* DNA 聚合酶。

(1) *Tth* DNA 聚合酶　来自嗜热栖热菌(*Thermus thermophilus*),在 74 ℃条件下进行扩增,在 95 ℃半衰期为 20 min,具有反转录酶活性,可简化 RT-PCR。但不具 3′→5′外切酶活性,没有校对功能,催化聚合反应的错误掺入率为 1/500。

(2) *Pfu* DNA 聚合酶　来自激烈热球菌(*Pyrococcus furiosus*),此酶耐热性极好,在 97.5 ℃半衰期大于 3 h,具有 3′→5′外切酶活性,催化 DNA 合成的忠实性比 *Taq* DNA 聚合酶高 12 倍,是目前为止发现的错配率最低的聚合酶。

6. 反转录酶

1970 年 Temin 等在致癌的 RNA 病毒的动物组织中发现反转录酶(reverse transcriptase），该酶催化以单链 RNA 为模板合成出相应的 DNA。现在使用的反转录酶有：

（1）来自纯化的禽类成髓细胞瘤病毒（avian myoblastosis，AMV） 由 a 和 b 两条多肽链组成，a 链（62×10^3）有反转录活性和 RNase H 活性，以 $5' \rightarrow 3'$ 或 $3' \rightarrow 5'$ 方向特异地水解 RNA - DNA 杂交双链中的 RNA 链；b 链（94×10^3）具有以 RNA - DNA 杂交双链分子为底物的 $5' \rightarrow 3'$ DNA 外切酶活性。该酶的最适温度 42 ℃，最适 pH 为 8.3。

（2）Moloney 鼠白血病病毒（moloney murine leukemia virus，M - MLV）克隆的反转录酶 编码基因在 *E. coli* 中表达一条 84×10^3 多肽链，具有 $5' \rightarrow 3'$ 合成酶和较弱的 RNase H 酶活性。该酶的最适温度是 37 ℃，最适 pH 是 7.6，在 42 ℃ 迅速失活。

此外，还有 M - MLV 反转录酶的 RNase H⁻ 突变体，其商品名为 SuperScript 和 SuperScript Ⅱ，该酶较其他酶能将更大部分的 RNA 转换成 cDNA，允许从含二级结构、低温反转录很困难的 mRNA 模板合成较长 cDNA。

（3）*Thermus thermophilus*、*Thermus flavus* 等嗜热微生物的热稳定性反转录酶 在 Mn^{2+} 存在下，允许高温反转录 RNA，以消除 RNA 模板的二级结构。

反转录酶的功能：①具有 RNA 指导的 DNA 聚合酶活性，可以 RNA 为模板，在 dNTPs 存在下，以寡聚核苷酸为引物，合成互补的 DNA，即以某一基因的 mRNA 为模板合成一条 cDNA。②具有 DNA 指导的 DNA 聚合酶活性，但不具有 $3' \rightarrow 5'$ 核酸外切酶活性，所以聚合反应往往会出错，在高浓度的 dNTP 和 Mg^{2+} 下，每 500 个碱基可能有一个错配。③禽酶有很强的 RNase H 活性，会影响 cDNA 的产量和长度，鼠酶的 RNase H 活性相对较弱。

反转录酶的用途：①以 oligo dT 为引物［与 mRNA 的 poly（A）尾互补结合］合成 cDNA，构建 cDNA 文库。② RT - PCR 用的模板克隆某个基因时，用其 mRNA 反转录出 cDNA 第一链。③制备 DNA 探针，在随机引物（random primer）或 oligo dT 引导下，以 poly（A）mRNA 为模板，以 $\alpha - ^{32}P$ 标记的 dNTP 为原料，可反转录合成放射性标记的 cDNA 链。

二、RNA 聚合酶

RNA 聚合酶（RNA polymerase）催化以 DNA 或 RNA 为模板，以 4 种核苷酸（NTP）为底物，转录合成 RNA 的反应。常用的 RNA 聚合酶是 DNA 依赖的 RNA 聚合酶。

噬菌体 SP6 RNA 聚合酶、T7 或 T3 RNA 聚合酶来自感染 SP6 的鼠伤寒沙门氏菌（*Salmoneua typhimurium*），以及感染 T7 和 T3 噬菌体的 *E. coli*。这些噬菌体的 RNA 聚合酶都是单亚基，只转录具有唯一的噬菌体指导的特异启动子序列的基因，而不会转录任何宿主细胞的基因；且每种噬菌体 RNA 聚合酶都对自己的启动子表现出高度的特异性，尤其是紧挨在 $5'$ 转录起点上游的 12 ~ 22 个核苷酸序列十分保守。如 T3 RNA 聚合酶对一种只有 23 bp 的启动子序列高度特异，它同 T7 聚合酶识别的启动子序列之间仅有三个碱基的差异。因此 SP6 RNA 聚合酶可在带有 SP6 启动子的双链 DNA 模板上识别并启动 RNA 合成。T7 和 T3 聚合酶也只特异性识别 T7 和 T3 启动子。SP6、T7 和 T3 RNA 聚合酶识别启动子后，不需要引物即以 DNA 为模板转录合成 RNA。

SP6、T7、T3 RNA 聚合酶用于合成单链 RNA，作为杂交用探针、体外翻译系统中的功能性 mRNA，体外剪接反应的底物；也可直接用于原核或真核细胞中克隆基因的表达。如 T7 表达系统中，T7 RNA 聚合酶基因置于 lacUV5 启动子的控制下，并用携带 lacUV5 启动子和 T7

RNA 聚合酶基因的 λ 噬菌体建立稳定的溶原菌(详见第六章第二节)。将携带处于 T7 启动子控制下的外源目的基因的质粒导入上述含有 T7 RNA 聚合酶基因的溶原性细菌中。用 IPTG 对 lacUV5 启动子进行诱导,使质粒中的 T7 RNA 聚合酶基因表达,T7 启动子得到活化。

第四节　核酸酶

核酸酶包括核酸外切酶(exonucleases)与核酸内切酶(endonuclease)。核酸外切酶作用于 DNA 分子的游离末端,以一定方向将核苷酸逐个或几个同时切去;按作用特性的差异,分为双链核酸外切酶和单链核酸外切酶。核酸内切酶是除识别特异性序列酶以外、作用于 DNA 的酶。

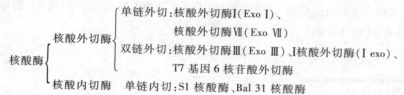

核酸酶 {
　核酸外切酶 {
　　单链外切:核酸外切酶I(Exo I)、核酸外切酶Ⅶ(Exo Ⅶ)
　　双链外切:核酸外切酶Ⅲ(Exo Ⅲ)、I核酸外切酶(I exo)、T7 基因 6 核苷酸外切酶
　}
　核酸内切酶　单链内切:S1 核酸酶、Bal 31 核酸酶
}

1. 核酸外切酶Ⅲ(Exo Ⅲ)

来自 *E. coli*,是一种相对分子质量 28×10^3 的多功能酶,可降解双链 DNA 分子中许多类型的磷酸二酯键,释放单核苷酸的速率取决于 DNA 分子中的碱基成分,即 $C \gg A - T \gg G$。核酸外切酶Ⅲ的主要活性有:

(1) 3′→5′外切酶活性,催化双链 DNA 自 3′ – OH 末端释放 5′单核苷酸,使双链 DNA 分子产生单链区(图 1 – 13)。当 ExoⅢ作用 DNA 分子时,要求双链 DNA 分子完全互补,因而可作用于含切口的 DNA,具有平末端或 5′突起末端的 DNA 分子。如果 DNA 分子的 3′端具有 4 个或 4 个以上的核苷酸突起单位,则不能作用。ExoⅢ外切酶不能降解单链 DNA 和带有 3′端的双链 DNA。该酶广泛用于 DNA 单向或双向缺失。缺失时常与核酸酶 S1 或绿豆核酸酶联用。

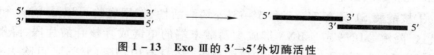

图 1 – 13　Exo Ⅲ 的 3′→5′外切酶活性

(2) RNase H 活性,降解 DNA – RNA 杂交核酸分子中的 RNA 链。

(3) 3′ – 磷酸酶活性,即切除 3′端磷酸,但不能切除内部的磷酸。

2. λ 核酸外切酶和 T7 基因 6 核苷酸外切酶

两种外切酶都能催化双链 DNA 分子自 5′ – P 末端进行逐步的水解,释放出 5′单核苷酸,且 T7 基因 6 核苷酸外切酶可从 5′ – OH 末端移去核苷酸。λ 核酸外切酶是从 λ 噬菌体感染的大肠杆菌中分离纯化的,能从双链 DNA 上依次切下 5′单核苷酸,作用底物是双链 DNA 的 5′ – P 末端,但不能降解 5′ – OH 末端(图 1 – 14)。

图 1 – 14　λ 核酸外切酶活性

3. 核酸外切酶Ⅶ(Exo Ⅶ)

E. coli 核酸外切酶Ⅶ有两个亚基,分别是 *xseA* 和 *xsaB* 基因的编码产物,能从 5′端或 3′端降解 DNA 分子,产生寡核苷酸片段,此酶不需要 Mg^{2+}(图 1 – 15)。

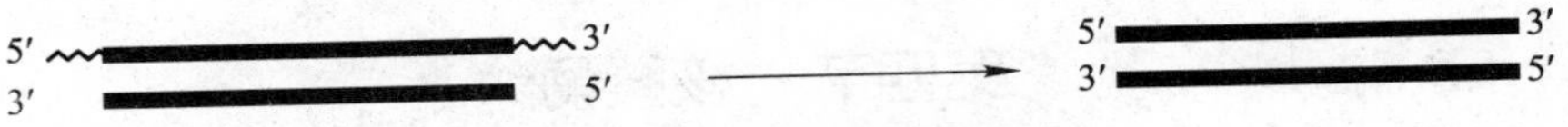

图 1 – 15　Exo Ⅶ 的活性

4. 核酸酶 Bal 31

来源于 *Alteromonas espejiana*,主要活性为:①双链外切核酸酶活性,从 dsDNA 的 3′和 5′端切除寡核苷酸或单核苷酸,以及对带缺口或裂口的双链 DNA 或 RNA 的活性。②单链内切酶活性,专门从单链 DNA 切除带有 5′端的单链(寡)核苷酸(类似于核酸酶 S1 的单链特异性核酸内切酶活性)(图 1 – 16)。

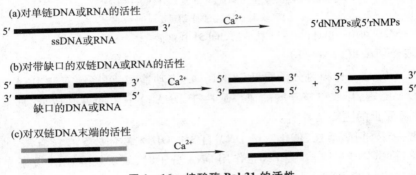

图 1 – 16　核酸酶 Bal 31 的活性

5. 核酸酶 S1

来自米曲霉(*Aspergillus oryzae*),是一种高度单链特异性核酸内切酶。酶活性需要低水平的 Zn^{2+} 的存在,最适 pH 范围为 4.0 ~ 4.5。该酶对 dsDNA、dsRNA 以及 DNA – RNA 不敏感。①核酸酶 S1 具有 3′→5′和 5′→3′外切酶活性,作用底物可以是 DNA 和 RNA,只作用单链区,降解 ssDNA 或 ssRNA 形成 5′磷酸末端的单链或寡核苷酸片段,降解 DNA 速度大于降解 RNA 速度(图 1 – 17)。②核酸酶 S1 还具有内切酶的活性,可除去双链 DNA 和 DNA – RNA 杂交分子中的单链区和切口,产生断口。

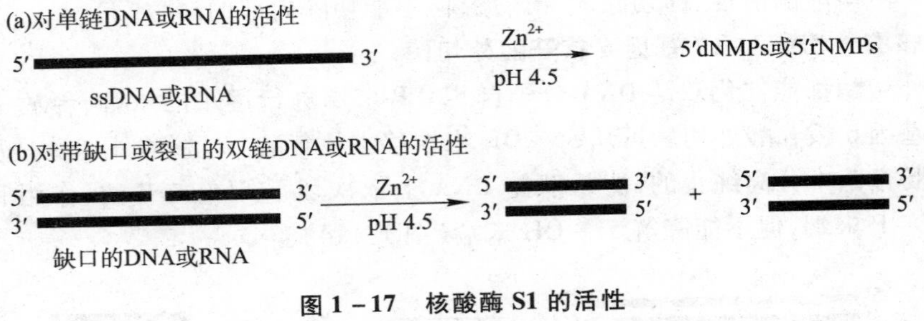

图 1 – 17　核酸酶 S1 的活性

核酸酶 S1 的用途是:与 ExoⅢ联用产生缺口,除去限制酶产生的突起末端,除去双链 cDNA 封闭端的发夹结构,基因内含子分析,转录起始位点测定(S1 作图法)。由于核酸酶

S1 能从 DNA 片段中切去单链尾巴,产生平末端,在质粒的构建和 DNA 重组中广泛使用。

6. 脱氧核糖核酸酶 I

脱氧核糖核酸酶 I(DNase I)分离自牛胰腺,它在 dsDNA 和 ssDNA 链的内部随机降解,形成带有 5′-磷酸末端的单或寡核苷酸混合物,是一种非限制性核酸内切酶。可优先从嘧啶核苷酸处水解双链与单链 DNA。Mg^{2+} 存在时独立作用每条 DNA 链;而在 Mn^{2+} 存在时,大致在同一位置切割 dsDNA,产生平末端或 1~2 个核苷酸突出。它广泛用于 RNA 和蛋白质提取时除去 DNA 以及切口移位(nick translation)标记 DNA 探针。

7. RNase H

RNase H 是一种 RNA 酶,是 AMV 的 a 链经过蛋白酶水解后产生的一条多肽。以 5′→3′或 3′→5′方向特异地水解 RNA-DNA 杂交双链中的 RNA 链。但它不能除去单独存在的 RNA 分子、dsDNA 或 dsRNA,它只能使双链的 DNA-RNA 杂交分子中的 RNA 链降解,在 cDNA 克隆合成第二链之前去除 RNA,主要用于 cDNA 文库的构建。

8. 核糖核酸酶 A

核糖核酸酶 A(RNase A)是一种 RNA 限制酶,专一作用于单链 RNA 的 3′端嘧啶残基,切开其与相邻核苷酸连接的磷酸酯键(5′-P),终产物为 3′-磷酸嘧啶或寡核苷酸。可除去 DNA 样品中的 RNA。

RNase A 酶是一种高度碱基专一性酶,相对分子质量 $137×10^3$,最适 pH 7.0~8.0,最适温度为 65 ℃。RNA 酶非常稳定,由一条多肽链组成,变性后容易复性,很耐热,煮沸后还能保持大部分活性。RNA 酶无需任何辅助因子,在较宽的 pH 范围内都有活性。市售的 RNase A 酶是从胰中提取的,其中混杂有少量的 DNA 酶,使用前必须经过处理。由于 RNase A 很耐热,而 DNA 酶不耐热,可以通过加热处理使 DNA 酶失活,而 RNase A 酶的活力会在缓慢冷却过程中得到恢复。所以在处理 RNase A 样品时,即煮沸后,切不可急于将管子取出,要缓慢冷却,否则变性的 RNase A 酶就不能很好地复性而使酶活剧降。

第五节　核酸末端修饰酶

1. 碱性磷酸酶

常用的碱性磷酸酶有细菌碱性磷酸酶(bacterial alkaline phosphatase,BAP)和小牛肠碱性磷酸酶(calf intestinal alkaline phosphatase,CIP)两种。它们均能催化核酸 DNA 或 RNA 分子除去末端 5′-P 基团,产生 5′-OH 末端(图 1-18),可以防止线性化的载体 DNA 分子发生自身环化连接作用。

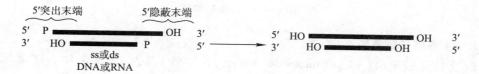

图 1-18　碱性磷酸酶的活性

CIP 酶的优点是在 68 ℃加热能完全失活。BAP 则是抗热性的,利用酚-氯仿抽提除去。CIP 的比活性要比 BAP 的高出 10~20 倍,因此在大多数情况下优先选用 CIP。

为了防止线性质粒 DNA 自身环化,对于单一酶切、提纯的质粒 DNA,在连接前常用碱性磷酸酶处理,选择性地除去 5′端的磷酸基。这样载体的环化作用只有在插入一个未被碱性磷酸酶处理的外源 DNA 片段后才可以进行,因为每个连接点仍然提供一个 5′端的磷酸基。还有一个未连接的切口,待细胞进行转化后,在细胞体内得到修复,形成完整的双股 DNA 链。

碱性磷酸酶的应用有:①在分子克隆的连接反应中预先处理载体 DNA 片段,以去除 5′-P,防止载体重新自体连接,提高重组效率;②用 ^{32}P 标记 5′端时,用此酶去除 5′-P,再用激酶对 5′端进行同位素标记;③作为化学发色物测定或其他检测系统的指示酶。

2. 末端脱氧核苷酸转移酶

末端脱氧核苷酸转移酶(terminal deoxynucleotidyl transferase,TdT)来自小牛胸腺,为 34×10^3 的碱性蛋白质。它催化将 dNTP 中的单磷酸核苷向 DNA 分子的 3′-OH 的转移反应,即具有 5′→3′的聚合作用,使线性 DNA 分子的 3′端逐渐延长,即加尾反应。与 DNA 聚合酶不同,在反应中末端转移酶不需要模板的存在,可催化 DNA 分子发生聚合作用,且是一种非特异性的酶,4 种 dNTPs 中的任何一种都可以作为它的前体物(图 1-19)。

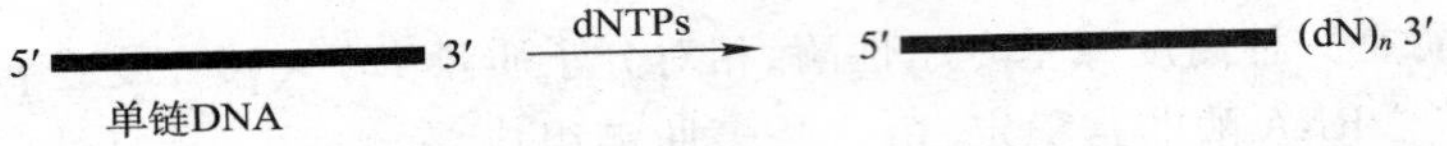

5′ ■■■■■■■ 3′ →(dNTPs)→ 5′ ■■■■■■■ (dN)n 3′

单链DNA

图 1-19　末端脱氧核苷酸转移酶的活性

如果反应系统中只含有一种 dNTP,即为同聚物加尾(图 1-20)。若两个 DNA 分子分别加上互补的同聚物,它们在一定条件下形成互补双链,可使 DNA 分子相连在一起。在含有 Mg^{2+}、Co^{2+} 和 Mn^{2+} 的低离子强度缓冲液中,此酶也能作用于 3′平端或 5′凹端的 DNA 分子,若加入嘧啶核苷酸,则以 Co^{2+} 为首选阳离子;若加入嘌呤核苷酸,则以 Mg^{2+} 离子为首选阳离子。加尾反应以 3′-突起效率最高。该酶主要用于双链 cDNA 和相应载体的加尾反应,以利于 cDNA 文库构建。

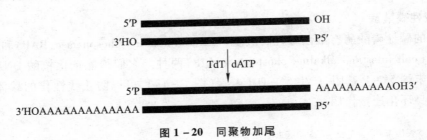

图 1-20　同聚物加尾

3. T4 多核苷酸激酶

T4 多核苷酸激酶(T4 polynucleotide kinase,T4 PNP)是由 T4 噬菌体 *pesT* 基因编码的,催化 ATP 的 γ-磷酸转移给 ssDNA、dsDNA 或 RNA 分子的 5′-OH 末端上,这种作用不受底物分子链大小的限制。常用的有两种反应:①正向反应(forward reaction),当使用 γ-^{32}P 标记的 ATP 作前体物时,T4 PNP 可以使底物核酸分子的 5′-OH 末端标记上 γ-^{32}P;②交换反应(exchange reaction),如果底物是 5′-P 末端的单链或双链 DNA,

当反应混合物中存在着超量的 $\gamma-{}^{32}P-ATP$ 和 ADP 的情况下,T4 PNP 催化 $\gamma-{}^{32}P-$ATP 中的 $\gamma-{}^{32}P$ 同 DNA 分子的末端发生交换,从而使底物带上 5′端标记(图 1-21),但标记效果不如正向反应有效。T4 PNP 不仅可以标记 DNA 分子的 5′端,还可以使缺失 5′-P 末端的 DNA 发生磷酸化作用。

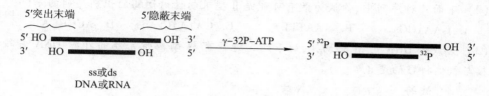

图 1-21　T4 多核苷酸激酶的活性

4. 多聚腺嘌呤聚合酶

多聚腺嘌呤聚合酶分离自 *E. coli*,能在 3′-OH 的单链 RNA 分子末端逐个加上腺嘌呤核苷酸,使其最终形成一个 poly(A)尾。凡是不具 poly(A)的 mRNA 分子可用此法加上,使之能用于 cDNA 的合成。

第六节　其他酶

1. 溶菌酶

溶菌酶(lysozyme)是一种能水解致病菌中黏多糖的碱性酶。它主要通过破坏细胞壁中的 N-乙酰胞壁酸和 N-乙酰氨基葡萄糖之间的 $\beta-1,4$ 糖苷键($\beta-1,4-$glycosidic bound),使细胞壁不溶性黏多糖分解成可溶性糖肽,导致细胞壁破裂、内容物逸出而使细菌溶解。溶菌酶还可与带负电荷的病毒蛋白质直接结合,与 DNA、RNA、脱辅基蛋白形成复盐,使病毒失活。因此,该酶具有抗菌、消炎、抗病毒等作用ⓒ图1-7。

2. 蛋白酶 K

蛋白酶 K(proteinase K)是一种切割活性较广的丝氨酸蛋白酶。蛋白酶 K 在尿素和 SDS 中稳定,具有降解天然蛋白质的能力。一般工作浓度是 $50\sim100\ \mu g/mL$,在较广的 pH 范围内(pH 4~12.5)均有活性,在 50 ℃的活性比 37 ℃高许多倍。它常用于去除细胞裂解样品中的蛋白质以及残余的酶。

思考题

1. 名词解释:同裂酶、同尾酶、Klenow 片段、切口移位、平末端、黏性末端。
2. 基因工程中常用的工具酶有哪些,各有什么作用?
3. 简述Ⅱ型限制性内切酶的性质以及作用机制。
4. 什么是星号活性,它受哪些因素影响?
5. 碱性磷酸酶、*Taq* 酶在 DNA 重组中各有什么功能?
6. 简述反转录酶在基因工程中的重要性。

7. 选择题

（1）下列关于限制性内切酶的表示方法中，正确的一项是（　　）。

    A. BamH Ⅰ　　　　B. *Eco*R Ⅰ.　　　　C. *hind*Ⅲ

    D. Sau3A Ⅰ　　　　E. *Pst* Ⅰ

（2）下面几种序列中，你认为最有可能是Ⅱ型限制性内切酶的识别序列的是（　　）。

    A. GAATCG　　　B. AAATTT　　　　C. GATATC　　　　D. ACGGCA

（3）若载体 DNA 用 M 酶切开，则下列 5 种带有 N 酶黏性末端的外源 DNA 片段中，能直接与载体拼接的是（　　）。

	M 酶	N 酶
A.	A/AGCTT	T/TCGAA
B.	C/CATGG	ACATG/T
C.	CCC/GGG	G/GGCCC
D.	G/GATCC	A/GATCT
E.	GAGCT/C	G/AGCTC

（4）Ⅱ型限制性内切酶（　　）。

    A. 有内切核酸酶和甲基化酶活性

    B. 有外切核酸酶和甲基化酶活性且经常识别回文序列

    C. 仅有内切核酸酶活性，甲基化酶活性由另一种酶提供

    D. 仅有外切核酸酶活性，甲基化酶活性由另一种酶提供

8. 判断题

（1）聚合酶链反应需要 RNA 聚合酶来启动引物开始 DNA 合成。（　　）

（2）限制与修饰现象是宿主的一种保护体系，它是通过对外源 DNA 的修饰和对自身 DNA 的限制实现的。（　　）

第二章
分子克隆载体

利用工具酶可以复制、切割与连接 DNA。但外源基因片段不能独立复制,需要借助运载工具将其引入宿主细胞中进行克隆、保存或表达。这种将外源 DNA 携带进入宿主细胞进行扩增和表达的工具即为载体(vector)。作为载体应具有:①有效的运载能力;②能携带大小不同的外源基因;③在宿主内控制外源基因的复制与表达活动;④鉴定方便,装卸手续简便,安全可靠。

根据宿主细胞的不同,有以下 6 大类载体:细菌质粒(plasmid)、噬菌体(phage)、酵母穿梭载体(shuttle vector)、人工染色体载体(artificial chromosome)、植物克隆载体和动物克隆载体。

第一节　质粒载体

质粒(plasmid)是存在于细菌拟核外、独立进行自主复制的共价闭合环状双链 DNA(covalently closed circular DNA,cccDNA),相对分子质量小,为 1 ~ 200 kb,易在宿主间转移和迁移。一般质粒在宿主内伴随宿主拟核遗传物质的复制而复制,质粒基因组上有 *par* 序列,在细胞分裂时能使质粒正确分配到子细胞中,维持相对稳定的拷贝数。质粒不是细菌生长繁殖所必需的,但却赋予细菌某些抵抗外界不利环境因素的能力。如抗生素抗性、重金属离子抗性、细菌毒素的分泌及复杂芳香化合物的降解等。质粒能利用宿主的酶系统进行复制,可以持续稳定地处于染色体外的游离状态。在一定条件下,有些质粒可以整合到细菌染色体中随着染色体进行复制,并通过细胞分裂传递给后代。

至今,已从 *E. coli* 和各种细菌菌株中发现不同类型的质粒,如 F 因子、R 质粒和 Col 质粒。其中 ColE1 质粒又称细菌素质粒,属于松弛型复制控制的多拷贝质粒。此质粒除了编码大肠杆菌素(colicin)E1 基因之外,还编码使宿主细胞对大肠杆菌素的 E1 免疫性的基因。ColE1 质粒从供体细胞转移到受体细胞的过程,需要质粒自身编码的两种基因参与,一种是位于 ColE1 DNA 上的特异位点 *bom*(又称 *nic*);另一种是 ColE1 质粒特有的弥散基因产物,*mob* 基因(mobilization gene)编码的核酸酶。

天然质粒不适宜作为载体,需经过改造,删除一些非必要的、对宿主有不良影响的区段,削减载体的相对分子质量,加上易选择或检测的标记与调控元件。

一、概述

1. 细菌质粒的特征

(1) 具有 DNA 复制起点(replication origin,ori),能在宿主细胞中进行独立复制。若一个载体同时具有两类不同生物来源的复制起点,可在这两类生物中自主复制,这类载体称为穿梭载体。

（2）具有遗传标记基因，在一定选择压力下，可以很容易选择转化子（有外源 DNA 导入的细胞）与非转化子。常用标记基因有：①抗药性基因（drug-resistance gene），如氨苄青霉素抗性（Amp^r）、四环素抗性（Tet^r）、氯霉素抗性（Cm^r）和卡那霉素抗性（Kan^r）基因。②营养缺陷型基因，编码微生物维持正常生长所必需的酶。如果标记基因进入突变体宿主细胞，由于遗传互补可选择原养型（转化体）菌落。③生化标记基因，赋予微生物细胞某些生化表型。如来自 E. coli 编码 α－半乳糖苷酶基因（lacZ），该基因能使转化细胞在 X－gal 平板上呈现颜色，易区分重组子和非重组子。

> ⓔ 知识扩展 2－1　抗生素选择标记

（3）具有多克隆位点（multiple cloning site，MCS），即在一个很短的（约几十个核苷酸）DNA 序列中存在着多个限制酶单一切点，MCS 是供外源 DNA 分子插入的位点。

质粒还具有较小的相对分子质量和较高的拷贝数（松弛型复制），可插入较大的 DNA 片段。高拷贝数会使细胞中克隆基因的剂量增加。此外，载体的安全性要求其不能随便转移。

2. 细菌质粒的命名

小写字母 p 表示质粒（plasmid），其后几个大写英文字母表示质粒的性质、实验室名称或构建质粒的作者等。如 pBR322 中的"BR"代表两位主要构建研究者 F. Bolivar 和 R. L. Rogigerus 姓氏的字首，"322"是实验编号。pUC 为 University of California 学者发明的。pSC101 的构建者是 S. Cohen。在大写字母后面用数字编号。

3. 质粒的性质

（1）自主复制能力　大多数质粒的复制是利用细菌染色体复制的系列酶来完成，不同质粒在宿主中进行不同程度的复制。有的处于严谨型控制（stringent control），即它们的复制与染色体复制是偶联同步的，在宿主细胞中只有一个或几个拷贝；而有的质粒是松弛型控制（relaxed control），其复制与染色体复制不同步，拷贝数可达 10～200 个。如果利用氯霉素处理使宿主蛋白质合成停止，松弛型质粒拷贝数可增加至每个细胞几千个之多。松弛型质粒可产生较多的 DNA，同时还增加克隆基因的蛋白质产量。

（2）不相容性　不相容性（incompatibility）即不亲和性，在没有选择压力的条件下，两种携带相同或相似复制子的不同质粒不能共存于同一宿主细胞，在细胞增殖过程必有一方被排斥。同一 E. coli 中一般不能同时容纳两种由 ColE1 或 pMB1 派生的质粒。

质粒的不相容性是由两方面的因素引起：①由复制控制产生的，复制控制系统不能将它们作为两个质粒来识别，只能选择随机复制。②由分离引起的，如果两个质粒具有相同的 par 功能，就可能不亲和。当共存的质粒具有相同的 par 功能，在细胞分裂时，有时一个子细胞只能得到一种类型的质粒，而另一个细胞得到另一种类型的质粒。此外，不相容质粒在宿主中的拷贝数不止一个，当两者被导入同一细胞，由于复制子相同所用的复制系统也相同，在复制和分配过程中互相竞争，其中一种质粒逐渐占优势，经几代繁殖后，另一种质粒会消失。而两种不同复制子的质粒，各受自己的拷贝数控制系统的调节，在经过若干复制周期和细胞分裂周期后仍能共处于同一细胞内。

（3）移动性　自然条件下，某些质粒能在细胞间发生转移，质粒的转移与 tra 基因、迁移蛋白基因（mob）、bom 顺式元件以及 nic 位点有关。当质粒具有一个 mob 基因时，即通过纤毛转移到新宿主中。常用的质粒因缺少 nic/bom 位点，而不能移动。

二、几种重要的质粒

（1）pBR322 质粒　由三部分组成（图 2-1）：①来源于 pSF2124 质粒的 Tn3 氨苄青霉素抗性基因（Amp^r）；②来源于 pSC101 质粒的四环素抗性基因（Tet^r）；③来源于 ColE1 派生质粒 pMB1 的松弛型 DNA 复制子，大小为 4.363 kb。

（2）pUC18 和 19 质粒　为 2 686 bp，包括：①来自 pBR322 的复制起点。②氨苄青霉素抗性基因。③E. coli β-半乳糖苷酶基因（lacZ）的启动子、编码 α-肽链的 DNA 序列（lacZ' 基因）以及调节 lacZ' 基因表达的阻遏蛋白 lacI 基因。当这种质粒转化染色体基因组存在 β-半乳糖苷酶突变的 E. coli（lacZΔM15）后，便会出现 β-半乳糖苷酶的积累。④位于 lacZ' 基因中的多克隆位点（MCS），pUC18 与 pUC19 的差别仅在于 MCS 取向彼此相反（图 2-2）。质粒载体可克隆的 DNA 片段一般不超过 10 kb。

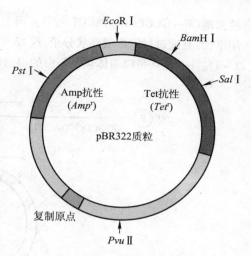

图 2-1　pBR322 质粒的结构

知识扩展 2-2　常见质粒载体

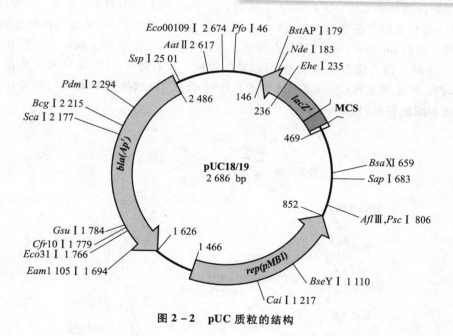

图 2-2　pUC 质粒的结构

第二节　噬菌体载体

一、λ 噬菌体

λ 噬菌体基因组为 48.5 kb 的双链线状 DNA，其两端的 5′端是 12 个碱基组成的单链互补黏性末端(5′-GGGCGGCGACCT-3′)。当 λ 噬菌体 DNA 进入宿主细胞后,黏性末端在连接酶作用下,碱基配对封闭形成环状分子,这 12 个碱基的黏性末端(cohesive-end site)称为 *cos* 位点(图 2-3)。*cos* 位点是噬菌体包装蛋白的识别位点。转化频率比质粒高 1 000 倍以上。

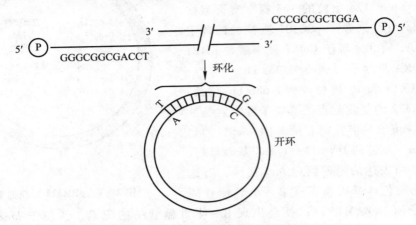

图 2-3　λ 噬菌体 *cos* 位点与环化

λ 噬菌体基因组 DNA 共有 36 个基因,由三个片段组成:①左臂 19.6 kb,含噬菌体头部和尾部蛋白质编码基因 *A~J* 的 12 个基因。②中间片段 12~24 kb,介于(*J~N*)基因之间,包括一些与重组有关的基因(*redA* 和 *redB*),以及溶原生长相关、使噬菌体整合到 *E. coli* 中去的整合蛋白 *int* 基因,*att* 特异位点和把原噬菌体从宿主染色体上删除下来的切离蛋白 *xis* 基因。中间片段与裂解生长无关,可以缺失置换。③右臂 9~11 kb,涉及 λ 噬菌体基因表达的调节,产生溶原性(溶菌基因 *S* 和 *R*)、DNA 合成(复制基因 *O* 和 *P*)、晚期功能的调节以及宿主细胞裂解(图 2-4)。

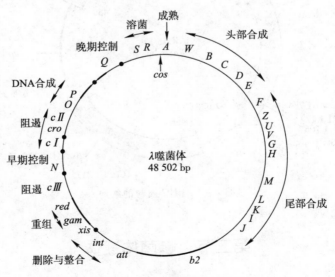

图 2-4　λ 噬菌体的基因分布

λ 噬菌体特异感染 *E. coli*,识别并吸附在宿主受体上,这些受体由细菌 *lamB* 基因编码,其功能是运转麦芽糖进入 *E. coli* 细胞内,麦芽糖(maltose)可诱导 *lamB* 基因的表达。λ 噬菌体在细胞上的吸附只需几分钟,之后线性 λDNA 分子通过尾部通道注入 *E. coli* 细胞内,两端的 *cos* 区碱基配对,宿主 DNA 连接酶迅速封闭环状 λDNA 分子。此时如果 λDNA 不能有效地建立溶原状态,则迅速从其复制起点进行复制,合成蛋白质,然后组装成有感染活性的噬菌体颗粒^{@图2-1}。构建基因文库时可将其中对整合与切割过程极为关键的整合/切割(I/E)区域去掉,强迫噬菌体进入裂解循环。

λ 噬菌体颗粒有效包装 DNA 的长度为野生型基因组长度的 75% ~ 105%(重组 DNA 长度为 38 ~ 52 kb),λ 噬菌体裂解生长必需基因 28 ~ 30 kb(左臂长 20 kb,右臂 8 ~ 10 kb),所以可克隆的最大外源 DNA 长度为 23 kb,超出该范围的噬菌体活力就会下降。

野生型 λ 噬菌体基因组大而复杂,酶切位点多且常位于病毒裂解生长所必需的基因区,需进行改造:①缩短 λDNA 的长度,提高外源 DNA 片段的有效包装量。由于噬菌体基因组中间区域即位于 *J* 和 *N* 基因的重组整合区是裂解生长非必需的,可用外源基因取代这一区域。②删除重复的酶切位点,引入单一的多个酶切位点接头序列。③灭活某些与裂解周期有关基因,使 λDNA 只在特殊条件下感染裂解宿主细菌,以避免可能出现的生物污染。如将无义突变(即琥珀酸型突变)引进 λ 噬菌体裂解周期所需的基因内,这种携带无义突变的 λ 噬菌体只能在 *E. coli* K12 的少数可以纠正无义突变的菌株中(含有 *supF* 基因)繁殖。④引入合适的选择标记,常用的选择标记有 *lacZ'*、cI⁺、*Spi*⁺。

改造后的 λ 噬菌体载体,可分为两类:

1. 插入型载体(insertion vector)

噬菌体 DNA 仅保留位于报告基因上的 *Eco*R I 切点,在此位点上插入外源基因,报告基因失活引起表型改变。一般插入型载体只能承受小于 10 kb 的外源 DNA 片段,广泛用于 cDNA 的克隆。如 λgt11 全长 43.7 kb,左臂长 19.5 kb,右臂 24.4 kb(图 2 - 5),可克隆容量为 7.2 kb。λgt11 宿主 *E. coli* 是具有琥珀校正基因的菌株。

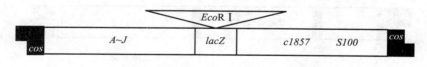

图 2 - 5 λgt11 噬菌体

2. 置换型载体(replacement vector)

有成对的酶切位点,两酶切位点之间的 DNA 片段可被外源 DNA 取代。适用于克隆基因组 DNA。没有外源 DNA 插入、由左右两臂直接连接的噬菌体基因组长度短于 75%,不能包装,无法形成噬菌斑。几乎所有置换型载体在除去非必需片段后均呈 *red*⁻ 和 *gam*⁻,须在 *recA*⁺ 的细菌中增殖。*gam* 基因编码蛋白质在感染早期,使宿主 *E. coli* RecBC 蛋白质 – 核酸外切酶 V 失去功能,从而保护末端不被该酶切割。

λDASH 载体含有方向相反的两套克隆位点接头序列,便于多种外源 DNA 大片段的取代。左臂 20 kb,右臂 9 kb,可克隆 9 ~ 22 kb 片段。外源基因置换中央片段后,由于 *red* 和 *gam* 基因丢失(图 2 - 6),噬菌体可在 P2 溶原菌形成空斑,即负性标志选择(*Spi*⁻)。单独利用 *Spi* 选择尚不能区分有外源 DNA 片段的噬菌体与单独被删掉中央片段的噬菌体。

利用 λDNA 长度与包装关系的特征,可选用适当的 *E. coli* 突变株。宿主是大肠杆菌 NM539。

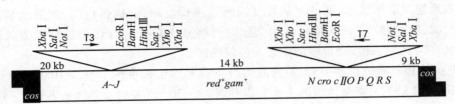

图 2-6 λDASH Ⅱ噬菌体

3. λZAP 噬菌体

λZAP 兼有 λ 噬菌体高效和质粒的多用特点,含有噬粒 pBSSK⁻ 的序列,其中 MCS 区两端有 T3 和 T7 噬菌体 RNA 聚合酶启动子。由于 λZAP 中含有单链噬菌体切割所需的信号 f1(+)链 DNA 合成的起始位点和终止子,当 f1 和 M13 辅助噬菌体与 λZAP 共存时,pBSSK⁻ 序列在体内经切割环化后即可形成质粒(图 2-7)。其宿主为 BB4 或 XL-Blue。

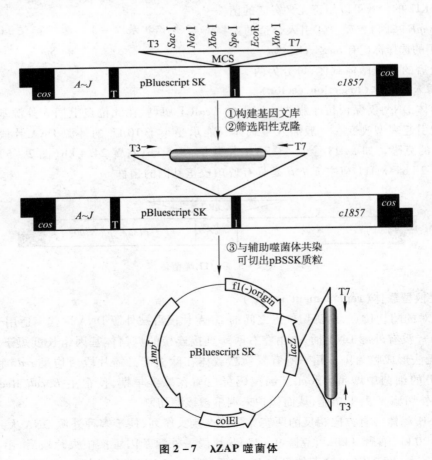

图 2-7 λZAP 噬菌体

λ 噬菌体和外源 DNA 片段通过体外切割、连接组成重组 DNA 分子后,还不能直接用于受体菌株的感染,还需将重组 DNA 分子同 λ 噬菌体的头部、尾部蛋白质进行混合,完成体外包装,成为具有感染宿主能力的完整病毒颗粒(图 2 - 8)。重组噬菌体只能侵染一些特殊的 *E. coli* 宿主,这些菌株能容忍 I/E 缺失的噬菌体。

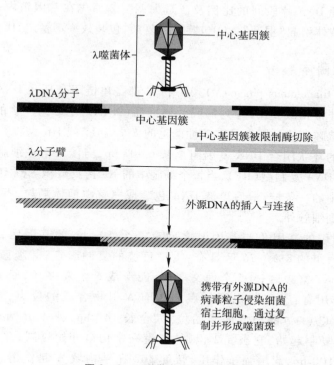

图 2 - 8 λ 噬菌体的重组与包装

二、黏粒

λ 噬菌体能克隆小于 23 kb 的片段,而一般真核基因较大,含有内含子。1978 年 Collins 和 Hohn 根据 λDNA 被包装时识别的序列只是 *cos* 位点附近很小的区域特点,构建了一种可用于克隆大片段 DNA 的载体,即黏粒(cosmid),它具有:①载体片段小(4～7 kb),有质粒的复制起点、抗生素选择标记以及 λ 噬菌体的 *cos* 位点。②多克隆位点,由于噬菌体的包装下限的限制,非重组的载体即使含有 *cos* 位点也不能被包装。③高容量的克隆能力,能容纳 45 kb DNA 片段。黏粒具有质粒与 λ 噬菌体的双重性质,重组的黏粒可像 λ 噬菌体那样进行包装,但感染细菌后却无法裂解。pJB8 为 5.4 kb,含有 ColE1 复制子,具有 *Amp* 抗性标记和 *cos* 位点(图 2 - 9)。

黏粒在 *E. coli* 中以双链环状 DNA 存在,其复制和增殖形式与质粒一样,可通过常规的质粒转化方法导入受体细胞,且黏粒的制备与质粒完全相同。尽管黏粒可克隆大片段,但其作为构建基

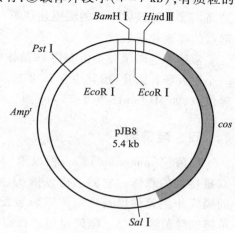

图 2 - 9 黏粒 pJB8 的结构

因文库的载体有以下缺点：①由于黏粒内部存在同源序列，可发生多个载体的分子重组，使外源 DNA 片段重组或丢失。②含不同重组 DNA 片段的菌落生长速度不同，造成同一平板上菌落大小不一。另外，由于不同的插入片段对宿主细胞的作用不同，当黏粒文库扩增时会出现各种外源 DNA 片段间的比例及产量失调。③原先在基因组内是互不相邻的多个片段插入同一载体引起"混乱"。④包装过程复杂，包装效率不稳定，代价高。

三、丝状噬菌体

丝状噬菌体（filamentous phage）M13、f1 和 fd 都是单链闭合环状 DNA，它们相互间的颗粒大小和形状非常相似，DNA 序列的同源性极高（98%），基因组产物的活性互补，DNA 可相互重组。丝状噬菌体只感染具有 F 性菌毛的 $E.coli$（F^+ 或 Hfr 菌株）。

M13 噬菌体的环状闭合 DNA 基因组全长 6 407 bp，当侵入宿主细胞后，单链噬菌体 DNA 转变成双链 DNA 复制型（RF），当每个细胞中的 RF 拷贝数积累到 100～200 后，大量合成的只是双链中的一条链，最后单链 DNA 包装成完整噬菌体颗粒，不断从宿主细胞中释放噬菌体颗粒到细胞外。

在 M13 基因组的基因 II 与基因 IV 之间有一个 507 bp 的基因区，为 IG（intergenic region）区，占基因组的 8%。IG 区具有：①正负链的复制起点；②噬菌体的包装信号；③150 个碱基的 AT 富集区；④5 个回文序列，能形成 5 个发夹环，回文序列 A 是包装信号。IG 区的作用有：①包装识别位点。②RNA 引物合成的位点，合成的引物用于（－）链的合成。③（＋）链合成的起始位点，全长 140 bp，分 A、B 两个结构域。结构域 A 为 40 bp，是复制起始，它被 gp2 识别，产生一个切口开始复制，并作为复制的终止点；结构域 B 为 100 bp，起增强子作用，帮助 gp2 在结构域 A 起作用。④（＋）链合成的终止位点。

丝状噬菌体的优点：①可直接产生单链 DNA。②所包装的 DNA 长度无一定的限制，容载量大。有的可包装自身丝状噬菌体 DNA 长 7 倍的 DNA，插入片段达 40 kb。③丝状噬菌体与 λ 噬菌体不同，在宿主细胞内的复制并不导致宿主细胞裂解死亡，宿主仍能继续生长和繁殖，只是生长速度减慢，产生混浊的噬菌斑。其缺点：①插入的大片段 DNA 不稳定，很容易发生缺失，一般外源片段应小于 1 kb（300～400 bp），片段越大发生缺失的频率越高。②单链载体感染的细胞往往单双链混杂。因此该噬菌体逐渐被带有单链载体复制起点的噬菌粒所取代。

常用单链噬菌体是由 M13 噬菌体衍生的 mp 系列。mp 系列载体的主要基因区域带有一小段大肠杆菌片段，其中含 $lacZ$ 基因的调控序列和 N 端 146 个氨基酸编码区，以及多克隆位点，如 M13mp18 为 7.25 kb（图 2–10）。

四、噬菌粒

噬菌粒（phagemid）是一种以 f1、M13 噬菌体为基础构建的具有质粒和丝状噬菌体双重特性的载体。它的结构包括：①插入 1.3 kb，包含丝状噬菌体 DNA 合成起始和终止的顺式作用元件以及噬菌体颗粒装配所需要的序列。②带有 $E.coli$ 复制子。③可产生单链的噬菌粒 DNA。噬菌粒通常以双链环状 DNA 的形式存在，可克隆较大的外源 DNA 片段，可使用质粒的全部筛选方法。噬菌粒本身很小（约 3 kb），但可获得长达 10 kb 的重

组外源片段的单链拷贝。

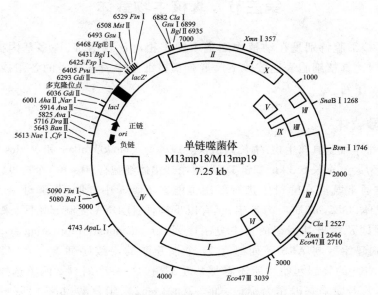

图 2-10 单链噬菌体 M13mp18/19 的结构

1. pUC118 和 pUC119

分别由 pUC18 和 pUC19 质粒与 M13 噬菌体的基因(*IG*)重组而来(图 2-11)。*IG* 长度为 476 bp,含有 M13 噬菌体的复制起点。在宿主细胞没有感染辅助噬菌体 M13 的情况下,pUC118 和 pUC119 噬菌粒的复制如同双链质粒,受 ColE1 起点控制。当宿主细胞被辅助噬菌体 M13 感染后,pUC118 和 pUC119 受控于 M13 噬菌体复制起点,按照 M13 噬菌体的滚环模型进行复制。

2. pBluescript Ⅱ KS(+/-)和pBluescript Ⅱ SK(+/-)

从 pUC 载体派生而来,在多克隆位点区 MCS 的两侧存在 T3 和 T7 的噬菌体启动子,用于定向地指导插入在多克隆位点上的外源 DNA 的转录。具有来自 ColE1 质粒和噬菌体 M13 的两个复制起点[图2-2]。

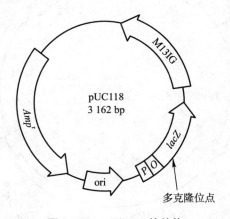

图 2-11 pUC118 的结构

第三节 真核生物载体

由于在真核细胞特别是在动植物细胞中操作相对比较困难,许多基因操作需在原核细胞中完成,因此真核细胞表达载体不仅带有真核细胞中表达所需的各组成部分,还带有一些原核 DNA 序列。

一、酵母载体

酵母是一种单细胞真核生物,生长繁殖快。1974 年 Clarck-Walker 和 Miklos 在酿酒酵母中发现一种 2μ 环质粒,全长 6.3 kb,双链 DNA,每个二倍体细胞有 60 ~ 100 个拷贝(图 2 – 12)。

酵母质粒通常既能在酵母中进行复制也能在 *E. coli* 中复制,是酵母 – 大肠杆菌穿梭载体。酵母载体以 *E. coli* 质粒为骨架,具有以下构件:①DNA 复制起始区,来自酵母 2μ 质粒的复制起始区及酵母基因组的自主复制序列(autonomously replicating sequence, ARS)。2μ 质粒的复制起始区与 ARS 序列都有 11 个核苷酸的一致序列 5′ – (A/T)TTTATPTTT(A/T) – 3′。ARS 的复制起始功能还需要靠近 3′ 端的另一序列。②两类选择标记,一是利用酵母宿主的营养缺陷基因作为标记,如亮氨酸(leu2)、组氨酸(his3)、尿嘧啶(ura3)、色氨酸(trp1)和赖氨酸(lys2)等,通过基因缺陷互补的方法来选取转化子。常用的选择标记是合成代谢中相应的 *LEU2*、*HIS3*、*URA3*、*TRP1* 和 *LYS2* 基因;二是显性选择标记,如遗传霉素 G418(氨基糖苷类抗生素,基因菌素)、放线菌酮(actidione)或环己酰亚胺(cyclohexi-mide)等。③含有强酵母启动子,如半乳糖启动子(GAL)、磷酸甘油酸激酶启动子(PGK1)、3 – 磷酸甘油醛脱氢酶启动子(GAP 或 GAPDH)和酸性磷酸酯酶(PHO5)、Cu^{2+} 螯合蛋白启动子(CUP1)等。④含有在 *E. coli* 中扩增所需的基因。根据载体在酵母中的复制形式,酵母表达载体可分为五类:

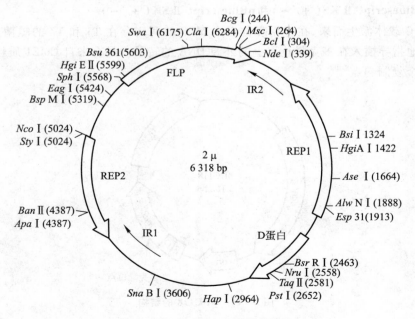

图 2 – 12 酵母 2μ 环质粒的结构

1. 整合型质粒 YIp(yeast integrating plasmid)

整合型质粒 YIp 是质粒 pBR 中插入一个来自酿酒酵母的遗传标记基因,如 *URA*3、*LEU*2、*TRP*1 和 *HIS*3[图2-3]。该类载体由于缺少酵母的 DNA 复制起点,不能在酵母中自主复制;但质粒中带有酵母基因组同源序列,具有整合介导区,可通过同源重组而整合到酵母基因组并随同酵母染色体一起复制,稳定遗传。酵母 YIp 转化子稳定,但转化频率低(小于 10^2 转化子/µg DNA),整合拷贝数少(1~2 个拷贝/细胞),因而其转化子对外源基因的表达量相对较低。

2. 复制型质粒 YRp(yeast replication plasmid)

复制型质粒 YRp 是在 YIp 中插入一段来自酵母基因组的自主复制序列 ARS,可在酿酒酵母中自主复制[图2-4]。其转化频率比 YIp 高 100 倍(转化频率 10^3~10^4 转化子/µg DNA),且每个细胞的质粒可达上百个;但不稳定,在细胞分裂时很难在子、母细胞间均衡分配,大多数滞留在母细胞内,且随着转化细胞不断分裂繁殖,YRp 拷贝数减少,最终导致整个群体的平均拷贝数变得很低(平均只有 1~10 个质粒/细胞)。如果在没有选择压力的条件下培养,丢失载体的细胞会以每世代高达 20% 的速率积累。因此 YRp 质粒虽是一种较好的建库载体,却难以用于工业化生产高效表达外源基因。

3. 附加体质粒 YEp(yeast episomal plasmid)

附加体质粒 YEp 是在 pBR322 中插入酵母筛选标记和 2µ 质粒的自主复制序列,即在 YIp 中插入 2µ 质粒的复制起点(图 2-13),此质粒拷贝数较高(20~50 拷贝/细胞),但不稳定,其转化频率为 10^4~10^5 转化子/µg DNA。

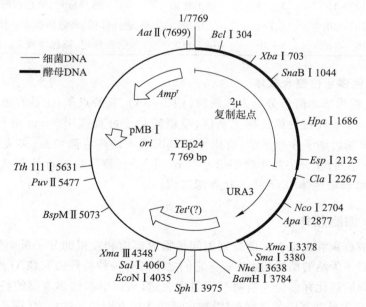

图 2-13　YEp 质粒的结构

4. 着丝粒质粒 YCp(yeast centromeric plasmid)

着丝粒质粒 YCp 是在 YEp 质粒中再插入酿酒酵母的着丝粒(centromere,CEN)DNA 片段[图2-5]。着丝粒的存在能保证染色体在有丝分裂中连到纺锤丝(spindle fibers)上,使载体在细胞分裂时能像染色体那样在母细胞与子细胞之间平均分配,其转化子细胞每世代丢失质粒的频率不到 1% 。该质粒低拷贝、较稳定地维持在细胞中,保证 1~2 个质粒/细胞,转化频率与 YRp 和 YEp 相似。YCp 质粒常用于构建基因文库,特别适用于克隆和表达那些多拷贝会抑制细胞生长的基因。

5. 线性质粒 YLp(yeast liner plasmid)

线性质粒 YLp 是将 YCp 切成线状 DNA 分子后,在两端各加上一个特定的富含 G 重复序列的端粒(telomeres,TEL)DNA 片段[图2-6]。在酵母中,端粒序列由串联重复的 $(dG_{1-3} dT)_n$ 组成,很短的含中心粒因子的 YLp 载体以高拷贝存在,但在有丝分裂过程中随机分离,数量不稳定。当质粒载体长度提高到 50~100 kb 时,YLp 载体的分离方式与天然染色体类似,每细胞一个拷贝。利用这一特点可使带有着丝粒的长 YLp 形成人工染色体。但因某种原因,每次细胞分裂丢失 10^{-2}~10^{-3} 个人工染色体,稳定性比正常染色体低 100 倍。由于 YLp 不易操作,经改造已建成了一类环状质粒,即 pYAC 载体(见本章第四节),专门用于人工染色体的构建。

上述五种质粒中(表 2-1),常用的是 YEp 质粒,在酵母细胞中高效表达外源基因。

表 2-1　酵母载体的分类和特性

载体名称	转化频率/ μg DNA	拷贝数/ 细胞	非选择培养基 中的稳定性	存在的酵母 DNA 因素
YIp	$1 \sim 10^2$	1	很稳定	选择标记,染色体片段
YEp	$10^3 \sim 10^5$	5~40	较稳定	选择标记,2 μ 源
YRp	$10^3 \sim 10^5$	3~30	很不稳定	选择标记,染色体源(ARS)
YCp	$10^3 \sim 10^4$	1	稳定	选择标记,染色体或 2 μ 源,着丝粒 CEN
YLp	$10^3 \sim 10^4$	5~30	很不稳定	选择标记,染色体或 2 μ 源,端粒 TEL

6. 酵母染色体定位整合载体

pPICZα 质粒为毕赤酵母分泌表达质粒(图 2-14),其特点是:①具有强效可调控启动子 *AOX*1;②具有 *zeocin* 抗性筛选标记基因,重组转化子可直接用 *zeocin* 进行筛选;③在表达载体 *AOX*1 5′端启动子序列下游,有供外源基因插入的多克隆位点,多克隆位点下游有 *AOX*1 3′端终止序列;④分泌效率强的信号肽 α-因子。该质粒进行外源基因克隆后可定点整合到毕赤酵母染色体 DNA 中表达外源基因。

二、植物细胞载体

在对根癌农杆菌和发根农杆菌分别引起植物冠瘿瘤和发根的分子机制研究中,发现了这两种细菌进行了天然的植物基因工程。它们之中各有一种特殊的质粒 Ti 或 Ri,可将自身的一部分遗传物质转化并整合入植物基因组中表达,从而引起植物表型的特殊变化。Ti 和 Ri 作为基因工程中外源基因的良好载体,被广泛用于转基因植物的构建(详见第八章)。

三、动物细胞载体

动物细胞载体主要是在质粒的基础上插入了一些病毒或其他一些物种及人的基因表达调控序列。典型的哺乳动物细胞表达载体包括:①启动子;②多聚腺苷酸化信号;③选择标记;④原核细胞作用元件,如抗生素选择标记(Amp^r)和质粒扩增的复制子等(详见第八章)。

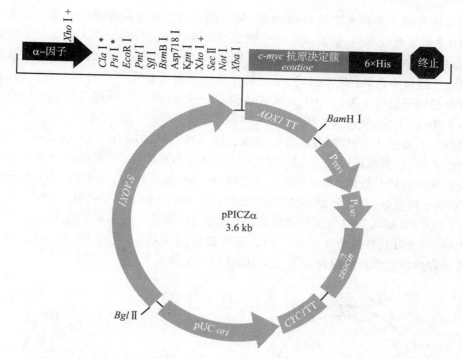

图 2 - 14　pPICZα 质粒的结构

第四节　人工染色体

研究发现,真核生物的染色体有几个关键部分,一是着丝粒(CEN),主管染色体在细胞分裂中正确地被分配到各子细胞中;二是端粒(TEL),位于染色体末端,对于染色体末端的复制以及防止染色体被核酸外切酶逐渐降解具有重要意义;三是自主复制序列(ARS),存在于染色体上多处 DNA 复制起始的位点。人工染色体(artificial chromosome)指人工构建的含有天然染色体基本功能单位的载体,包括酵母人工染色体(YAC)、细菌人工染色体(BAC)、P1人工染色体(PAC)、哺乳动物人工染色体(MAC)和人类游离人工染色体(HAEC)。

1. 酵母人工染色体(yeast artificial chromosome,YAC)

酵母人工染色体包括:①着丝粒(CEN)。克隆的每一个真核着丝粒都有一个数字,对应于原先所在的染色体。②两个端粒。③复制起始点(ARS)。④选择标记。⑤限制酶位点。⑥原核序列。大肠杆菌复制子和 Amp' 基因,以便在 E. coli 中操作(图 2 - 15)。酵母人工染色体有两个臂,每个臂的末端有一个端粒(TEL),臂上有 CEN 以及 ARS 等染色体必备元件。此外,还有供选择的标记基因色氨酸(TRP1)和尿嘧啶(URA3)基因。当限制性内切酶处理后的外源 DNA 片段连接进两个臂中后,通过选择标记可从酵母宿主细胞中筛选出稳定存在的重组人工染色体。

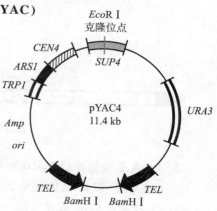

图 2 - 15　pYAC 载体的结构

　　YAC 主要用于构建大片段 DNA 文库,特别用来构建高等真核生物的基因组文库。当用 *Bam*H I 切割成线状后,就形成了一个微型酵母染色体,当用 *Eco*R I 或 *Sma* I 切割抑制基因 *sup4* 内部的位点后形成染色体的两条臂,与外源大片段 DNA 在该切点相连就形成一个大型人工酵母染色体(图 2 – 16),通过转化进入到酵母后可像染色体一样复制,并随细胞分裂分配到子细胞中去。YAC 文库装载的 DNA 片段的大小一般可达 200 ~ 500 kb,有的可达 1 Mb 以上,甚至达到 2 Mb。

　　酵母人工染色体 YAC 装载能力远远超过前三代载体的能力,但 YAC 存在一些缺点:①克隆效率低,易形成嵌合体,一个 YAC 中克隆的 DNA 片段,可来自两个或多个的染色体。嵌合体占克隆总数的 5% ~ 50% 。②YAC 内部有重组现象,插入的 DNA 片段较大不稳定,发生序列重排,导致和原来染色体的序列不一致。③YAC 有缺失,影响 YAC 文库的代表性。④YAC 结构与酵母天然染色体结构相似,使用常规方法不易将 YAC 和酵母天然染色体分开,难以制备纯的 YAC – DNA。⑤构建好的 YAC 转化原生质体化的酵母,转化效率低。⑥建好文库后虽保存方便,但筛选基因时工作量大。

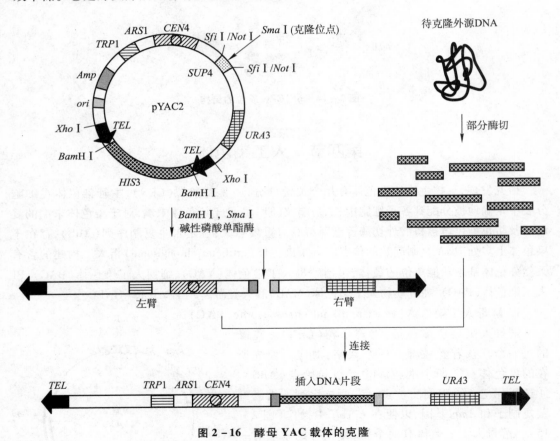

图 2 – 16　酵母 YAC 载体的克隆

2. P1 人工染色体(P1 artificial chromosome,PAC)

　　PAC 是基于 P1 噬菌体构建的,结合了噬菌体 P1 载体的大容量和 F 因子稳定性等优点,包括阳性选择标记 *sacB* 及噬菌体 P1 的质粒复制子和裂解性复制子。除了将连接产物包装进入噬菌体颗粒以及在 *cre* – *loxP* 位点采用位点特异性重组产生质粒外,在载体连接过程中产生的环状重组 PAC 也可用电击的方法导入大肠杆菌中,且以单拷贝质粒状态维持,如 pCYPAC2(图 2 - 17)能容纳 70 ~ 100 kb 的基因组 DNA 片段。含有基因组和载体序列的线状重组分子在体外被组装到 P1 噬菌体颗粒中,总容量可达 115 kb。将重组 DNA 注射到表达 Cre 重组酶的 *E. coli* 中,线状 DNA 分子通过重组于载体的两个 *loxP* 位点间而发生环化。pCYPAC2 载体携带一个通用的选择标记 *Kan*^r,一个区分携带外源 DNA 克隆的阳性标记 *sacB* 以及一个能够使每个细胞都含有单拷贝环状重组质粒的 P1 质粒复制子。而 P1 裂解性复制子在可诱导的 *lac* 启动子控制下,用于 DNA 分离前质粒的扩增。

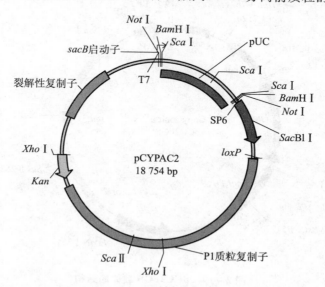

图 2 - 17　pCYPAC2 载体的结构

3. 细菌人工染色体(bacterial artificial chromosome, BAC)

BAC 是以 *E. coli* 天然 F 因子(fertility factor)为基础构建的高容量单拷贝的载体,克隆能力在 120 ~ 300 kb。该载体包括一个抗生素抗性标记,一个来源于 F 因子的严谨型控制的复制子 *oriS*、一个促进 DNA 复制的由 ATP 驱动的解旋酶基因 *repE* 以及三个确保低拷贝质粒精确分配至子代细胞的 *parA*、*parB* 和 *parC* 成分(图 2 - 18)。以 BAC 为基础的克隆载体形成嵌合体的频率低,转化效率高,且以环状结构存在于细菌体内,稳定性好,易于分离纯化。

BAC 载体在 *E. coli* 中以质粒的形式复制,有一个氯霉素抗性基因。外源基因组 DNA 片段可通过酶切、连接克隆到 BAC 载体 MCS 上,通过电转化法将连接产物导入 *E. coli* 重组缺陷型菌株。重组

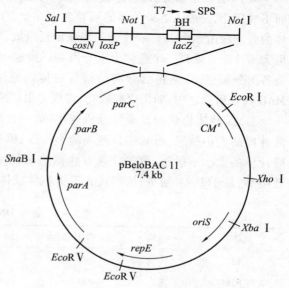

图 2 - 18　BAC 载体的结构

质粒可以通过氯霉素抗性和 *lacZ* 基因的 α – 互补进行筛选。

1992 年 Kim 等将 BAC 引入 pUCcos,构建了 Fosmid 载体,用于构建大片段文库的载体,其优点是:①由于插入了大肠杆菌 F 因子,在宿主菌中以单拷贝形式存在,稳定性好。②Fosmid 载体上有一个可诱导的 *oriV* 高拷贝复制起始点,需要时可诱导高拷贝(50 个左右)。③随机性好,保证了每段 DNA 在文库中出现的频率均等,主要用于难克隆的 DNA(图 2 – 19)。

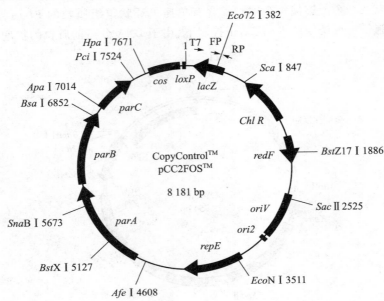

图 2 – 19 pCC2FOS 载体的结构

4. 哺乳动物人工染色体(mammalian artificial chromosome,MAC)

BAC 与 PAC 都不是严格意义上的人工染色体,因为它们不含着丝粒和端粒。

MAC 有三个组分,即自主复制序列、着丝点和两个端粒。端粒可使人工染色体保持线状而不被环化,一般人类染色体的端粒含有多个 TTAGGG 的六碱基重复序列。由于人类染色体的着丝粒由多个 171 bp 序列的串联重复组成,哺乳动物的着丝粒至少有几个 Mb。将如此巨大的片段克隆到一个载体上十分困难。构建 MAC 有两种策略,一是与 YAC 相似,在体外将各组分相连;二是将已分离的端粒在体内连接到染色体着丝点的附近,构成小染色体。MAC 尚在研究之中,如果研究成功,将成为很好的基因治疗载体和转基因动物载体。

总之,载体构建的发展可分成四代:第一代环状质粒载体,装载能力不超过 10 kb,对克隆片段的大小敏感,可有选择地克隆小片段;第二代病毒载体,装载能力达到 20 kb,对所克隆片段的大小不敏感;第三代兼有病毒与质粒优点的黏粒,装载能力可达 30 ~ 40 kb,拷贝数很高,易于 DNA 制备;第四代人工染色体载体。各种载体的克隆大小见表 2 – 2。

表 2 – 2 各种 DNA 克隆载体

载体	结构	宿主细胞	插入片段/kb	举例
质粒	环状	*E. coli*	7 ~ 10	pUC18/19,T – 载体 pGEM
λ 噬菌体	线状	*E. coli*	9 ~ 24	EMBL 系列,λgt 系列

续表

载体	结构	宿主细胞	插入片段/kb	举例
丝状噬菌体	环状	*E. coli*	<10	M13mp 系列
黏粒	环状	*E. coli*	35~45	pJB8,c2RB,pWE15/16
Fosmid	环状	*E. coli*	35~45	pCC2FOS™
PAC	环状	*E. coli*	100~300	pCYPAC1
YAC	线性染色体	酵母细胞	200~2 000	peloBAC 系列
BAC	环状	*E. coli*	≈300	
MAC	线性染色体	哺乳类细胞	>1 000	
病毒载体	环状	动物细胞		SV40 载体,昆虫杆状病毒

思考题

1. 名词解释:载体、严谨型控制、松弛型控制、插入型载体、置换型载体、抗药性基因。

2. 什么是人工染色体,有哪几种类型?

3. 质粒的命名与书写是怎样的? 请举例说明。

4. 细菌的质粒作为载体应具备什么特征?

5. 什么是质粒的不相容性? 为什么会出现这种情况?

6. 什么是穿梭质粒,它在结构上有什么特点?

7. 蓝白斑筛选法为什么会出现假阳性?

8. 要包装噬菌体颗粒,对重组噬菌体 DNA 有什么要求?

9. λ 噬菌体改建后的载体有两种类型,它们在构建基因文库中各有什么作用。

10. 重组噬菌体 DNA 能够直接用于宿主菌的感染吗? 应如何进行?

11. 什么是噬菌粒? 经常使用的噬菌粒有哪几种?

12. 如果要构建一种基因工程中使用的载体,你会考虑哪些因素?

13. 噬菌体、黏粒和 Fosmid 有什么异同点?

第三章
核酸提取与基因文库构建

第一节　核酸的制备

遗传物质的基础是 DNA,也有一些微生物的遗传物质是 RNA。核酸是基因工程研究的重要材料,目前已建立了一系列核酸制备与检测方法。

一、核酸的提取

核酸包括基因组 DNA、RNA、质粒 DNA 和叶绿体 DNA、线粒体 DNA 等。大部分是双链 DNA,部分病毒 DNA 是单链 DNA。

1. 基因组 DNA 提取

生物的大部分或几乎全部 DNA 都集中在细胞核或核质体中。基因组(genome)是生物体内遗传信息的集合,是某个特定物种细胞内全部 DNA 的总和。真核细胞的 DNA 主要存在于细胞核中,与蛋白质结合形成大小不一的染色体◎图3-1。核外也有少量 DNA,如线粒体 DNA(mtDNA)、叶绿体 DNA(cpDNA)和质粒 DNA。原核生物的 DNA 是环状的大分子 DNA,不与蛋白质结合◎图3-2。生物单倍体基因组所含 DNA 总量为 C 值,一般情况下,随着生物由低级到高级的进化,DNA 的相对分子质量也由小到大递增。如病毒的 DNA 为几至几十千碱基对(kilobase pare,kb),细菌为几千 kb,而高等动植物则达几百万 kb。高等生物具有比低等生物更复杂的生命活动,所以理论上它们的 C 值也应更高。但事实上,在真核生物中,其基因组的大小同生物在进化上所处地位的高低无关,这种生物学上的 DNA 总量的比较和矛盾现象,称为 C 值悖论(C-value paradox)。

从生物细胞中提取基因组 DNA 可分两步:温和裂解细胞、溶解 DNA;采用化学或酶学的方法,去除蛋白质、RNA 以及其他的大分子。

(1) 裂解细胞　细胞裂解方法有:①物理方式,如玻璃珠法、超声波法、研磨法、反复冻融法、渗透压裂解。②化学方式,如异硫氰酸胍法、CTAB 裂解法、碱裂解法。异硫氰酸胍是一种很强的蛋白质变性剂,可使细胞裂解、核酸水解酶失活,在 RNA 提取中常使用。CTAB(cetyltrimethyl ammonicem bromide,溴化十六烷基三甲铵)是一种阴离子去污剂,能与核酸形成复合物,溶于高盐溶液(>0.7 mmol/L NaCl),在低盐溶液(<0.3 mmol/L NaCl)中沉淀。CTAB 是从含糖量高的材料中提取 DNA 的较理想方法。③生物方式,如酶法,针对不同材料选择适当的裂解预处理方式。植物可利用液氮研磨,即在 DNA 提取的材料中加入液氮,使细胞冻结,用研钵碾制成粉状,加入缓冲液和少量的 SDS(5 g/L)和 RNA 酶,再用蛋白酶处理,去除蛋白质以及多糖等的污染。动物组织采用匀浆或液氮研磨;组培细胞则用蛋白酶 K(protein-ase K)处理;细菌则采用溶菌酶(lysoiyme)破壁;酵母采用蜗牛酶(sneilase)或玻璃珠处理。

（2）去除蛋白质、RNA以及其他的大分子　　DNA在体内常与蛋白质结合，蛋白质的污染会影响到后面的DNA操作，一般采用苯酚/氯仿抽提的方法去除。苯酚、氯仿对蛋白质有极强的变性作用，而对DNA无影响。经苯酚/氯仿抽提后，蛋白质变性而被离心沉降到酚相与水相的界面，DNA则留在水相，这对去除核酸中大量蛋白质行之有效。少量或与DNA紧密结合的蛋白质可用蛋白酶予以去除。DNA中也会有RNA杂质，而RNA极易降解。况且少量的RNA对DNA的操作无大影响，必要时可加入RNA酶除去。最后通过乙醇沉淀获得无色透明的纯DNA。

提取基因组DNA的材料应选用新鲜材料，低温保存的样品不要反复冻融。组培细胞培养时间不宜过长，否则会造成DNA降解。此外，材料需适量，过多会影响裂解，导致DNA量少，纯度低。DNA提取要保持核酸的完整性，避免DNA的降解。在DNA提取过程中有许多因素会导致DNA的降解：①物理因素。DNA相对分子质量较大，机械张力或高温很容易使DNA分子发生断裂。在操作中应避免剧烈的振荡与过多的溶液转移，减少机械张力对DNA的损伤，同时也应避免高温。②细胞内源DNA酶的作用。细胞内常有活性很高的DNA酶，细胞破碎后DNA酶可使DNA降解。常在溶液中加入EDTA、SDS以及蛋白酶等。EDTA具有螯合Ca^{2+}和Mg^{2+}的作用，而Ca^{2+}和Mg^{2+}是DNA酶的辅助因子。SDS和蛋白酶则分别具有使蛋白质变性和降解的作用。③化学因素。如过酸条件下DNA脱嘌呤而导致DNA的不稳定，极易在碱基脱落的地方发生断裂，因此在DNA的提取过程中，应避免过酸的条件。

2. λ噬菌体DNA提取

利用少量噬菌体感染宿主进行培养，获取大量的噬菌体，在噬菌体培养物中加氯仿裂解宿主，加入DNase和RNase分解宿主释放的核酸，反应液经离心除去沉淀。然后用聚乙二醇沉淀噬菌体，用缓冲液分散沉淀，加氯仿使噬菌体裂解和蛋白质变性，释放噬菌体DNA，离心除去蛋白质沉淀物，上清液经CsCl密度梯度离心后，收集纯化的噬菌体DNA，经透析除去无机盐及溶剂，再用蛋白酶消化使蛋白质降解，用酚和苯酚/氯仿反复抽提，离心除噬菌体蛋白，用TE缓冲液充分透析，即可得到高纯度的噬菌体DNA。

3. 质粒DNA提取

细菌质粒DNA的提取是根据质粒DNA与基因组DNA的大小以及构象的差异，采用变性与复性方法分离质粒与基因组DNA。环状质粒DNA具有相对分子质量小，易复性的特点，在热或碱性条件下DNA分子双链解开，若此时将溶液置于复性条件，由于变性的质粒分子能在较短时间内复性，而染色体DNA不能复性从而达到分离的目的。

质粒提取常用碱裂解法：根据共价闭合环状质粒DNA与线性染色体DNA片段之间在拓扑学上的差异发展而来。首先收集菌体，用离子型表面活性剂SDS溶解细胞膜上的脂肪及蛋白，在pH高达12.6的碱性条件下线性的染色体DNA氢键断裂，双螺旋结构解开而变性。质粒DNA的大部分氢键也断裂，但超螺旋共价闭合环状结构的两条互补链不完全分离，当pH 4.8的NaAc高盐缓冲液调节pH至中性时，变形的质粒DNA又恢复到原来的构型。而染色体DNA不能恢复，形成缠联的网状结构。经离心，上清液是质粒DNA分子，而沉淀是变性的染色体DNA和蛋白质杂质，以此使质粒DNA与染色体DNA分离。

4. 线粒体DNA提取

细胞破碎后，常用差速离心法，一般先用$500 \sim 2\,000\,g$离心$5 \sim 15\,min$除去细胞碎片和杂质,然后用 12 000 ~ 20 000 g 离心 10 ~ 30 min,从上清中沉淀线粒体。线粒体纯化前应加 DNase I 降解线粒体表面附着的细胞核 DNA。

5. RNA 提取

细胞内有 3 种 RNA,其中 80% ~ 85% 为 rRNA,15% ~ 20% 为 tRNA 和核内小分子 RNA,而 mRNA 只占 RNA 总量的 1% ~ 5%,其相对分子质量大小不一,由几百至几千个核苷酸组成。mRNA 在细胞内的半衰期极短,平均只有几分钟,mRNA 在体外也甚不稳定,且基因表达具有严格的时序性。

提取 RNA 的材料需新鲜,切忌使用反复冻融的材料。若材料来源困难,可先将材料贮存在 TRIzol 或样品贮存液中,于 -80 ℃ 或 -20 ℃ 保存;如要多次提取,需分成多份保存。

样品破碎及裂解根据不同材料选择不同的方法:培养细胞直接加裂解液裂解;酵母和细菌则用 TRIzol 裂解,一些特殊的材料可先用酶或者机械方法破壁,动植物组织先加液氮研磨和匀浆,后加裂解液裂解。柱离心式纯化法快速,能有效去除影响 RNA 后续反应的杂质,是较为理想的选择。

抑制或消除 RNA 酶的活性是制备 RNA 的关键,RNA 酶非常稳定,由一条多肽链组成,变性后易复性。RNA 酶无需任何辅助因子,在较宽的 pH 范围内都有活性,煮沸后还能保持大部分活性。RNA 酶的污染来源于生物材料中内源 RNA 酶以及操作中实验器皿、试剂、空气带入的外源 RNA 酶。操作者的手、唾液等都含有较丰富的 RNA 酶。

创造无 RNase 的环境,尽量减小 mRNA 的降解的试剂有:①焦碳酸二乙酯(diethylpyrocarbonate,DEPC),是一种高效烷化剂,可破坏 RNase 活性,通过和 RNase 的活性基团组氨酸的咪唑环结合使蛋白质变性,从而抑制 RNase 的活性;RNA 提取所用的试剂须用 0.1% DEPC 处理水配置。DEPC 处理水是将去离子水经 0.1% DEPC 处理 12 h 以上后,再经高温高压灭菌而成,否则 DEPC 也能和腺嘌呤作用而破坏 mRNA 活性。另外,使用的器具,如吸头、离心管等也须用 DEPC 处理水处理。将待处理的塑料制品放入一个可以高温灭菌的容器中,注入 DEPC 水,使塑料制品的所有部分都浸泡至溶液中,在通风柜中37 ℃或室温下处理过夜。高温高压蒸汽灭菌至少 30 min。灭菌塑料制品烘烤干燥,置洁净处备用。注意 DEPC 为活性很强的剧毒物,与氨水溶液混合或与巯基反应会产生致癌物,因而含 Tris 和 DTT 试剂不能用 DEPC 处理。②异硫氰酸胍,细胞在变性剂异硫氰酸胍的作用下被裂解,同时核蛋白体上的蛋白质变性,核酸释放;释放出来的 DNA 和 RNA 由于在特定 pH 下溶解度的不同而分别位于整个体系中的中间相和水相,从而得以分离。

RNA 提取常见问题有:RNA 的降解、A_{260}/A_{280} 比值偏低、电泳带型异常。A_{260}/A_{280} 比值偏低可能的原因有:蛋白质污染、苯酚残留、抽提试剂残留。

二、核酸的检测

可用紫外分光光度法、琼脂糖凝胶电泳、变性凝胶电泳、聚丙烯酰胺凝胶电泳和脉冲场凝胶电泳等方法进行核酸的检测与分析。

1. 紫外分光光度法

在 260 nm 波长下,1 μg/mL DNA 的钠盐溶液的 A 值为 0.20,即在 $A_{260} = 1$ 时,双链 DNA 含量为 50 μg/mL,单链 DNA 与 RNA 含量为 40 μg/mL,单链寡核苷酸的含量为 33 μg/mL。根据在 260 nm 和在 280 nm 处读数的比值(A_{260}/A_{280})估计核酸的纯度。当样

品 DNA 及 RNA 的 A_{260}/A_{280} 为 1.8 ~ 2.0 时,认为已达到所要求的纯度。如果比值小于 1.6,说明样品中有蛋白质或其他杂质污染。

直接取基因组 DNA 样品微量原液(1 ~ 2 μL),用 Nanodrop 分光光度计自动测定出 230 nm、260 nm、280 nm 处的吸光度值,计算基因组 DNA 样品溶液的 DNA 含量以及 DNA 样品的纯度(图 3 - 1、图 3 - 2)[©图3-4]。纯的核酸溶液的 A_{260}/A_{280} 为 1.8 ~ 2.0、A_{260}/A_{230} 应大于 2.0。用紫外分光光度法分析核酸准确、方便。

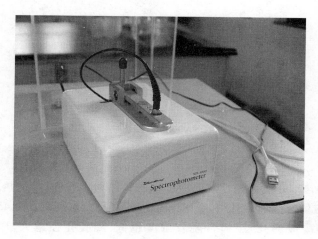

图 3 - 1　紫外分光光度计

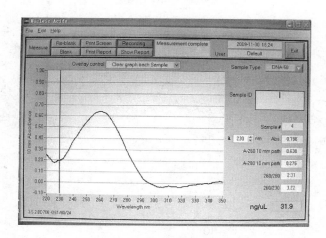

图 3 - 2　核酸的紫外检测

2. 琼脂糖凝胶电泳

核酸是两性电解质,pH 3.5 为正电荷,pH 8.0 ~ 8.3 为负电荷。DNA 在琼脂糖凝胶电泳(agrose gel electrophoresis)[©图3-5]中的迁移速率取决于电荷效应、分子筛效应、分子构象、凝胶浓度、电泳缓冲液六个因素。

(1) DNA 分子的大小　电泳时,线性双螺旋 DNA 分子是以头尾位向前迁移的,其迁移速率与相对分子质量(所含碱基)的对数值成反比。

(2) DNA 分子的构象　相对分子质量相同而空间构象(图 3 - 3)不同的 DNA 分子,其迁移速率不同。如质粒 DNA 呈超螺旋共价闭合环状 DNA(cccDNA),有时会因单链断裂成为开链环状 DNA(open circular DNA,ocDNA);双链断开成线状 DNA(liner DNA)。由于构型的不同,琼脂糖凝胶电泳可将它们分开。迁移速率为 cccDNA > 线性 DNA > ocD-NA[图3-6]。

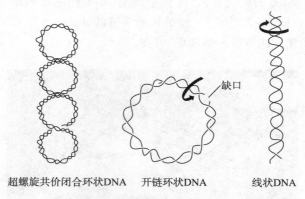

超螺旋共价闭合环状DNA   开链环状DNA   线状DNA

图 3 - 3 质粒的不同空间构象

（3）琼脂糖浓度 琼脂糖是从海藻中提取的长链状多聚物,当加热至 96 ℃,即可熔化形成清亮、透明的液体,浇在制胶板上冷却后固化形成凝胶,其凝固点为 45 ℃(图 3 - 4)。琼脂糖浓度直接影响凝胶的孔径,通常凝胶浓度越低,凝胶孔径越大,DNA 电泳迁移速率越快。

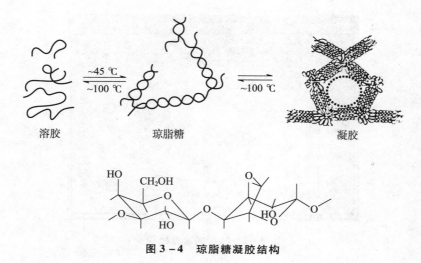

溶胶   琼脂糖   凝胶

图 3 - 4 琼脂糖凝胶结构

琼脂糖凝胶电泳可区分相差 100 bp 的 DNA 片段,分辨率比聚丙烯酰胺凝胶(1 bp)低,但操作简单、快速,适用范围广。普通琼脂糖凝胶分离 DNA 的范围为 0.2 ~ 50 kb,是分离、鉴定、纯化 DNA 片段的标准方法,可检测凝胶中少至 1 ng 的 DNA。

（4）电泳所用电场 低电压条件下,线性 DNA 的迁移速率与所用电压成正比,而凝胶电泳分离 DNA 的有效范围却随着电压上升而减少,一般采用电场强度应小于 5 V/cm。

（5）缓冲液 其组成和离子强度直接影响迁移速率,当缓冲液为无离子水,溶液的导电性很少,带电颗粒的几乎不泳动。而在高离子强度下(如错用 10 × 电泳缓冲液),导电性极高,带电颗粒泳动很快,并产生大量的热,甚至可熔化凝胶。常用乙酸盐(TAE)、硼酸盐(TBE)等电泳缓冲液,通常配成 5×母液保存于室温下,使用时稀释为 0.5×溶液。

（6）温度　琼脂糖凝胶电泳时,不同大小 DNA 片段的相对电泳迁移率在 4~30 ℃之间无变化,一般在室温下进行,而当琼脂糖含量小于 0.5% 时凝胶很脆,最好在 4 ℃下电泳。

基因组 DNA 和质粒 DNA 的电泳结果见图 3-5 与图 3-6。

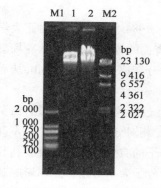

图 3-5　基因组 DNA
电泳结果

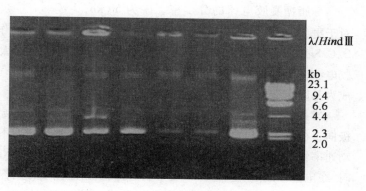

图 3-6　质粒 DNA 电泳结果

📖 知识扩展 3-1　溴化乙锭

3. 变性凝胶电泳

（1）RNA 变性凝胶电泳　RNA 是单链多核苷酸,会缠绕成特定的二级或三级结构,与特定的蛋白质结合成 RNPs(ribonucleoprotein particles)的形式存在于细胞内。RNA 分析前需要变性,加入乙二醛(glyoxal)或 37% 甲醛(formaldehyde)等变性剂(denaturant),使 RNA 分子内的氢键打开,以除去其二级结构。实验室一般采用甲醛作为变性剂,RNA 变性凝胶电泳是分离和鉴定 RNA 的一种有效方法(图 3-7)。完整的 RNA 电泳时 28S 和 18S 比值约为 2∶1,否则有可能发生 RNA 降解,因为 28S rRNA 可特征性地降解为类似 18S rRNA。

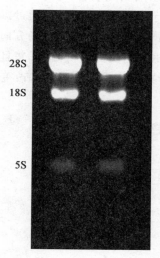

图 3-7　RNA 电泳结果

（2）DNA 变性凝胶电泳　DNA 变性凝胶电泳包括变性梯度凝胶电泳(denaturing gradient gel electrophoresis,DGGE),是 Lerman 等于 20 世纪 80 年代初开发的,最初用于检测 DNA 片段中的点突变。根据长度相同而碱基序列不同的双链 DNA 片段具有不同的解链温度 T_m 值(如单碱基替代可引起 1.5 ℃的差异),在一般的聚丙烯酰胺凝胶基础上,加入了不同浓度梯度的解链变性剂,从而能分辨相同长度 DNA 片段中单个碱基的差异。

DGGE 胶是在 6% 聚丙烯酰胺凝胶中添加变性剂尿素与甲酰胺,浓度由上而下从低到高呈线性梯度。在一定温度下,相同浓度的变性剂位置,序列不同的产物,其部分解链程度也不同,而解链程度又直接影响到其电泳迁移速率,结果不同的产物在 DGGE 凝胶上被分开。并且在引物的 5′端加上 40 个碱基左右的 GC"发夹"(clamp),由于富含 G+C 的 DNA 附加到双链的一端形成一个人工高温解链区,而片段的其他部分就处在低温解链区,从而可使 DGGE

对序列差异的分辨率提高近100%。DGGE 根据 DNA 片段的核苷酸序列,选择寡核苷酸引物的位置以扩增长度在 100 ~ 500 bp 大小的 DNA 片段为宜。在 DGGE 技术的基础上又发展了温度梯度凝胶电泳(temperature gradient gel electrophoresis,TGGE)。

> 知识扩展 3 - 2　GC 发夹

4. 脉冲场凝胶电泳

琼脂糖凝胶电泳的分辨率上限为 50 kb,对于更大的 DNA 分子,普通琼脂糖凝胶便失去了分子筛的作用。1984 年美国哥伦比亚大学 D. C. Schwartz 等根据 DNA 分子弹性弛豫时间与 DNA 分子大小有关的特性,设计了脉冲场凝胶电泳(pulsed field gel electrophoresis,PFGE),使得 DNA 分子的分辨率上限达到 2 Mb,从而成为基因组学研究中重要的方法。

常规的凝胶电泳采用单一均匀的电场,DNA 分子在电场中经过凝胶的分子筛作用,由负极向正极移动,根据相对分子质量大小的差异,其移动速率不同。相对分子质量小的 DNA 移动速率快,而相对分子质量大的 DNA 移动速率慢。但当 DNA 分子的有效直径超过凝胶孔径时,在电场作用下,迫使 DNA 变形挤过筛孔,沿着泳动方向伸直,分子大小对迁移速率影响就不大。此时如改变电场方向,则 DNA 分子必须改变其构象,沿新的泳动方向伸直,而转向时间与 DNA 分子大小密切相关。脉冲场凝胶电泳使用两个交变电场(如 A 电场与 B 电场),两个电场交替地开启和关闭,使得 DNA 分子的移动方向随着电场的变化而改变图3 - 7。

A 电场开启、B 电场关闭时,DNA 分子从 A 电场的负极向正极移动;而当 A 电场关闭、B 电场开启时,DNA 分子则改变原来的移动方向,随着 B 电场由负极向正极移动,从而随着电场方向的交替变化,DNA 分子呈"Z"形向前运动(图 3 - 8)。有研究表明,当某一电场开启时,DNA 分子将顺着此电场的方向纵向拉长和伸展,以蛇行(reptation)的方向通过凝胶间的空隙。如果电场方向变化,DNA 分子须先调头来重新定向,才能沿着新的电场方向移动。因此随着电场方向的不断变化,伸展的 DNA 分子必须相应地改变移动方向,并且较小的 DNA 分子能快速地适应这种变化,而较大的 DNA 分子则需要更多的时间来改变

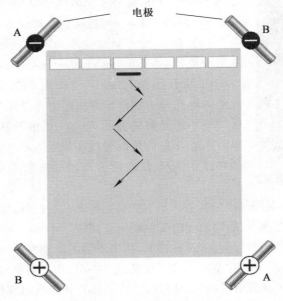

图 3 - 8　脉冲场凝胶电泳示意

方向,真正用于电场中前进的时间就相对减少。当 DNA 分子改变方向的时间小于电场变化的脉冲周期时,DNA 分子可以按照其相对分子质量的大小得以区分,可通过调整脉冲的时间来获得合适的分辨能力,实现对 DNA 分子的有效分离。

研究发现,当两个交替变化的电场方向夹角大于 90°时,DNA 能较迅速地将其后端调转过来,在新的电场中成为移动的前端,从而提高分离的效率。目前使用的脉冲电场的凝胶电泳仪的两个电场之间夹角均大于 90°,如 120°,并且分离真核生物染色体等超大型DNA 分子时通常使用低电压。

影响 PFGE 对 DNA 分辨能力的因素有两电场的均一程度、电脉冲的绝对长度、用于产生两电场的电脉冲长度的比例及时间、两电场与凝胶所成的角度、两电场的相对强度等。为了增加 PFGE 对大小差异较大的 DNA 样品的分辨率,可采用交变脉冲梯度电场,即先用较短的交变脉冲时间,使小分子 DNA 分离,再用较长的交变脉冲时间分离较大的 DNA。

PFGE 分离相对分子质量较大的核酸分子时,其电泳速率较慢,通常需要 16 ~ 36 h,有时甚至需要 50 h 以上。脉冲场凝胶电泳可有效分离数百万 bp 的大分子 DNA,且较新式的仪器电极间的角度和脉冲时间均可调,使用方便。

5. 聚丙烯酰胺凝胶电泳

聚丙烯酰胺凝胶是由丙烯酰胺和交联试剂 N,N′ - 甲叉双丙烯酰胺在有引发剂(如过硫酸铵)和增速剂(如 TEMED)的情况下聚合而成的。一般配 6% ~ 20% 的不同浓度的胶(详见第七章第二节),可以分辨 100 bp ~ 1 kb 大小的 DNA,对于单链核酸其分辨率可达 1个核苷酸。

目前测序采用毛细管凝胶电泳(capillary gel electrophoresis,CGE)[图3-8],即以高压电场为驱动力,以电解质为电泳介质,以毛细管为分离通道,将凝胶移到毛细管中用作支撑物进行分离的区带电泳。被分离物在通过装入毛细管内的凝胶时,可纯粹按照各自分子的体积大小逐一进行分离(SDS - PAGE),可以识别一个碱基差异的寡核苷酸。这就是 DNA测序的基础。

6. 荧光定量 PCR

荧光定量 PCR 也称 real-time PCR,是 1996 年由美国 Applied Biosystems 公司推出的一种新的核酸定量技术,它是在常规 PCR 基础上加入荧光标记探针或相应的荧光染料,对PCR 产物进行标记跟踪,实时在线监控反应过程,结合相应的软件对产物进行分析,计算待测样品模板的初始浓度。

PCR 扩增时在加入一对引物的同时加入一个特异性的荧光探针,该探针为一寡核苷酸,两端分别标记一个报告荧光基团和一个淬灭荧光基团。探针完整时,报告基团发射的荧光信号被淬灭基团吸收;PCR 扩增时,*Taq* 酶的 5′→3′外切酶活性将探针酶切降解,使报告荧光基团和淬灭荧光基团分离,从而使荧光监测系统可接收到荧光信号,即每扩增一条 DNA 链,就有一个荧光分子形成,实现了荧光信号的累积与 PCR 产物形成完全同步。

> 知识扩展 3 - 3 荧光定量 PCR

第二节 基因文库的构建

基因文库(gene library)是指通过克隆方法保存在适当宿主中的一群混合的 DNA 分子,所有这些分子中插入片段的总和,可代表某种生物的全部基因组序列或 mRNA 序列。基因文库的构建是将生物体的全基因组或 cDNA 分成若干 DNA 片段,分别与载体 DNA 在体外拼接成重组分子,然后导入受体细胞中,形成一整套含有该生物体全基因组 DNA 或 cDNA 片段的克隆,并将各克隆中的 DNA 片段按照其在细胞内染色体上的天然序列进行排序和整理。因此某一生物的基因文库实质就是一个基因银行(gene bank),可通过基因文库的构建,贮存和扩增特定生物基因组的全部或部分片段,又可在需要时从文库中调出其中任何 DNA 片段开展研究。

一、基因文库

1. 基因文库的种类和构建

基因文库包括基因组文库以及 cDNA 文库。基因组文库(genomic library)是由供体生物的全部 DNA 构成,含有供体生物的全部遗传信息。所有单拷贝基因在文库中的拷贝数基本相同,而每个基因被分离到的概率也大致相同。cDNA 文库(cDNA library)是由供体生物的 mRNA 反转录成 cDNA 构成,包括生物某个生长时期正在表达的基因信息,有的 cDNA 存在代谢阶段或发育阶段特异性。即使在同一时期表达的基因及表达效率差别很大,每个子细胞产生不同类型的 mRNA 分子数目不等,因此 cDNA 文库中各种 cDNA 克隆数也不同,被筛选到的概率差别甚大。

用于基因克隆的 DNA 是从特定组织中提取的基因组 DNA,或是 mRNA 反转录的 cDNA。究竟选用何种材料,应根据具体情况而定。如果要搞清一种蛋白质的氨基酸序列,可根据克隆 cDNA 分子的核苷酸序列直接推导。如果要研究控制基因表达的调控序列,或者是在 mRNA 分子中不存在的特定序列,只能从染色体基因组 DNA 中获得。

基因文库的构建一般以噬菌体或细菌质粒等作为载体,具体过程如下:①载体 DNA 的制备。②高分子基因组 DNA 及基因片段的制备,或者提取某一特定类型细胞表达的 mRNA 经反转录酶形成 cDNA。③载体与 DNA 基因片段的体外连接。④包装蛋白的制备、重组体的体外包装。⑤将重组 DNA 导入宿主、重组克隆的筛选与鉴定。⑥文库的扩增、保存(图 3 - 9)。

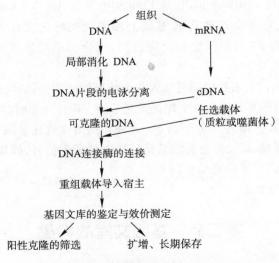

图 3 - 9 基因文库构建的策略

2. 基因文库的质量

构建的基因文库应具有完备性,即代表性与完整性。基因文库的代表性是指文库中包含的重组 DNA 分子能全面反映供体细胞中表达的全部信息。文库的代表性可用基因文库的库容量来衡量,库容量是指构建基因文库中所包含独立的重组子克隆数。通常一个基因文库应包含的克隆数目与生物基因组的大小和被克隆 DNA 片段的长度有关。基因组越大,所需克隆数越多;克隆时每个载体中允许插入外源 DNA 片段越长,所需克隆数越少。如果一个基因文库中总的克隆较少,从中筛选特异基因就比较容易;但插入片段较大,后续的分析较困难。

根据 Charke-Carbon 公式计算某一基因文库中应该包含的克隆数目,即满足最低要求的基因文库的库容量:

$$N = \ln(1 - P)/\ln(1 - a/b)$$

式中,P 是文库中包含供体细胞任何 DNA 序列或 mRNA 的概率,即希望获得的概率(常设 99%),代表基因文库的完备性;N 是重组子数目,表示文库中以 P 概率出现在细胞中某段 DNA(或任何一种 mRNA)序列理论上应具有的最少重组子克隆数;a 是文库中每个重组子所含外源 DNA 片段的平均长度(或细胞中最稀少的 mRNA 序列的拷贝数);b 是生物基因组的大小,即单倍体基因组 DNA 的长度(或所有 mRNA 的总拷贝数)。

除了代表性外,文库中基因或 cDNA 片段的完整性也反映的文库质量。如在细胞中表达的各种 mRNA 都由三个部分组成,即 5′端非翻译区、中间的编码序列和 3′端非翻译区。要求文库中的重组 cDNA 片段应尽可能完整反映天然基因的结构。

一个理想的基因文库应具备下列条件:①重组克隆的总数不宜过大,以减轻筛选工作的压力;②载体的装量必须大于绝大多数基因长度,以免基因被分隔在不同的克隆中;③含有相邻 DNA 片段的重组克隆之间,必须具有部分序列的重叠,以利于基因文库中克隆的排序;④克隆片段易从载体分子上完整卸下;⑤重组克隆应能稳定保存、扩增及筛选。

二、构建基因文库的载体

构建基因文库有多种载体可选择,常用 λ 噬菌体、质粒和人工染色体 Fosmid(详见本章第二节)等。

1. λ 噬菌体

λ 噬菌体是构建基因文库最早使用的载体,一般置换型噬菌体适用于基因组 DNA 的克隆,插入型噬菌体用于全长 cDNA 的克隆。重组子经体外包装成为具有感染能力的噬菌体颗粒,对大肠杆菌的转染效率高,1 μg cDNA 构建的 cDNA 文库转染宿主后可得到 $10^6 \sim 10^7$ 的原始库容量。这类载体构建的基因文库质量高、代表性好。并且以重组噬菌体颗粒形式存在,感染活性在环境中极其稳定,非常适于基因文库的长期保存(图 3 - 10)。

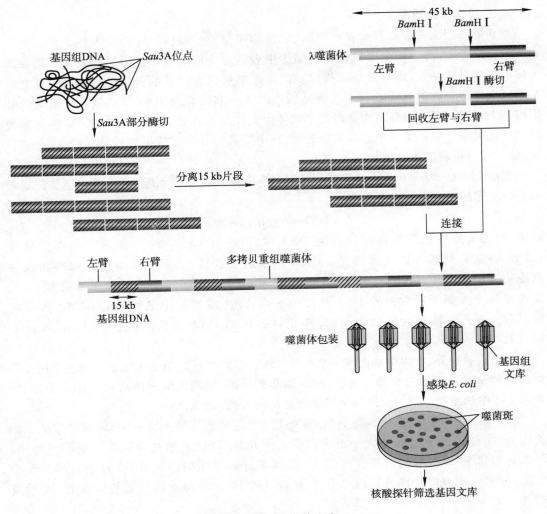

图 3 - 10 噬菌体文库

2. 质粒

使用质粒载体构建基因文库的最大特点是能够实现对基因文库（cDNA 文库）的功能性筛选，可利用基因在体内体现其生物学活性所依据的生化基础，从文库中分离鉴定出目的基因（图 3 - 11）。

利用质粒构建基因文库的缺点是载体容量小、插入片段小，文库中包含全长 cDNA 或目的基因的克隆比例少。含有长片段的重组克隆在文库的群体扩增中容易丢失。用质粒构建的基因文库转化宿主细胞，转化效率普遍较低，因此文库的库容量相对较小。此外质粒文库需要以活的转化菌形式存在和扩增，保存条件较为严格，并且保存过程中，部分转化菌会死亡，因此不适合于文库的长期保存。

3. 人工染色体

可以容纳较大的 DNA 片段，用较少的克隆就可以包含特定的基因组全部序列，从而保持了基因组特定序列的完整性（图 3 - 12）。

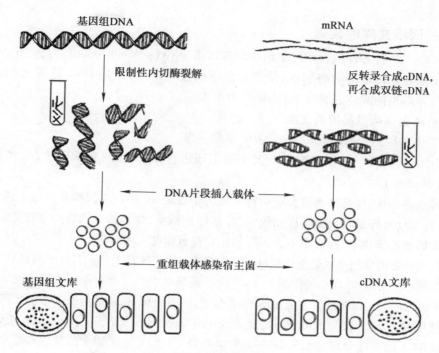

图 3 - 11 质粒文库

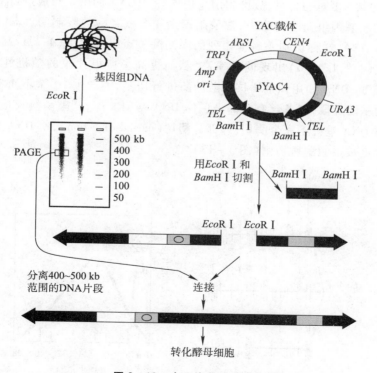

图 3 - 12 人工染色体文库

三、基因组文库的构建

通过一些方法将各种生物中特定组织的基因组 DNA(genomic DNA)分离纯化,再采用机械方法或限制性内切酶的酶切法,使其产生不同大小片段,最好 DNA 片段之间有部分重叠。然后与适当的载体进行连接,构成基因组文库。

1. 利用噬菌体构建基因组文库

(1) 供体基因组 DNA 的提取　详见本章第一节。

(2) DNA 的纯化　根据核酸长度大小的不同进行分离纯化,包括电泳(见本章第一节)与密度梯度离心。

密度梯度离心中,样品的密度介于两种介质的密度之间。离心时,样品或往上或往下移动,当介质的密度与样品自身的密度相等时,样品停止移动,并停留在该介质密度的位置上。甚至在很大的离心作用下,样品也不会沉降到比它自身密度大的位置。

形成密度梯度的常用介质是氯化铯(CsCl)水溶液。由于铯离子的相对分子质量较小,但其密度大于溶剂水的密度,在离心场作用下,CsCl 分子在溶液中重新分布而形成了密度梯度。离心管底部的溶液较之上部溶液含有更多的 CsCl 分子,一般情况下,顶部与底部溶液之间的密度差可以达到 0.02 g/mL。该技术可分离密度差仅为 0.02 g/mL 的分子。在 CsCl 溶液中,蛋白质、DNA 和 RNA 的密度分别为 1.3,1.6 ~ 1.7 和 1.75 ~ 1.85 g/mL,因此能被容易地分开。

DNA 的密度与其 G − C 对的含量成正比。因为 G − C 对中有 3 个氢键,G − C 对与 DNA 密度 ρ 的关系可由公式 $\rho = 0.098(G\% - C\%) + 1.680$ 表示。知道 G − C 对的含量后,便可推算出 A − T 对的含量,故可利用超速离心对 DNA 的碱基组成进行测定。

(3) 酶切　基因组文库构建中,常采用识别 4 个核苷酸的限制酶 *Sau*3A 或 *Mbo* I 部分切割基因组 DNA,这种识别 4 碱基序列的限制酶位点出现频率(4^{-4},1/256),比 6 核苷酸限制酶位点(4^{-6},1/4096)出现的频率高,从而提高了所得片段的随机性,减少了偏向性。人 3×10^9 bp DNA 如用识别 4 核苷酸的酶进行切割,约产生 10^7 个不重复的片段。为了得到完整的基因片段,制备含有全部染色体 DNA 基因文库,调整酶解反应的条件,利用限制酶对供体 DNA 进行不完全酶切,即部分酶切(partial digestion),使 DNA 分子中有限数量的一部分位点被限制酶所切割(图 3 − 13)。

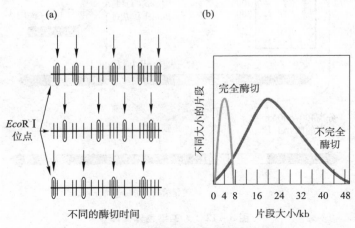

图 3 − 13　限制酶位点出现频率

(a)人类 DNA;(b)酶切片段的分布

部分降解时,可先摸索降解条件,将少量大分子基因组 DNA 分子与少量的某种限制酶一起保温,不同时间取样,以琼脂糖凝胶寻找最适保温时间,再扩大规模,进行多量的部分降解。将部分降解后的 DNA 通过密度梯度离心或凝胶电泳分级分离,除去太大的和太小的片段,收集重复的 20~50 kb 适合长度的 DNA 片段进行基因文库的构建。

(4)载体 DNA 制备 用于构建基因文库的载体常用置换型 λ 噬菌体。先用 *Bam*H I 切割置换型 λ 噬菌体使其产生能与 *Mbo* I 或 *Sau*3A I 酶切相容互补末端双臂(同尾酶)。酶切后经密度梯度离心或凝胶电泳除去非必需片段,用磷酸酶进行脱磷酸处理限制载体的自身连接。

(5)DNA 片段与载体连接 供体 DNA 和载体 DNA 按一定的摩尔比进行连接,通常载体左臂:外源 DNA:载体右臂的比值为 1:1:1,可因分离提纯的 DNA 的不同而有变动,实验中应根据具体情况而定。通过 T4 DNA 连接酶连接反应,即形成重组 DNA 分子。

(6)重组 DNA 导入宿主 若载体是质粒型可采用直接转化法;若载体是 λ 噬菌体,重组 DNA 先体外包装成噬菌体颗粒,再感染大肠杆菌或直接保存噬菌体颗粒作为基因组文库。

噬菌体和外源 DNA 片段通过体外切割、连接组成重组 DNA 分子后,还不能直接用于受体菌株的感染,需将重组 DNA 分子和 λ 噬菌体的头部、尾部蛋白进行混合,完成体外包装,成为完整的病毒颗粒才具有感染宿主的能力(图 3-14)。噬菌体颗粒体外包装需要两种溶菌物,一种是由 *Dam* λ 噬菌体感染宿主产生的溶菌物,其中积累了大量的头部蛋白;另一类是 λ 噬菌体的 *Eam* 突变种感染宿主后的溶菌物,其中含有高浓度的 λ 噬菌体尾部蛋白。上述这两种溶菌物与重组 DNA 混合后,基因 E 产物(主要为外壳蛋白),在基因 A 产物作用下,与基因 D 产物一起将重组 DNA 包装成噬菌体头部,再在基因 W 和 F 产物的作用下,将头部和尾部连接起来,组成完整的噬菌体颗粒(详见图 5-13)。每微克重组 DNA 包装为完整噬菌体颗粒后对宿主感染作用可达 10^6 个噬菌斑,比不包装的重组 DNA 分子转化率高 100~10 000 倍。

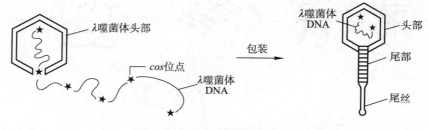

图 3-14 噬菌体体外包装

(7)基因组文库质量评估 收集转化菌落或噬菌体颗粒,即成基因组文库。对其进行质量评估,文库质量包括重组频率和重组子数目,重组频率越高、重组数目越大,筛选工作量越小,筛选到目的基因的概率越大。

(8)文库的扩增和贮存 λ 噬菌体文库的扩增通常是将混合液与适当的宿主菌落混合,然后涂布在 NZCYM 琼脂平板上,于 37 ℃保温 6~10 h,加入 SM 液收集扩增的文库并进行滴度的测定,然后加入几滴氯仿保存在 4 ℃或加入 7% DMSO 保存在 -80 ℃冰箱中。

2. 利用 Fosmid 构建宏基因组文库

宏基因组(metagenome)也称微生物环境基因组(microbial environmental genome),1998

年由 Handelsman 等提出,它包含了可培养的和不可培养的微生物的基因,目前主要指环境样品中的细菌和真菌的基因组总和。

提取基因组 DNA,将基因组 DNA 用物理的方法进行切断处理,然后进行脉冲电泳,回收 38 ~ 48 kb 之间的 DNA 片段(图 3 – 15)。

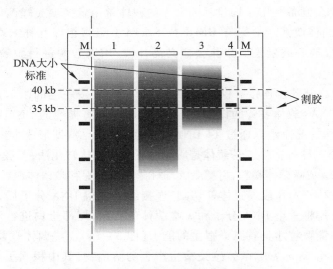

图 3 – 15　脉冲场凝胶电泳回收 DNA 片段

对 DNA 片段进行末端平滑磷酸化处理;将回收后的 DNA 片段连接到特定的载体上,4 ℃ 过夜;将连接液进行包装,转染;确认滴度及片段插入率。一般文库的滴度 ≥ 10^4,阳性克隆平均插入片段长度为 35 kb 左右(图 3 – 16)。

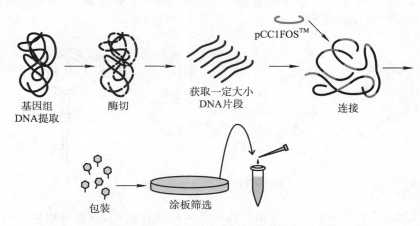

图 3 – 16　宏基因组文库的构建与筛选

四、cDNA 文库的构建

原核生物基因结构较简单,可构建基因组 DNA 文库。真核生物基因结构较复杂,含有内含子 DNA,需提取 mRNA 将其转录成 cDNA,以 cDNA 作为外源 DNA 片段插入载体中,构成 cDNA 文库。由于大多数真核生物基因的蛋白质编码序列小于 5 kb,可利用插入型噬菌体或普通质粒,尤其是表达型质粒载体构建文库,这样就可直接利用目的基因表达产物的性质和功能筛选基因文库。

1. cDNA 的制备

要制备 cDNA,首先要成功提取真核生物 mRNA,关键在于尽可能完全抑制或去除 RNA 酶活性。大多数真核 mRNA 的 3′端都具有长度为 20~250 个腺苷酸组成的 poly(A)尾巴,而 tRNA 和 rRNA 上没有,这就为 mRNA 的分离纯化提供条件。

(1)RNA 提取 详见第一节。

(2)mRNA 分离 将寡聚脱氧胸腺嘧啶共价交联在纤维素分子上,制成 oligo(dT)型纤维素亲和柱,然后将细胞总 RNA 的制备物上柱分离,其中 mRNA 分子通过其 poly(A)结构与 oligo(dT)特异性碱基互补留在柱上(图 3-17),而其他非 mRNA 分子(如 tRNA、rRNA 和 snRNA)则流出柱外。最终用高盐缓冲液打断 A-T 氢键,将 mRNA 从柱子上洗脱下来,从而纯化得到在细胞总 RNA 中含量只有 1%~5% 的 mRNA。

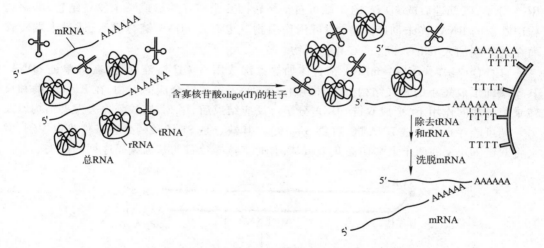

图 3-17 纤维素亲和柱纯化 mRNA

(3)cDNA 第一条链的合成 mRNA 纯化后,样品中加入人工合成的 oligo(dT)分子(12~18 碱基)作为引物,以 mRNA 为模板合成 cDNA 第一条链(图 3-18)。由于反转录

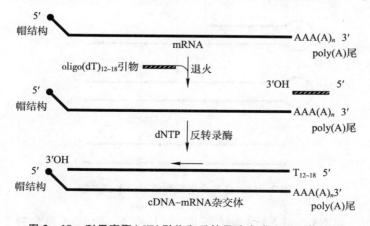

图 3-18 利用寡聚(dT)引物和反转录酶合成 cDNA 第一链

酶在 cDNA 反转录合成中的行进能力有限,平均合成的 cDNA 长度在 1 kb 以下,有时反转录酶会在接近 mRNA 5'端结构途中停止聚合反应,尤其当 mRNA 分子特别长时,会导致 cDNA 第一链的 3'端区域不同程度的缺损。所以有时会遇到从 cDNA 基因文库中筛选获得的基因 N 端序列信息缺损的情况。

为了克服这一问题,发展了一种随机引物引导 cDNA 的合成方法,即事先合成一批 6~10 个碱基的寡聚核苷酸随机引物,利用这一混合引物引导 cDNA 合成,一条模板 mRNA 上可能会同时杂交上多个引物,并在模板多处位点上同时引发 cDNA 反转录合成。然后用 T4 DNA 连接酶修补由多种引物合成的 cDNA 小片段缺口,最终获得 DNA-RNA 的杂合双链。

应注意随机引物不仅能以 mRNA 为模板,而且也能以任何种类的 RNA 分子为模板。因此,对来源 mRNA 样品的纯度要求十分苛刻,在样品中污染极少量的其他 RNA 分子,都有可能给文库筛选和结果分析带来极大的麻烦。

(4) cDNA 第二链的合成 先用碱或 RNase H 酶除去 cDNA-mRNA 杂交双链中的 RNA 分子,碱处理后的 cDNA 的 3'端可自动折转回几个核苷酸形成一个发夹结构;酶解过程中断裂的 RNA(尚未彻底降解)均可用作引物。也有在 cDNA 链合成后,通过末端转移酶在其 3'端加入 polyG,以 polyC 作为引物。

自身合成法 cDNA-mRNA 杂合体加热煮沸或用 NaOH 溶液处理,获得单链 cDNA,其 3'端即形成短小的发夹结构,此结构可作为 cDNA 第二链合成的引物,在 Klenow 酶和反转录酶的共同作用下,形成双链 cDNA 分子。反应结束后,用 S1 核酸酶除去发夹结构以及另一端可能存在的单链 DNA 区域(图 3-19)。其缺点是 S1 核酸酶处理条件难以控制,常会将双链 cDNA 的两个末端切去几个碱基,有时直接导致目的基因编码序列的缺失。

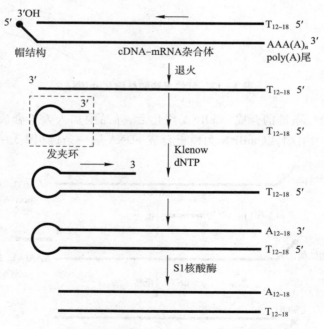

图 3-19 自身合成法合成 cDNA 第二链

置换合成法 cDNA-mRNA 杂合体与 RNase H 和 *E. coli* DNA 聚合酶 I 混合,RNase H

随机降解杂合双链中的 mRNA 链,产生缺口(内切作用),形成多段短的 RNA 链和部分 cDNA 单链区(外切作用)。这些 RNA 片段可被作为引物在 cDNA 第一链模板上多处引导合成 cDNA第二链。随着合成产物的延伸,除了 5′端的 RNA 引物外,所有作为引物的 RNA 片段均被新合成的互补链所置换。最后通过 T4 DNA 连接酶作修复缺口,即将模板上分段合成的互补链连接成一条完整的 DNA 链(图 3−20)。此法获得的 cDNA 双链含有残留的一小段 RNA。

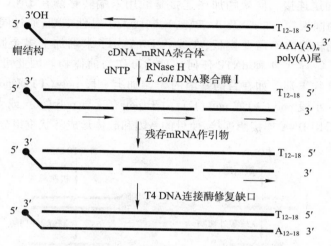

图 3−20 置换合成法合成 cDNA 第二链

引物合成法 第一链合成后,变性残留的 mRNA 用末端脱氧核苷酸转移酶在 cDNA 游离的 3′−OH 上添加同聚物 dC 末端,产生一段 oligo(dC)序列。通过碱性蔗糖密度梯度离心,使 mRNA−cDNA 杂交双链分离,并回收单链 cDNA。再与人工合成的 oligo(dG)退火,形成引物结构,在 Klenow 酶的作用下以第一条 cDNA 链为模板合成第二条 cDNA 链(图 3−21)。

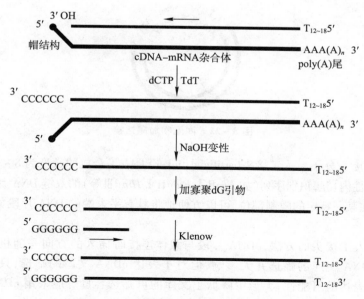

图 3−21 引物合成法合成 cDNA 第二链

2. 载体 DNA 的分离纯化和限制酶酶切

一般用插入型 λ 噬菌体。限制酶种类的选择将取决于双链 cDNA 与载体的连接方式。

3. 双链 cDNA 与载体连接

一种是 cDNA 和载体都进行同聚物加尾反应（两种同聚物是互补的）和退火复性；另一种是 cDNA 两端加上人工接头后，再与载体相连。

（1）同聚物加尾连接　同聚物加尾连接是利用末端转移酶在 DNA 片段的 3′端添加一段寡聚核苷酸的同聚物（如 dT 及 dA 碱基），制成人工黏性末端，通过同聚物序列间的退火完成连接。末端转移酶不需要模板，在线状 DNA 分子末端加上多个脱氧核苷酸残基，由于末端酶不具有特异性，4 种 dNTP 任何一种均可作为前体物。因此可以产生单一核苷酸所构成的 3′同聚物末端。如在目的基因的 3′端加上一段 poly（T）或 poly（G），而在载体 DNA 的 3′端加上一小段 poly（A）或 poly（C），由于 poly（T）与 poly（A），或者 poly（G）与 poly（C）互补配对，最后用 DNA 连接酶连接，使目的基因和载体形成环状重组分子（图 3－22）。

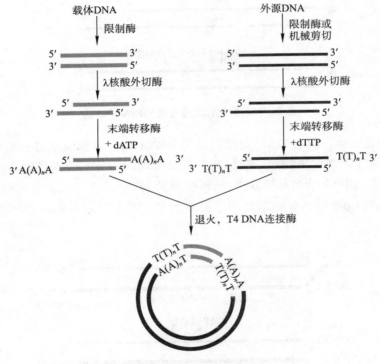

图 3－22　同聚物加尾连接

（2）人工接头分子　人工接头（artificial linker）是人工合成的长度为 8～12 bp 具有对称结构、含有限制性内切酶识别序列（如 *Eco*R Ⅰ、*Bam*H Ⅰ、*Hind*Ⅲ等）的双链 DNA 片段（图 3－23）。这些人工接头在某一特定的限制部位，可以方便地将具有平末端的 DNA 片段如 cDNA 结合到克隆载体上。

采用添加人工接头的方法，cDNA 片段与载体连接时插入的方向是随机的。这种克隆对非表达型 cDNA 文库的筛选并无影响，但对于表达 cDNA 文库的筛选，只有 1/6 的插入片段具有正常表达的可能性，无形中降低了文库的可筛选容量。应采用 cDNA 文库定向克隆策略是在引导 cDNA 第一链合成的引物的 5′端预先设计一种酶切位点，在双链 cDNA 合成后,再添加另一种酶切位点的人工接头。采用两种酶进行双酶切后,就可使 cDNA 片段的两端产生不同的黏性末端,使文库 cDNA 片段定向插入到克隆载体上。

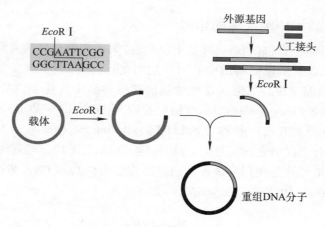

图 3-23　人工接头连接

4. 重组 cDNA 分子导入 *E. coli* 细胞和 cDNA 文库质量的评估(图 3-24)

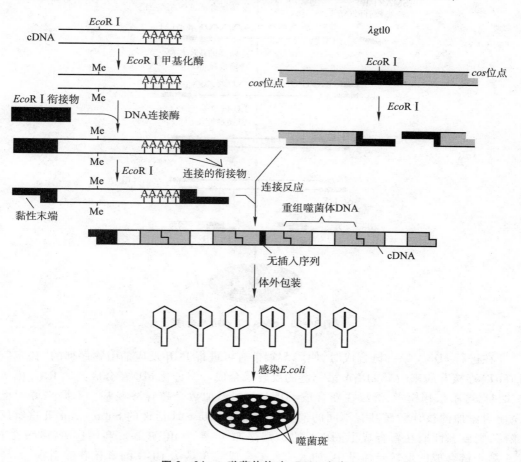

图 3-24　λ 噬菌体构建 cDNA 文库

5. 文库的扩增和贮存

同基因组 DNA 文库。

五、微量样品 cDNA 文库的构建

随着研究的不断扩展,常会遇到样品来源受限,如研究单个受精卵到胚胎形成前的发育初期,不同分化、发育阶段的细胞中基因表达情况;又如许多疾病发生初期原始病变细胞(肿瘤细胞)数量非常少。如何从这些微量的细胞样品中构建 cDNA 文库进行研究呢?目前采用模板链转换(template switching)结合长距离 PCR(LD – PCR)方法构建 cDNA 文库。为此 Clontech 公司开发一种称为 SMART(switching mechanism at 5′ end of RNA transcript)cDNA 文库合成试剂盒,使用这一方法构建 cDNA 文库时,只需要提取少量细胞 mRNA 或总 RNA,甚至可直接使用经破碎和经过高质量蛋白酶和 DNA 酶消化处理的微量细胞样品来进行反转录 cDNA 合成反应(图 3 – 25)。

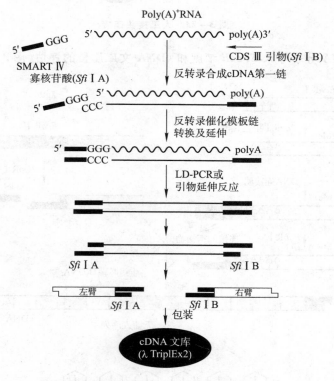

图 3 – 25 SMART cDNA 合成

在进行 cDNA 第一链合成时,使用 5′端带有可进行 PCR 反应的引物序列的"锚定"oligo(dT)寡核苷酸来引导 cDNA 第一链的反转录合成。当催化 cDNA 合成到达 RNA 模板的 5′端时,可不依赖模板,继续在新合成 cDNA 3′端添加数个核苷酸残基。不同来源的反转录酶对添加的核苷酸残基有不同的偏爱性。缺失 RNase H 活性的 Suprescript Ⅱ重组反转录酶,则专一性地在新合成出 cDNA 的 3′端添加 3～4 个 dC 残基。利用这一特性,在 cDNA 第一链合成的反转录体系中,加入一人工合成的 3′端为 GGG 的寡核苷酸引物,即转换链引物(strand switch primer)。当反转录酶反转录到达模板 mRNA 5′端,在 cDNA 链 3′端

加上的 CCC 就可与转换链引物中的 GGG 互补,继续引导反转录酶以转换链引物为模板,延伸合成出一段与 cDNA 第一链完全互补的 cDNA 第二链,得到全长的双链 cDNA。并通过转换链引物和"锚定"oligo(dT)上相应序列的寡核苷酸引物,进行 LD - PCR 反应,合成双链 cDNA 片段。该方法不仅能得到细胞表达各种 mRNA 全长的 cDNA 序列,而且通过 PCR 反应,使原始数量非常少的各种 cDNA 片段得到指数形式的扩增,从而满足了现行技术条件进行克隆操作的最低样品数量要求。

六、基因组文库与 cDNA 文库的适用范围与差别

基因组文库主要用于基因组物理图谱构建、基因组序列分析、基因在染色体上的定位以及基因组中基因的结构和组织形式分析等方面,基因组文库在克隆鉴定基因调控元件上也有特别的用途;而 cDNA 文库在研究具体某些特定细胞中基因组的表达状态以及表达基因的功能鉴定方面具有特殊的优势,从而使它在个体发育、细胞分化、细胞调控、细胞衰老和凋亡调控、健康与疾病发生的分子机制等生命现象的研究中更为广泛。

cDNA 文库与基因组文库的主要差别是:①基因组文库克隆的是任何基因,包括未知功能的 DNA 序列,cDNA 文库克隆的是具有蛋白质产物的结构基因,包括调节基因;②基因组文库克隆的是全部遗传信息,不受时空的影响;cDNA 文库克隆的是不完全的编码 DNA 序列,因受发育和调控因子的影响;③基因组文库中的编码基因是真实基因,含内含子和外显子;而 cDNA 克隆的是不含内含子的基因。

思考题

1. 名词解释:基因组、C 值悖论、cccDNA、ocDNA、人工接头、宏基因组、脉冲场凝胶电泳、变性凝胶电泳、毛细管凝胶电泳、荧光定量 PCR。

2. 简述检测核酸的方法与基本原理。

3. 核酸电泳的上样缓冲液含有什么成分? 各有什么作用?

4. 变性凝胶电泳有哪几种类型?

5. 从核酸凝胶电泳图上,如何确认所提取的基因组 DNA 是否被片段化?

6. 如何判断提取的 RNA 是否有降解?

7. 为了从大肠杆菌中提取质粒 DNA,在培养菌株时应使用什么培养基、培养多久较合适?

8. 提取的质粒有几种构象,其在电泳中的速率是怎样的?

9. 什么是基因文库,包括哪几类?

10. 简述利用 λ 噬菌体构建组基因文库。

11. 什么是基因文库的库容量,如何进行计算? 一个理想的基因文库应具备哪些条件?

12. 构建基因文库利用噬菌体与质粒作为载体各有什么优缺点?

13. 在提取基因组 DNA 时如何从理、化、生多方面来避免 DNA 被降解成小片段?

14. mRNA 是代谢非常活跃的分子,其寿命与(　　　)有关。

    A. 内含子　　　　　B. 外显子　　　　　C. 调节子　　　　　D. poly(A)

第四章
靶基因的克隆策略

　　靶基因(目的基因,target gene)是指希望分离或克隆的基因。在基因工程用于农作物、畜牧业品种改良以及医学等应用研究中,人们已经鉴定出生物的某些性状或疾病的基因,但常常不易获得靶基因。各种靶基因分布在生物的基因组上,基因的存量非常庞大,原核生物的 DNA 分子平均有 10^6 bp,基因多达数千种;真核生物的 DNA 分子可达 10^9 bp,基因多至上万种。而基因工程中所需的靶基因片段通常仅有几千或几百个核苷酸。

　　　　📧 知识扩展 4-1　　基因结构

第一节　靶基因的克隆

　　基因克隆的方法包括 PCR 扩增法、探针筛选法、免疫反应筛选法、酵母双杂交技术、噬菌体展示技术、图位克隆法、人工化学合成法等。

一、靶基因的部分片段获取

1. 利用产物的氨基酸序列

　　如果已知某基因的表达产物或者部分片段产物,可先纯化蛋白质,测定 N 端的氨基酸组成,再根据其氨基酸序列人工合成寡核苷酸引物。

　　由于遗传密码的简并性(degeneracy),从蛋白质推导的核苷酸序列与基因的实际序列可能并不一致,故必须合成一套包含有可能 DNA 序列的寡核苷酸简并引物(degenerate primer),在这套混合物中只有一种与编码肽段的基因序列完全一致。如果选择的肽段简并程度越高,寡核苷酸混合物的成分越复杂,真正起到引物作用的寡核苷酸所占的比例就越少。所以应选择密码简并程度最低的一段由 6 个氨基酸组成的序列作为合成寡核苷酸引物的依据,设计寡核苷酸片段应尽可能查找含 1~2 个密码子编码的氨基酸(如 Met 或 Trp)区域,避开含 6 个密码子编码的氨基酸,如 Leu、Ser 或 Arg。

　　　　📧 表 4-1　　氨基酸符号

2. 利用高度保守的序列

　　仅知某一基因家族产物的高度保守序列(conserved sequence),则可利用已知的氨基酸序列推断设计其 PCR 引物,再通过 PCR 扩增合成探针。

　　自然界中同一蛋白质家族在其演化过程中,存在着具有共同氨基酸序列的区段即保守区。这些保守区往往是由 6~7 个氨基酸组成,其长度正适合推导 PCR 的寡核苷酸引物。

　　高度保守区域的寻找途径有:①登录 NCBI 网站(http://www.ncbi.nlm.nih.gov),在 search 栏目中选择保守区域(conserved domains),输入基因所编码酶的名称或者某一家族的名称进行搜寻。②从基因数据库如 GenBank 中下载不同生物的同源基因编码酶的氨基酸序列,利用 MEGA5 软件进行比对。③利用 Clustal X 软件或 Clustal W2 在线网站(http://www. ebi. ac. uk/Tools/msa/clustalw2)进行比对,找出含有 6~8 个氨基酸的高度保守区域。④可利用在线的生物网站 Block Maker(http://bioinformatics. weizmann. ac. il/blocks/blockmkr/www/make_blocks. html)进行比对,设计简并引物。

(1) 霉菌的 75 家族的壳聚糖酶具有两个高度保守区域 NMDIDCD 与 YGIWGD。根据氨基酸组分合成混合形式的寡核苷酸引物,经过 PCR 扩增最终获得了 270 bp 的 DNA 产物。

氨基酸: N M D I D C D   Y G I W G D

    5′ – AAYATGGAYATHGAYTGYGAY – 3′ 5′ – TAYGGNATHTGGGGNGAY – 3′

                    3′ – ATRCCNTADACCCCNCTR – 5′

设计上下游引物:FP 5′ – AAYATGGAYATHGAYTGYGA – 3′

      RP 5′ – RTCNCCCCADATNCCRTA – 3′

(2) 18 家族的几丁质酶基因的高度保守区域的氨基酸为 FDGIDWD 和 NIMTYD,两者间的片段大小为 260 bp。

氨基酸: F D G I D W D   N I M T Y D

    5′ – TTYGAYGGNATHGAYTGGGAY – 3′ 5′ – AAYATHATGACNTAYGA – 3′

                  3′ – T T RTADTACTGNAT RCT – 5′

设计上下游引物:FP 5′ – TTYGAYGGNATHGAYTGGGA – 3′

      RP 5′ – TCRTANGTCATDATRTT – 3′

(3) 碱性蛋白酶基因的高度保守区域的氨基酸为 HGTHVAG 和 GTSMATP,两者间的片段大小约为 500 bp。

氨基酸: H G T H V G A   G T S M A T P

    5′ – CAYGGNACNCAYGTNGGNGG – 3′ 5′ – GGNACNTCNATGGCNACNCC – 3′

                  3′ – CCNTGNAGNTACCGNTGNGG – 5′

设计上下游引物:FP 5′ – CAYGGNACNCAYGTNGGNGG – 3′

      RP 5′ – GGNGTNGCCATNGANGTNGC – 3′

其他如 α 淀粉酶基因的高度保守区域的氨基酸为 DGWRLDV 和 NHDQPRV。β – 甘露聚糖酶基因的高度保守区域的氨基酸为 NNWDDY(F)GG、DGWRLDV 和 AWELANEPR。脂肪酶基因的高度保守区域的氨基酸为 LHGGGY 和 DGSAGG。

在利用蛋白质的氨基酸设计寡核苷酸引物时,总是选择密码简并程度最低的一段氨基酸,合成寡核苷酸引物;且两引物之间的距离应大于 100 bp。

二、PCR 合成法

1. 常规 PCR 合成法

已知某一基因的碱基序列,可根据这一基因两端的序列设计引物,再通过 PCR(polymerase chain reaction)方法,以生物基因组 DNA 为模板合成靶基因。

> 📧 知识扩展 4 – 2   PCR

(1) 引物的设计 引物(primer)是指两段与待扩增靶 DNA 序列侧翼片段具有互补碱基特异性的寡核苷酸。当两段引物与变性 DNA 的两条单链 DNA 模板退火后,两个引物的 5′端即决定了扩增产物的两个末端位置。引物的长度为 20~30 个寡核苷酸,根据统计学计算,长约 17 个碱基的寡核苷酸序列在人的基因组中可能出现的概率为 1 次。引物过短,会产生非特异性结合,而过长会造成浪费。选择高效而特异性强的引物是 PCR 成败关键。

设计引物的原则是:①靶 DNA 两端序列必须是已知的。②每条引物内部应避免具有明显的二级发夹结构,即发夹柄至少含有 4 个碱基配对,而发夹环至少有 3 个碱基,尤其避免在引物的 3′端出现。③尽可能选择碱基随机分布的序列,避免具有多聚嘌呤、多聚嘧啶或其他异常序列。引物中 G + C 碱基含量以 40% ~ 60% 为佳。④两个引物间不应有互补序列,尤其是在引物的 3′端的互补碱基,否则会引起“引物间二聚体”,引物就不能很好地与模板结合,从而妨碍 PCR 扩增。⑤可在引物的 5′端引入适当限制酶酶切位点,且在限制酶末端外侧加几个“保护”碱基,以便 PCR 产物的亚克隆。引物设计可利用 primer premier 5.0 软件进行。

(2) 循环参数　PCR 扩增是由变性、退火(复性)和延伸三个步骤反复循环实现的。①变性(denaturation),模板 DNA 变性温度即双链解链温度,一般为 95 ℃、时间 30 s ~ 1 min。②退火(annealing),其温度和时间取决于引物的长度、碱基组成及在反应体系中的浓度,一般退火温度低于扩增引物的融解温度 T_m(melting temperature)5 ℃。③延伸(extention),其温度取决于 DNA 聚合酶最适温度,Taq DNA 聚合酶常用 72 ℃,且 1 min 延伸足以完成 1 kb 的序列。④循环次数(cycle),常为 30 ~ 35 个周期。循环次数过高(超过 40 次)会增加非特异性产物的量及其复杂度。

PCR 技术灵敏、简单、快速及特异性强,对样品纯度无特殊要求,已广泛用于基因克隆、基因诊断、DNA 序列多型性分析、构建 cDNA 文库等基因体外操作和基因分析。

利用 Taq 酶扩增 DNA 片段易产生序列错误:①由于脱离了体内较为完善的 DNA 合成纠正系统,在体外脱氧核苷酸掺入的错误自然比体内高。而生物体内 DNA 聚合反应的误配率就高达 10^{-4}。②Taq 酶缺乏校正功能,其错误掺入率比 Klenow 还要高 4 倍,即对于 1 kb 的 DNA 靶序列,扩增产物的出错率可达 2.5 bp,这些错误的掺入可发生在扩增产物的任何位点。如果扩增产物仅仅作为 DNA 靶序列在样品中存在的证据,或者用作探针进行常规的检测筛选,则无关紧要;但扩增若用于基因表达,就可能得到一种含有错误序列的DNA 片段。最新发展了多种高保真的 DNA 聚合酶,如 Taq 聚合酶的变体 Taq $Plus$ II,其碱基错配率下降至 10^{-6},且聚合效率大为增强,一次可扩增 30 kb 的 DNA 靶序列。Pfu 催化DNA 合成的忠实性比 Taq DNA 聚合酶高 12 倍。

2. 反转录 PCR(retrotranscription PCR,RT - PCR)

以 RNA 为模板,经反转录获得与 RNA 互补的 cDNA,然后以 cDNA 链为模板进行 PCR反应(图 4 - 1)。

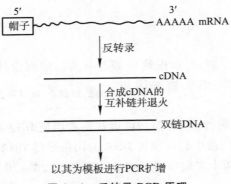

图 4 - 1　反转录 PCR 原理

3. 反向 PCR(inverse PCR)

适用于扩增已知序列两端的未知序列。具体是利用一种限制性内切酶处理,在连接酶的作用下将酶切的片段自身环化。然后根据已知序列设计两对巢式引物,以环状分子为模板进行 PCR,就可以扩增出已知序列两侧的未知序列(图 4-2)。

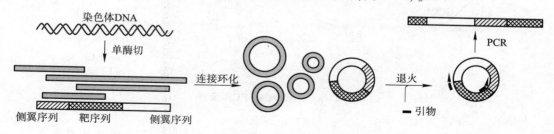

图 4-2 反向 PCR 原理

4. sitefinding PCR

根据目标序列旁的已知序列设计 2~3 个约 20 bp 的基因特异性引物(gene specific primer,GSP)。此外,再设计一个 sitefinder 序列,将引物设计为 3′端具有 4 个固定碱基的随机引物,有统计表明 GCCT 以及 GCGC 在基因组上出现的概率比较高。并且紧邻这 4 个碱基的 5′端为 6 个 N(图 4-3),从而可以让随机引物更好地结合到模板上,引发之后的 PCR 反应。

```
                    SFP2
SFP1              5′-ACTCAACACACCACCTCGCACAGC-3′
5′-CACGACACGCTACTCAACAC-3′

  sitefinder-1
5′-CACGACACGCTACTCAACACACCACCTCGCACAGCGTCCTCAANNNNNNGCCT-3′
  sitefinder-2
5′-CACGACACGCTACTCAACACACCACCTCGCACAGCGTCCTCAANNNNNNGCGC-3′
```

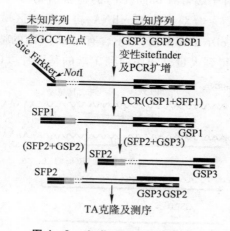

图 4-3 sitefinding PCR 原理

利用 sitefinder 序列,以基因组 DNA 为模板,进行一个循环(从低温升到较高的温度),让 sitefinder 序列结合到模板上。在此产物基础上,利用 sitefinder 序列的引物 SFP1 和已知序列的特异引物 GSP1 进行第一轮 PCR 扩增,然后将第一次 PCR 产物稀释 100~1 000 倍做模板,再利用巢式引物(nested primer)GSP2 和 SFP2 进行第二轮 PCR 扩增(图 4-4)。同时,将 GSP2 换成 GSP3,和引物 SFP2 进行第二轮 PCR 对照扩增,该产物和前述的 GSP2 和 SFP2 产物进行电泳比较,再通过测序确定是否为特异性扩增。该法省去了烦琐的酶切连接等操作,直接通过 PCR 即可扩增得到目的序列,但有时扩增不出目的片段或者特异性不够强。

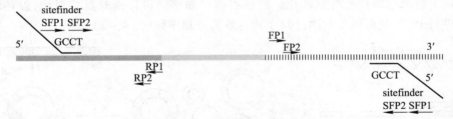

图 4 - 4　sitefinding PCR 示意

表 4 - 2　sitefinding PCR 反应条件

知识扩展 4 - 3　巢式引物与巢式 PCR

5. RACE(rapid amplification of cDNA ends)法

如果已知部分 cDNA 序列,就可利用已知的碱基序列进行 PCR,扩增至 cDNA 两末端。如果未知区域是 mRNA 的上游 5′区域,称为 5′RACE。如果是 mRNA 下游的 3′端,则为 3′RACE。

(1) 3′RACE 法　需设计 4 种两对巢式引物(nested primer),即 5′端带有 oligo(dT)的引物 AP1,5′端与 AP1 相同但不含有 oligo(dT)的引物 AP2,以及利用已知序列设计的引物 GSP1 和其下游的引物 GSP2。在设计 5′端带有 oligo(dT)的适合引物 AP1 时应注意这种引物的 3′端是 oligo(dT),与模板结合状态是非常不稳定的,所以设计时应考虑到 T_m 值要保持在 60 ℃以上。此外还应在引物的靠近 oligo(dT)部位上设计适当的酶切位点。

首先提取 mRNA,利用 5′端带有 oligo(dT)的适合引物 AP1 进行反转录合成 cDNA 第一链,然后用 RNase H 分解杂合双链中的 mRNA,再以已知区域序列设计的 GSP1 引物合成 cDNA 第二链。接着以 cDNA 为模板,以不含有 oligo(dT)的适合引物 AP2 以及 GSP2 为引物进行 PCR 扩增,就可得到大量已知序列到 3′端的基因片段(图 4 - 5)。

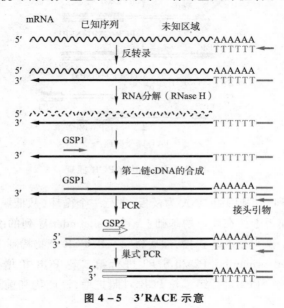

图 4 - 5　3′RACE 示意

（2）5′RACE 法　利用已知 mRNA 的部分序列,克隆 5′上游的未知区域的方法。为了获得上游的未知区域,在已知序列的基础上设计合成 antisense primer GSP1,以 GSP1 作为引物进行反转录。然后用 RNase H 分解杂合双链中 mRNA 链,获得单链 cDNA,这一 cDNA 含有 5′的 GSP1 序列以及 3′的未知序列区域。为了扩增这一未知序列区域,必须在其 3′端添加 anchore 序列如 oligo(dC),设计一个与 anchore 序列互补的含有如 oligo(dG)的适合引物 GSP2,进行巢式 PCR(nested PCR),就可扩增含有 5′上游的未知序列区域的 cDNA(图 4 - 6)。

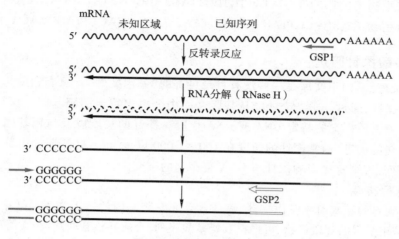

图 4 - 6　5′RACE 法示意

6. LA - PCR(long and accurate PCR)

扩增靶 DNA 的基因组 DNA 用限制性内切酶进行完全消化。根据连接反应,设计具有对应的限制性内切酶的 Cassette 进行连接。以 Cassette 引物 C1 与目标 DNA 的已知区域互补的引物 S1 进行第一次 PCR。再利用 PCR 产物为模板,利用内侧的 Cassette 引物 C2 与引物 S2 进行第二次 PCR,特异性扩增目标 DNA(图 4 - 7)。

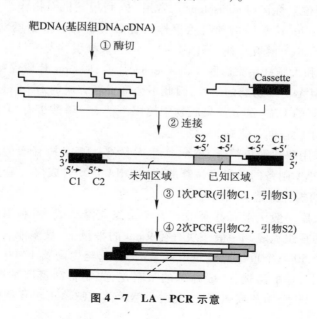

图 4 - 7　LA - PCR 示意

限制性内切酶的 Cassette 包括 *Sau*3A Ⅰ cassette、*Eco*R Ⅰ cassette、*Sal* Ⅰ cassette、*Xba* Ⅰ cassette 等。如 *Sau*3A Ⅰ cassette：

5′HO – GTACATATTGTCGTTAGAACGCGTAATACGACTCACTATAGGGA – 3′

3′ – CATGTATAACAGCAATCTTGCGCATTATGCTGAGTGATATCCCTCTAG – OH5′

cassette 的 5′端是羟基，目标 DNA 3′端与其连接部位有缺口，所以第一次 PCR 时，引物 C1 开始的合成到此停止，不会发生非特异性的扩增。

cassette 引物 C1：5′ – GTACATATTGTCGTTAGAACGCGTAATACGACTCA – 3′

cassette 引物 C2：5′ – CGTTAGAACGCGTAATACGACTCACTATAGGGAGA – 3′

三、核酸探针筛选

cDNA 文库、基因组文库是一些没有目录可查的"基因文库"。只有利用与靶基因特定序列匹配的探针，通过分子杂交才能从基因文库中分离出特定的靶基因。探针（probe）是指经放射性等物质标记的特定 DNA 或 RNA 片段。探针的长度以及与靶基因之间的序列同源性是杂交的关键，通常探针的长度在 100 ~ 1 000 bp 之间。另外探针内部不能含有大量的互补序列，否则直接影响探针与 DNA 靶序列的杂交。

1. 探针的获得

①利用现有的靶基因片段作探针，筛选含有完整靶基因的基因文库。②已知某基因表达产物，或是靶基因的片段产物，可根据其氨基酸序列，合成寡核苷酸片段。③仅知某基因产物家族的高度保守序列，可利用已知的氨基酸序列推测设计 PCR 引物，再通过 PCR 扩增合成探针。④基因家族的成员在演化过程中具有高度保守序列，可利用某生物相同或相似基因作为探针，筛选基因文库克隆获取另一生物的相似靶基因。如果两个基因的同源性越高，成功的可能性就越大。这种筛选过程的杂交条件可适当放宽（降低复性温度），调整到允许一定程度的探针与目标 DNA 之间的错配，以补偿这两种的序列之间存在的差异。

2. 核酸探针的标记

采用放射性同位素标记（radioisotope），常用 ^{32}P，利用随机引物作为 DNA 合成的引物，随机引物（random primer）是一群随机六聚体核苷酸混合物。根据概率推算，这些引物中至少有一些与探针 DNA 模板互补（见图 1–11）。当寡聚引物与变性探针 DNA 混合后，加入四种底物 dNTP 和大肠杆菌聚合酶Ⅰ的 Klenow 片段，Klenow 片段保持了 DNA 聚合酶和 3′外切酶的活性，但无 5′外切酶的活性，因此不会降解新合成的 DNA 链。这些随机引物在酶的作用下，合成新的 DNA 链。如果底物中使用一种 α–磷酸带有 ^{32}P 同位素标记 dATP，新合成的 DNA 分子就被同位素标记。

随机引物可采用酶切鲑鱼精子 DNA，产生大量 6 ~ 12 个核苷酸的单链 DNA 片段，也可购买小牛胸腺 DNA 制备的随机寡核苷酸或用 DNA 自动合成仪人工合成一群六聚体。

3. 利用标记的探针筛选基因文库

生物的基因文库一般由十万甚至数百万个重组克隆组成，需利用探针从中筛选一个含有特定靶基因的重组克隆。一般一块直径 9 cm 的平板上，最多能容纳 500 个左右的噬菌斑或菌落。一个 50 万个重组克隆组成的基因文库，至少需要 1 000 块平板。为了在短时间内完成全基因文库的筛选，一般筛选的策略是：先制备高密度平板，使每块平板密度分布于 5 000 ~ 10 000 个菌落或噬菌斑，此时虽然菌落或噬菌斑相互重叠，但仍可以进行杂交;然后由感光胶片上的斑点位置在原位杂交阳性平板的相应区域内挖下固体琼脂,并用新鲜培养基洗涤稀释;再将稀释液再次涂布平板,使每块平板只含有 200～500 个可辨认菌落或噬菌斑;再用相同的探针进行第二轮杂交,直至准确挑出期望的重组克隆(图 4－8)。

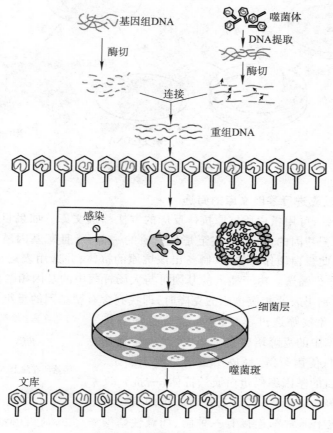

图 4－8　噬菌斑的原位杂交

　　利用基因文库通过双层法制作平板,即制备平板菌落或噬菌斑的母盘平板。究竟选用何种文库进行筛选取决于具体情况。如果研究的目标是要搞清一种蛋白质的氨基酸顺序,可选用 cDNA 文库,而要研究的是控制基因表达活性的调控序列,则要选用基因组文库。

　　先将平板上的基因文库菌落或噬菌斑按照其原来的位置不变地转移到滤膜上,然后在原位上裂解细菌(溶菌),去掉蛋白质,进行 DNA 变性。通过紫外线交联或烘烤的方法使这些 DNA 结合在滤膜上,再与放射性同位素标记的特异性核酸探针杂交,漂洗除去未杂交的探针,同 X 射线底片一起曝光,根据放射自显影所显示的同源性的 DNA 的印迹位置,对照原来母盘平板,便可以从中挑选出含有插入序列的多个阳性克隆(菌落或噬菌斑)(图 4－9)。

　　其中探针的长度与靶基因之间的序列同源性是杂交实验的关键。杂交反应的稳定结合需要至少 50 个碱基的片段里 80% 的碱基完成配对。原位杂交可以从成千上万个菌落或噬菌斑组成的真核基因组克隆库中,鉴定出含有期望的重组体分子的菌落或噬菌斑,但工作量较大。

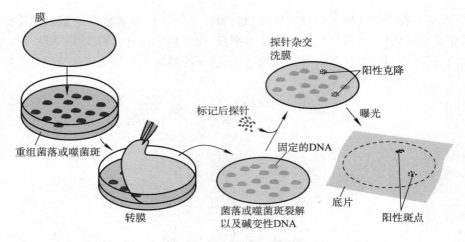

膜

探针杂交
洗膜

阳性克降

标记后探针

曝光

重组菌落或噬菌斑

转膜

固定的DNA

菌落或噬菌斑裂解
以及碱变性DNA

底片

阳性斑点

图 4 - 9　基因文库的筛选

4. 通过免疫反应进行基因文库的筛选

　　没有 DNA 探针,可用蛋白质抗原抗体反应的方法筛选文库。如果目的基因可以转录和翻译,只要出现靶基因的蛋白质,甚至是蛋白质的一部分,且靶基因所编码的蛋白质易于提取,即可利用此蛋白质作为抗原,制备出该抗原的抗体;并选用表达型载体分子,对构建的 cDNA 文库进行筛选。由于插入的基因可与大肠杆菌中的基因相融合,并进行诱导表达,当抗体分子识别出表达相应抗原的克隆时,即找到含有靶基因的重组 DNA 分子。

　　从技术上讲,免疫筛选过程与 DNA 杂交有许多共同之处。先对文库中的克隆培养在平板上,然后转到膜上,对膜进行处理,使菌裂解,释放出蛋白质附于膜上,再加入针对某一目的基因编码蛋白质的抗体(一抗),反应后多余的杂物经洗涤除去,再加入针对一抗的第二种抗体(二抗),二抗上通常都连接有一种酶,如碱性磷酸酶(alkaline phosphatase,AP)等,再次洗涤后,加入该 AP 酶的一种无色底物。如果二抗与一抗结合,无色底物就会被连在二抗上的酶所催化水解,从而产生一种有颜色的产物(图 4 - 10)。

在培养基上培养菌落

↓ 转膜

菌落印在膜上

↓ 裂解

菌落的蛋白质裸露

↓ 加一抗

一抗与裸露的蛋白结合

↓ 洗去游离的一抗,加二抗

二抗与一抗结合

↓ 洗去游离的二抗,加显色剂

显色,找出阳性克隆

图 4 - 10　抗原抗体免疫反应筛选

四、基因功能筛选

1. 酶活筛选法

　　如果靶基因编码一种宿主细胞所没有的酶,就可通过检查该酶活性存在来筛选靶基因。如多种生物编码的 α - 淀粉酶、葡聚糖内切酶和 β - 葡糖苷酶的基因就是通过该方法获得的。先把核基因文库转入一选择性宿主株,涂布在带有特定底物的培养基上培养,筛选那些可以利用这种底物的克隆。如果要寻找的基因所编码的蛋白质对突变的宿主菌细胞的生长极为重要,那么将基因文库导入这些突变的细胞后,那些能在没有所需底物的基本培养基上生长的细胞中必定携带具有功能的靶基因 ⓔ图4－1。

有人利用该方法从细菌中分离了几丁质酶基因,即先获得这类细菌的基因组 DNA,然后用 *Hind* Ⅲ 限制酶处理,收集 4～6 kb 片段,转移到 *Hind* Ⅲ 限制酶和碱性磷酸酶处理后的载体 pUC18 中,构建基因文库。用该文库转化大肠杆菌 JM109 菌株,并将转化子涂布到含有氨苄青霉素、IPTG 和 X－gal 的 LB 培养基平板上培养,挑选白色菌落。再将这些菌落转移到含有胶体几丁质和氨苄青霉素的平板上,培养 2～3 天,筛选形成透明圈的菌落。从阳性克隆中提取质粒,进行核酸序列的测定,分析其开放阅读框架,推测氨基酸序列,并将此氨基酸序列与已知的几丁质酶的氨基酸序列进行同源性的比较。

2. 酵母双杂交

酵母双杂交体系(two-hybrid system)是 20 世纪 90 年代纽约州立大学 S. Fields 等建立的一种 cDNA 文库的功能筛选、体内基因鉴定方法,可有效地分离一种能与已知的目标蛋白质(target protein)相互作用的编码基因。

许多真核生物的转录激活因子(transcriptional activitor)由两个结构上可分开、功能上相互独立的结构域组成。如酿酒酵母的半乳糖苷酶基因的转录激活因子 GAL4,其 N 端 1～147 位氨基酸区段有一个 DNA 结合域(DNA-binding domain,DNA－BD),在 C 端 768～881 位氨基酸区段有一个转录激活域(transcriptional activation domain,AD)。DNA－BD 结构域识别 GAL4 效应基因上游的特异性表达调控 DNA 元件,即上游激活序列(upstream activating sequence,UAS),并与之结合。AD 结构域负责转录激活功能,通过同其他成分之间的结合,启动 UAS 下游的基因进行转录。而 GAL4 对效应基因的特异性激活取决于 DNA－BD 对 UAS 的特异性识别和结合。GAL4 分子上的这种结构域特征预示着转录因子上的这两个功能结构域可分离,即可用一种转录因子的 DNA－BD 与另一转录因子的 AD 组合形成一种新的转录因子。这种新的转录因子在效应基因的转录激活上完全出现第一种转录因子的特异性。此外,由 DNA－BD 与 AD 组合体现的特异性转录激活效应,并不要求这两个结构域必须以共价连接的方式存在于同一多肽上,只需保持这两个结构域有一定距离范围的空间相邻性即可。

DNA－BD 和 AD 两个结构域都是激活基因转录的必要条件,在正常的情况下,它们是同一种蛋白质的组成部分。如果将两者从形体上彼此分开,即使放置在同一宿主细胞中表达,产生的 GAL4 DNA－BD 和 AD 多肽彼此间不直接发生相互作用,也就不能激活其相关的效应基因进行转录。只有通过重组 DNA 技术,将来自同一转录因子(或两种不同转录因子)分开的两种结构域,在体内重新组装成具有功能的转录因子即可激活 UAS 下游启动子调节的报告基因的表达。双杂交体系可以检测任何两种蛋白质发生相互作用。这个体系中一种蛋白质与 GAL4 的 DNA－BD 结合域融合,另一种蛋白质则与 GAL4 的 AD 结构域融合。将这两种融合蛋白的编码质粒导入同一个 GLA4 缺失的酵母细胞中,通过两种相互作用形成复合物,就可以重建 GAL4 活性,转录激活相应的相应基因(图 4－11)。

目前采用的酵母双杂交体系包括酵母缺陷型菌株以及可在 *E. coli* 与酿酒酵母两种细胞中自主复制的穿梭质粒载体。

(1)酵母缺陷型菌株 GAL4 编码基因缺失的酿酒酵母株,如 SFY526 和 HFTC,它们丧失了表达内源 GAL4 转录激活因子的能力,可用于检测外源 GAL4 转录激活因子的功能。

报告基因系统如 *His* 和 *lacZ*,*His* 报告基因为营养缺陷型表型恢复的选择标记,*lacZ* 报告基因检测则是在 *His* 初筛的基础上进一步确证阳性克隆。

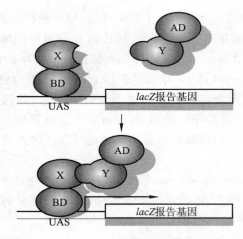

图 4－11 酵母双杂交原理

（2）穿梭质粒载体 一种是 pGBT9 即 DNA－BD 质粒载体（图 4－12），靶基因是按正确的取向和读码结构被克隆在该载体上，于是靶蛋白与 GAL4－BD 之间融合，形成杂交蛋白质Ⅰ，这种靶蛋白在双杂交系统中称为诱饵蛋白（bait）；另一种是 pGAD424 又称 AD 质粒载体（图 4－13），用于构建 cDNA 表达文库。由 cDNA 编码的蛋白质同 GAL4－AD 之间产生融合，形成杂交蛋白质Ⅱ，这些蛋白质统称为猎物蛋白（prey）。

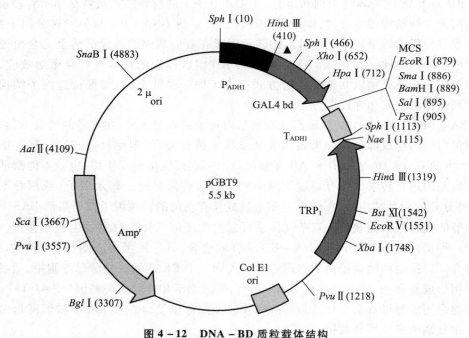

图 4－12 DNA－BD 质粒载体结构

GAL4 bd：GAL4 结合域序列；P：启动子；T：转录终止序列；▲：GAL4 核定位信号

将已知靶蛋白的编码基因插到 pGBT9 载体的多克隆位点上，同时将 cDNA 片段克隆在 pGAD424 载体上，构成 cDNA 表达文库，共转化感受态的酿酒酵母宿主菌株（如 HF7c），并涂布在缺少亮氨酸和色氨酸的合成营养缺陷培养基上，挑选具有两种杂种质粒的转化子。同时也将共转化的酵母株涂布在缺少组氨酸、亮氨酸和色氨酸的合成营养缺陷培养基上,以便筛选那些能表达相互作用的杂交蛋白质的阳性克隆。再进一步检测这些菌落中 β-半乳糖苷酶活性,阳性菌落中即含有编码出与诱饵蛋白相互作用蛋白质的 cDNA。从阳性菌落中提取质粒 DNA 进行测序,即可获得目的基因序列(图 4-14)。

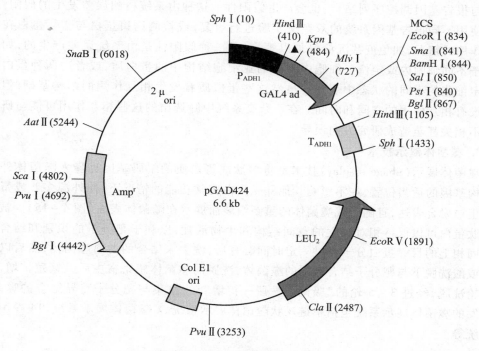

图 4-13 AD 质粒载体结构

GAL4 ad:GAL4 激活域序列;P:启动子;T:转录终止序列;▲:SV40 大 T 抗原核定位信号

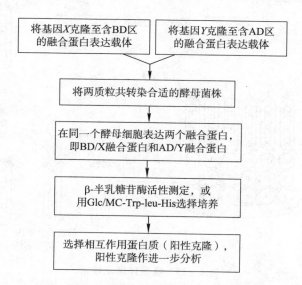

图 4-14 酵母双杂交体系克隆基因程序

酵母双杂交是一种有效的基因功能筛选法,可利用体内筛选系统,迅速从 cDNA 文库中分离鉴定出一种与已知靶蛋白在体内发挥生物功能相关的新基因。但可能会出现假阳性：一种是由于其对某种蛋白质之间发生相互作用的检测并不依赖于它们相互结合的亲和力大小，而系统本身在反映这些相互作用上又具有极高的灵敏度，从而使一些非常微弱的非特异性相互作用蛋白质在实验中呈现出阳性结果。此外，文库中一些 cDNA 编码蛋白质能与报告基因调控序列结合，也会产生假阳性。这种由系统检测误差发生的假阳性，可通过使用不同报告基因系统的双杂交实验进行重复，或检测诱饵蛋白与猎物蛋白在体外相互作用的情况，如免疫共沉淀等加以甄别；另一种假阳性是由系统误差产生的，如两种存在于不同细胞内或定位于细胞内不同的亚细胞结构中的蛋白质，或者这两种蛋白质严格限定细胞的不同的状态中表达。虽然这些蛋白质有发生相互作用的结构基础，但在细胞内没有相互作用的空间和时间。在双杂交系统中筛选出的这些相互作用可能与研究目的毫不相关甚至造成研究方向误导。

3. 噬菌体展示技术

噬菌体展示（phage display）技术是将多肽或蛋白质的编码基因克隆入噬菌体外壳蛋白结构基因的适当位置，在不影响其他外壳蛋白正常功能的情况下，使外源多肽或蛋白与外壳蛋白融合表达，且随子代噬菌体的重新组装而展示在噬菌体表面（图 4-15）。被展示的多肽蛋白可以保持相对独立的空间结构和生物活性，以利于靶分子的识别和结合。肽库与固相上的目标蛋白分子经过一定时间孵育后，洗去未结合的游离噬菌体，然后以竞争受体或酸洗脱下与靶分子结合吸附的噬菌体，洗脱的噬菌体感染宿主后经繁殖扩增，进行下一轮洗脱，经过 3~5 轮的"吸附—洗脱—扩增"后，富集与靶分子特异结合的噬菌体。已开发的噬菌体展示系统包括单链丝状噬菌体展示系统、λ 噬菌体展示系统、T4 噬菌体展示系统等。

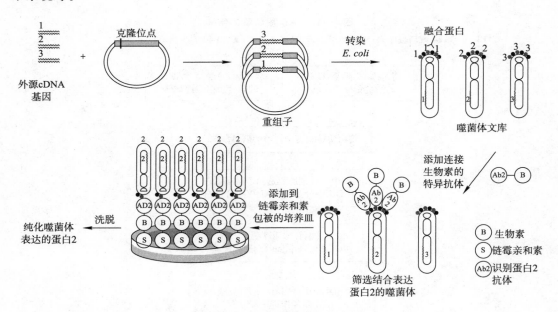

图 4-15　噬菌体展示技术

（1）单链丝状噬菌体展示系统

① PⅢ展示系统　PⅢ是病毒的次要外壳蛋白，位于病毒颗粒的尾端，是噬菌体感染

E. coli 所必需的。每个病毒都有 3～5 个拷贝 PⅢ 蛋白,在结构上可分为 N1、N2 和 CT 三个功能区,由两段富含甘氨酸的连接肽 G1 和 G2 连接。其中 N1 和 N2 与噬菌体吸附 *E. coli* 菌毛及穿透细胞膜有关,而 CT 构成噬菌体外壳蛋白的一部分,并将整个 PⅢ 蛋白的 C 端结构域锚定于噬菌体的一端。PⅢ 有 2 个位点可供外源序列插入,当外源的多肽或蛋白质融合于 PⅢ 蛋白的信号肽(SgⅢ)和 N1 之间时,该系统保留了完整的 PⅢ 蛋白,噬菌体仍有感染性。但若外源多肽或蛋白直接与 PⅢ 蛋白的 CT 结构域相连,噬菌体则丧失感染性,重组噬菌体的感染性由辅助噬菌体表达的完整 PⅢ 蛋白提供。PⅢ 蛋白易被蛋白水解酶水解,所以有辅助噬菌体超感染时,可使每个噬菌体平均展示不到一个融合蛋白,即所谓"单价"噬菌体。

② PⅧ 及其他展示系统　PⅧ 是丝状噬菌体的主要外壳蛋白,位于噬菌体外侧,C 端与 DNA 结合,N 端伸出噬菌体外,每个病毒颗粒有 2 700 个左右 PⅧ 拷贝。PⅧ 的 N 端附近可融合五肽,但不能融合更长的肽链,因为较大的多肽或蛋白会造成空间障碍,影响噬菌体装配,使其失去感染力。但有辅助噬菌体参与时,可提供野生型 PⅧ 蛋白,降低价数,此时可融合多肽甚至抗体片段。此外,PⅥ 蛋白的 C 端暴露于噬菌体表面,可作为外源蛋白的融合位点,用于研究外源蛋白 C 端结构域功能。该系统主要用于 cDNA 表面展示文库的构建。

(2) λ 噬菌体展示系统

① PV 展示系统　PV 蛋白构成了 λ 噬菌体尾部管状部分,有 32 个盘状结构,每个盘由 6 个 PV 亚基组成。PV 有两个折叠区域,C 端的折叠结构域(非功能区)可供外源序列插入或替换。λ 噬菌体的装配在细胞内进行,可展示难以分泌的多肽或蛋白质。该系统展示的外源蛋白质的拷贝数为平均 1 个分子/噬菌体。

② D 蛋白展示系统　D 蛋白参与 λ 噬菌体头部的装配。低温电镜分析表明,D 蛋白以三聚体的形式突出在壳粒表面。当突变型噬菌体基因组小于野生型基因组的 82% 时,可在缺少 D 蛋白的情况下完成组装,因此 D 蛋白可作为外源序列融合的载体,并且展示的外源多肽在空间上可接近。病毒颗粒的组装可在体内也可在体外,体外组装是将 D 融合蛋白结合到 λ D - 噬菌体表面,而体内组装是将含 D 融合基因的质粒转化入 λ D - 溶原的 *E. coli* 菌种中,从而补偿溶原菌所缺的 D 蛋白,通过热诱导而组装。该系统噬菌体上融合蛋白和 D 蛋白的比例可由宿主的抑制 tRNA 活性加以控制。

(3) T4 噬菌体展示系统　能够将两种性质完全不同的外源多肽或蛋白质分别与 T4 衣壳表面的外壳蛋白 SOC 和 HOC 融合,直接展示于 T4 噬菌体的表面,T4 噬菌体在宿主细胞内装配,无需通过分泌途径,可展示各种大小的多肽或蛋白质。而 SOC 与 HOC 蛋白的存在与否并不影响 T4 的生存和繁殖。SOC 和 HOC 在噬菌体组装时可优于 DNA 的包装而装配于衣壳的表面,事实上,在 DNA 包装被抑制时,T4 是双股 DNA 噬菌体中唯一能够在体内产生空衣壳的噬菌体。因此,在用重组 T4 做疫苗时,它能在空衣壳表面展示目的抗原。

噬菌体展示技术已成为探测蛋白质空间结构、探索受体与配体间相互作用结合位点、寻找高亲和力和生物活性的配体分子的有利工具。肽库(peptide library)的应用为确定表位序列以至其构象提供了另一有力工具。

五、图位克隆法

根据靶基因在基因组上的位置进行分离,主要包括 6 个基本的环节(图 4-16)。

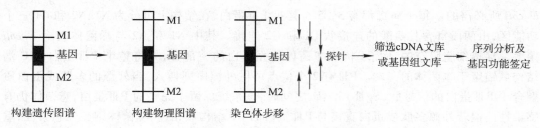

图 4－16　图位克隆技术的原理

1. 构建遗传作图群体

用于作图群体的类型有：临时性群体有 F_2 和回交（back cross, BC）群体，永久性群体有双单倍体（doubled haploid, DH）和重组自交系（recombinant inbred, RI）群体。RI 为杂种后代经过多代自交产生的一种作图群体，通常从 F_2 开始，采用单粒传的方法来建立。

2. 筛选与靶基因紧密连锁的分子标记

紧密连锁的分子标记通常用限制性片段长度多态性（restriction fragment length polymorphism, RFLP）标记、随机扩增多态性 DNA（random amplified polymorphic DNA, RAPD）标记和扩增片段长度多态性（amplified fragment length polymorphism, AFLP）标记、简单序列长度多态（simple sequence length polymorphism, SSLP）标记、简单重复序列（simple sequence repeat, SSR）标记、单核苷酸多态性（single nucleotide polymorphism, SNP）标记等。

RFLP 是指不同样品的基因组 DNA 经特定限制性内切酶消化后，产生的某一特异 DNA 片段的长度在个体间存在着差异。这种多态性是由 DNA 分子中有关酶切位点顺序的突变，切点的丢失或产生新的切点等原因造成的。RFLP 的多态序列可像形态特征或同工酶一样被用于构建 RFLP 遗传图谱。如利用 RFLP 的方法对某种疾病患者染色体 DNA 进行检查，可利用患者与正常人的条带的多态性，来确定遗传分子的标记。

RAPD 是利用 9～10 bp 的随机脱氧核苷酸作引物，对所研究的基因组 DNA 进行 PCR 扩增，检测扩增 DNA 片段的多态性，确认基因组相应区域的 DNA 多态性，可由 DNA 序列中与互补寡聚核苷酸引物中碱基的差别形成。RAPD 技术以 PCR 为基础，只需加入一种 10 个寡核苷酸的引物，且初始循环退火温度较普通 PCR 为低（约 36 ℃）。这既保证了短核苷酸引物与模板结合的稳定性，又允许引物与模板有适当的误配，从而扩大引物在基因组 DNA 中配对的随机性，提高对基因组 DNA 的分析效率。如果基因组在某些区域有 DNA 片段插入、缺失或碱基突变，可导致这些特定位点的分布发生改变，出现扩增产物增减或在分子水平上的改变。对单一引物而言，尽管检测基因组 DNA 多态性的区域有限，而利用一系列引物可使检测区域扩大到整个基因组，所以可用于构建基因指纹图谱（fingerprints），进行品种鉴定和对动、植物育种亲缘关系和系统进化等方面研究。

3. 靶基因的定位

靶基因的定位（mapping the target gene）分初定位和精细定位。初定位是利用分子标记在一个目标性状的分离群体中将靶基因定位于染色体的一定区域，通常使用近等基因系或群组分离分析法。近等基因系（near-isogenic lines, NILs）指只有目标性状基因有差异，其他性状基因相同的两群体，可通过连续回交的途径获得，其所需的时间较长。群组分离分析法（bulk segregant analysis, BSA）是将分离群体中研究的目标性状根据其类型（如抗病、感病)分成两组,将每组内一定数量的植株 DNA 等量混合,形成两个池,这两个池仅在目标性状(如抗病性)上有差异。利用分子标记技术寻找两个池的扩增谱带的差异。再用所有的分离后代单株,验证该多态性是否真正与靶基因连锁及确定连锁距离。如果分离群体不易获得,可采取混合样品法。以抗病性为例,尽可能把所有的抗病品种的 DNA 等量混合,作为一个基因池;把所有的感病品种的 DNA 等量混合,作为一个基因池,对两个基因池的 DNA 多态性进行分析。

在初定位的基础上,再对靶基因区域进行区域高密度分子标记连锁分析以便精细定位靶基因。通常采用侧翼分子标记或混合样品作图。侧翼分子标记是指利用初定位的靶基因两侧的分子标记,鉴定更大群体的单株来确定与靶基因紧密连锁的分子标记。目前,作图的类型可分为遗传图谱和物理图谱两类。增加遗传图谱上的分子标记数目是精细作图的基础,可通过整合已有的遗传图谱,或寻找新的分子标记来实现。物理图谱是真正意义上的基因图谱,分子标记与靶基因之间的实际距离是按碱基数(bp)来计算,会因不同染色体区域基因重组值的不同而造成与遗传距离的差别。物理图谱的种类很多,从简单的染色体分带图到精细的碱基全序列。最常用的有限制酶切图谱、跨叠克隆群和 DNA 序列图谱等。

4. 构建高质量、容易操作的大片段基因组文库

图位克隆的基因组文库主要有黏粒文库和人工染色体文库。黏粒是一种含有 λ 噬菌体 *cos* 位点的质粒,大小 5～7 kb,可高效克隆 25～35 kb 的 DNA 片段。人工染色体插入片段最长可达 2 Mb,能覆盖完整的真核基因。如以 YAC 为载体可将 300～1 000 kb 的 DNA 片段克隆。

5. 染色体步移、登陆

找到与靶基因紧密连锁的分子标记和鉴定出分子标记所在的大片段克隆后,以该克隆为起点进行染色体步移(chromosome walking),逐渐靠近靶基因,以该克隆的末端作为探针筛选基因组文库,鉴定和分离出邻近的基因组片段的克隆,再将该克隆的远端末端作为探针重新筛选基因组文库,直到获取具有靶基因两侧分子标记的大片段克隆或重叠群。当遗传连锁图谱指出基因所在的特定区域时,即可取回需要的克隆,获得靶基因。

6. 通过遗传转化和功能互补验证鉴定靶基因

在与靶基因紧密连锁的分子标记及大插入片段基因组文库都具备的情况下,就可以该分子标记为探针通过菌落杂交、蓝白斑挑选的方式筛选基因组文库,获得可能含有目标基因的阳性克隆。这些阳性克隆中可能含有多个候选基因,用含有靶基因的大片段克隆,如 BAC 或 YAC 克隆去筛选 cDNA 文库,并查询生物数据信息库,待找出候选基因后,进行下列分析以确定目标基因:①精确定位法检查 cDNA 是否与靶基因共分离;②检查 cDNA 时空表达特点是否与表型一致;③测定 cDNA 序列,查询数据库,以了解该基因的功能;④筛选突变体文库,找出 DNA 序列上的变化及与功能的关系;⑤进行功能互补实验,通过转化突变体观察其表型是否恢复正常或发生预期的表型变化。

六、人工化学合成法

即寡核苷酸引物的合成。按照已知的核苷酸排列序列,以 5′- 或 3′- 脱氧核苷酸或

5′-磷酰基寡核苷酸片段为原料采用化学方法将单核苷酸或核苷酸片段一个或一段地聚合成基因的方法为化学合成法。1970 年 Khorana 等曾用此方法首先合成了酵母丙氨基 tRNA 的基因(77 bp),1976 年又进一步合成了第一个有生物活性的基因——大肠杆菌酪氨基 tRNA 基因 199 bp。目前化学合成法有磷酸二酯法、磷酸三酯法及固相亚磷酸三酯法等。反应原料中,核苷酸和核苷酸片段均为多官能团化合物,反应过程中需将不需要参加反应的基团加以保护,以便定向缩合成磷酸二酯键。

化学合成法具有随意性,可通过人工设计、合成和组装非天然基因。但有局限性,不能合成比较长的 DNA 分子,只能合成短的 DNA 片段。且采用纯粹化学合成法反应专一性不强,副反应多,合成片段越长,分离纯化越困难,产率越低。

第二节 克隆基因的序列分析

一、DNA 序列测定

对某 DNA 分子进行测定,分析 DNA 分子的 A、T、G、C 的核苷酸排列顺序,即 DNA 测序(DNA sequencing)。该技术基础是高分辨率聚丙烯酰胺凝胶电泳(polyacrylamide gel electrophoresis,PAGE)能分离长度为 300~800 个碱基,差别仅 1 个碱基的单链寡核苷酸 DNA 片段。核苷酸序列测定有两种方法:双脱氧链末端终止法(酶促引物合成法)以及化学降解法。前一种是合成新的 DNA 链,而后一种则是降解原来的 DNA 链。双脱氧链末端终止法是常用的方法,且在酶促法的基础上又进一步发展了自动测序法,为第一代测序技术。

> 知识扩展 4-4 DNA 序列分析

1. 双脱氧法合成法

1977 年 Sanger 发明了利用 DNA 聚合酶和双脱氧链终止物测定 DNA 核苷酸序列的方法。它要求使用一种单链的 DNA 模板和一对适当的 DNA 合成引物。DNA 聚合酶能利用单链的 DNA 作模板合成出准确的 DNA 互补链,由于 2′,3′-双脱氧核苷酸(ddNTP)能够取代脱氧核苷酸(dNTP),而 ddNTP 因无 3′-OH,寡核苷酸不能继续延伸,使 DNA 的合成随机终止于某一特定的 ddNTP(图 4-17)。在反应体系中加入合成 DNA 的引物、单链 DNA 模板、DNA 聚合酶 I 以及 4 种脱氧核苷三磷酸 dNTP 和 4 种不同荧光分别标记的 4 种 ddNTP 终止反应产物,从而实现单一泳道分离测序反应物,同时降低了迁移速率对测序精度的影响,实现 DNA 测序自动化(图 4-18)。美国 ABI 公司基于 Sanger 测序法及荧光标记法首推了自动测序仪 ABI370,以后又发展了系列测序仪,如 3730xl 测序仪(图 4-19)。

针对克隆基因的序列分析,对于特异引物扩增的序列可用特异引物直接测序,但获得序列结果会比原来扩增的序列短 20~30 bp。而对于简并引物扩增的序列则应克隆到载体上,常进行 TA 克隆(见图 5-2),再利用载体上的序列作为测序通用引物如 M13F 或 M13R,就可获得克隆基因的全长序列。

2. 第二代与第三代测序技术

详见第九章第一节。

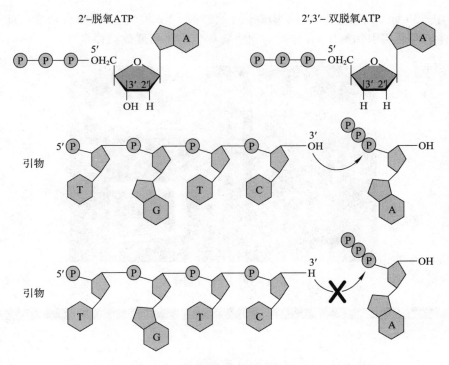

图4-17 不同底物的 DNA 聚合反应

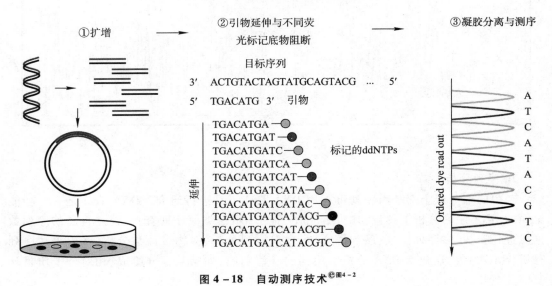

图4-18 自动测序技术^{图4-2}

二、基因序列分析

1. 序列导出

测序回来的数据有 . abl 、. abd 格式等,可以通过 Chromas 或 DNAMAN 等软件将序列导出(图4-20)。即 Chromas 打开→Edit→Copy sequence→FASTA format 导出,或 Chromas 打开→Edit→Reverse complement→Copy sequence→FASTA format 导出。应注意一般测序

距引物 20~30 bp 无法读出。而读出的序列最初的 20~50 bp 还可能有杂峰。此外,如果是用载体上的通用引物测序,在分析前须将载体上的序列部分截掉。

图 4－19　3730xl 测序仪

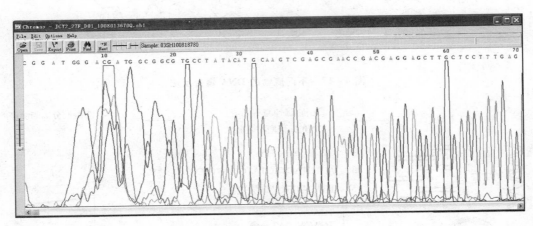

图 4－20　测序峰图 ©图4－3

2. 序列分析

获得的部分或全部基因序列可利用 DNA Tool 工具进行研究。DNA Tool 是一个功能全面的 DNA 序列分析工具包,其功能包括:序列编辑与类似序列查找、建立自己的序列数据库进行查找、多序列比较、序列翻译、蛋白质序列分析、引物设计与分析、基因表达序列分析(SAGE)等,还包括 DNA 分析常用到的一些功能,如碱基百分组成、相对分子质量计算等。

（1）　NCBI Home(http://www.ncbi.nlm.nih.gov)→BLAST tblastx(search translated nucleotide database using a translated nucleotide query)或者 blastx(search protein database using a translated nucleotide query)预测 DNA 片段与已知的某个或某类基因有较高的同源性以及同源性的百分比。

（2）　获得全长基因片段可利用以下程序查寻开放阅读框 ORF(open reading frame)结构:NCBI Home(http://www.ncbi.nlm.nih.gov)→Open Reading Frame Finder(ORF Finder)(http://www.ncbi.nlm.nih.gov/gorf/gorf.html)。每个密码子由三个碱基组成,加上正向、

反向,总共有 6 种可能翻译情况,一般可点击最长的 ORF 框进行查看(图 4 – 21 的第二种)。然后点击 Blast,查看编码的蛋白质。

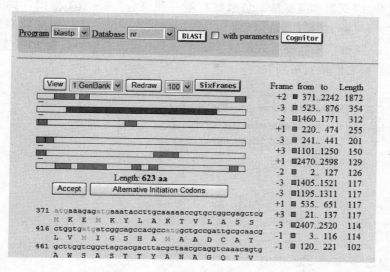

图 4 – 21　开放阅读框预测^{©图4-4,4-5}

(3) 利用生物基因结构预测分析 softberry 软件(http://linux1. softberry. com/berry. phtml)以及 GeneScan(http://genes. mit. edu/GENSCAN. html)预测克隆基因的启动子、终止子、内含子、外显子等。根据 cDNA 和基因碱基排列顺序的比较,推断出内含子结构和 RNA 的拼接过程(splicing)。外显子与内含子间信号在内含子 5′端是 GT,3′端是 AG(图 4 – 22)。

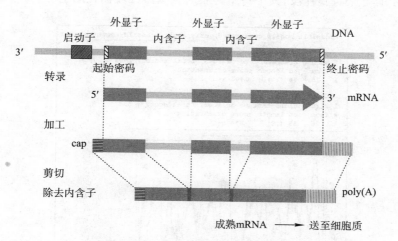

图 4 – 22　内含子切除和外显子拼接

(4) 利用 Primer premier 5 软件从已知基因的碱基序列推测出编码蛋白质的氨基酸序列。

(5) 利用 ProtParam tool(http://www. expasy. org/tools/protparam. html)从已知的氨基酸序列推断蛋白质的相对分子质量,预测等电点、蛋白质的稳定性等。

（6）利用 SignalP 4.0 Server（http://www.cbs.dtu.dk/services/SignalP/）预测信号肽。一般信号肽的 N 端含有 2～10 个带正电荷的氨基酸残基，C 端有 10～20 个疏水的氨基酸残基，如丙氨酸、缬氨酸和亮氨酸。信号肽 C 端一般符合"−3、−1 规则"，即处于 −3、−1 位置的残基为丙氨酸、甘氨酸或苏氨酸。丙氨酸出现在 −3、−1 位置的频率最高。所以，"丙 − X − 丙盒"能被信号肽酶有效识别。图 4−23 中预测的信号肽为 20 个氨基酸。可能在 20～21 氨基酸之间位置被切除。

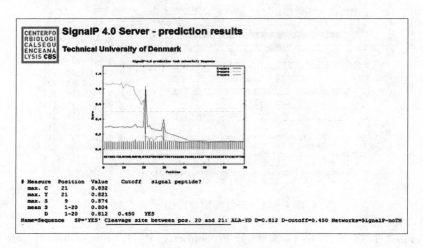

图 4−23　信号肽预测

（7）利用 TM pred server（http://www.ch.embnet.org/software/TMPRED_form.html）或 TMHMM Server v.2.0（http://www.cbs.dtu.dk/services/TMHMM）进行跨膜区域分析，图 4−24 显示有七个跨膜片段，其中每个跨膜的氨基酸区域标在图上。

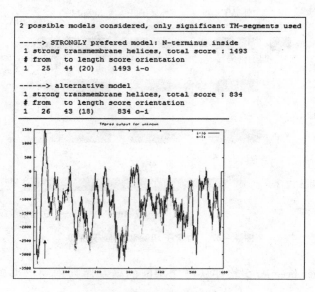

图 4−24　跨膜区域预测

（8）利用在线软件 Recombinant Protein Solubility Prediction（http://biotech.ou.edu）预

测在 *E. coli* 中进行异源表达蛋白的可溶性,图 4-25 结果显示在 *E. coli* 表达的蛋白质可溶性概率为 65.3%。

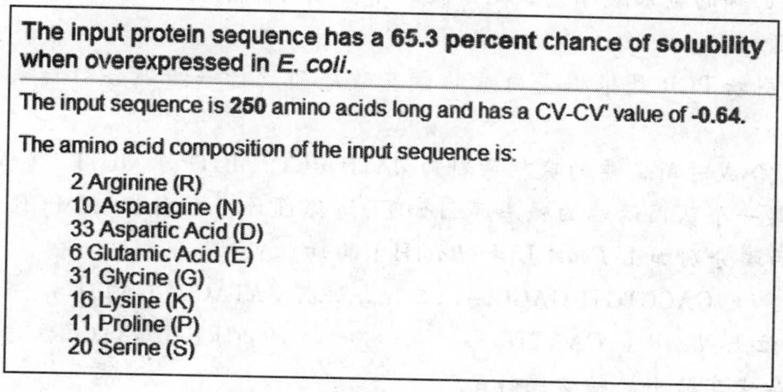

The input protein sequence has a 65.3 percent chance of solubility when overexpressed in *E. coli*.

The input sequence is 250 amino acids long and has a CV-CV' value of -0.64.

The amino acid composition of the input sequence is:

2 Arginine (R)
10 Asparagine (N)
33 Aspartic Acid (D)
6 Glutamic Acid (E)
31 Glycine (G)
16 Lysine (K)
11 Proline (P)
20 Serine (S)

图 4-25　表达蛋白的可溶性预测

(9) 利用 Mitoppot 软件预测进入线粒体的序列(http://ihg.gsf.de/ihg/mitoprot.html)。

(10) FASTA Tool for Sequence Similarity (http://www.ebi.ac.uk/Tools/sss/fasta/nucleotide.html)进行碱基以及氨基酸的同源性的比对,并显示最高同源性的百分比 图4-6。

(11) http://smart.embl-heidelberg.de 分析结构域、二维结构;RasMol version 2.7.4.2 软件预测蛋白质三维结构。

3. 同源基因的序列比对

利用 Clustal X 软件或 Clustal W2 在线网站(http://www.ebi.ac.uk/Tools/msa/clustalw2/)进行多个核酸序列或氨基酸序列的比对,预测蛋白质保守的功能区域。

此外,新克隆的基因片段以及全基因应作序列分析比对,进行基于序列同源性分析的蛋白质功能预测以及基于 motif、结构位点、结构功能域数据库的蛋白质功能预测。探讨目的蛋白是否与功能已知的蛋白质相似,目的蛋白是否含有保守的序列特征,分析目的蛋白的跨膜螺旋、卷曲螺旋和前导肽,最终了解基因表达的蛋白质的功能。一般同源性达到30%以上就可进行同源建模分析。采用 PROSITE 进行功能位点的分析,如锌指结构;用 SMART 服务器分析蛋白质序列的结构功能域;用 MacVector 软件进行蛋白质多重对齐分析。

思考题

1. 名词解释:PCR 扩增、巢式引物、保守序列、反向 PCR、巢式 PCR、染色体步移、指纹图谱、DNA 测序、RFLP、RAPD。

2. 简述靶基因获取的方法。

3. 如何获取筛选基因文库、克隆基因的核酸探针?

4. 叙述利用探针筛选基因文库,获取靶基因的过程。

5. 什么是酵母双杂交?

6. 简述噬菌体展示技术。

7. 叙述 DNA 测序的发展历史及其原理方法。

8. 若已经获得一段 DNA 序列,如何查寻其开放阅读框(ORF)?

9. 如何从已知的氨基酸序列预测该蛋白质的相对分子质量、等电点以及其稳定性。

10. 判断题

(1) 简并引物 PCR 是根据蛋白质的氨基酸序列设计一组混合引物来合成相应的基因。(　　)

(2) DNA 合成时所需要的底物原料为 dATP、dCTP、dGTP 和 dUTP。(　　)

11. 已知某一个基因两端的碱基序列如下,请你设计一对引物,用 PCR 的方法克隆该基因(在基因两端分别加上 EcoR I 和 BamH I 酶切位点)。

GACCTGTGGAGC……………………CATACGGGATTG

两个酶切位点:EcoR I GAATTC　　　　　　　BamH I GGATCC

12. 用于杂交实验中的核酸探针是(　　)。

A. 单链 DNA　　　　B. 双链 DNA　　　　C. RNA　　　　D. cDNA

13. 某同学计划分离一细菌的半纤维素酶基因,他已获得纯化的半纤维素酶并测出部分氨基酸序列。现打算利用大肠杆菌作为宿主菌筛选此基因,他应如何设计该研究计划?提供哪些实验证据证明其分离基因的正确性。

第五章
体外 DNA 重组

第一节　DNA 重组

DNA 重组(DNA recombination)是指 DNA 分子内或分子间发生的遗传信息的重新组合过程,包括采用人工手段将不同来源的 DNA 片段进行重组(图 5 - 1),同源重组、特异位点重组和转座重组等类型,是改变生物基因型和获得特定基因产物的一种生物技术。

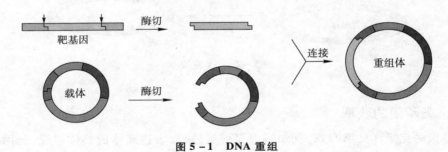

图 5 - 1　DNA 重组

一、载体的选择

离开染色体的外源 DNA 不能复制,必须插入到具有复制子的载体中,作为复制子的一部分转入受体细胞,才能进行复制表达。载体按功能分,可分为克隆载体与表达载体,克隆载体(cloning vector)是目的片段能在细菌细胞中复制的载体,主要用于扩增和保存 DNA 片段。而表达载体(expression vector)是指将靶基因在人工控制下能在宿主细胞中表达为 RNA 或蛋白质的载体,它含有:①DNA 复制起点 *ori* 及抗生素抗性基因;②靶基因的转录元件,包括启动子、抑制物基因和转录终止子;③蛋白质的翻译元件,包括核糖体识别位点 *SD*,翻译起始密码子和终止密码子,以及有利于产物的分泌、分离纯化的标签元件。

原核载体包括克隆载体和表达载体,而真核载体只有表达载体。由于在真核细胞特别是在动植物细胞中操作相对比较困难,许多基因操作需要在原核细胞中完成,因此真核细胞表达载体不仅带有真核细胞中表达所需的组分,还带有一些原核 DNA 序列(详见第二章)。能在两个不同的宿主中复制、增殖和选择,至少含有两套复制元件和选择标记。既能在原核细胞中复制,又能在真核细胞中复制的载体即称穿梭载体(shuttle vector)。一般穿梭质粒在大肠杆菌中进行基因重组,然后转入特定的真核宿主细胞中表达。此外,整合载体(integration vector)是涉及将某个(些)基因插入到染色体中的载体,可分为定点整合和随机整合。

基因工程操作中,通常将靶基因插入到能在大肠杆菌中扩增的克隆载体,进行筛选(如抗生素或蓝白斑筛选),然后再转到表达载体中,在特定的宿主细胞中进行表达,最后提纯获取目标蛋白或获得遗传性状改变的个体。克隆载体如 pUC、pBluescript II KS(+ / −)等见第二章,表达载体详见第六章。

随着科技的进步,发展了 T 载体。1988 年 J. M. Clark 发现 *Taq* DNA 聚合酶得到的 PCR 反应产物不是平末段,而是一个突出"A"碱基的双链 DNA 分子,即 *Taq* DNA 聚合酶会在 3′端加上多余的非模板依赖碱基,且对 A 优先聚合,所以 PCR 产物末端的多余碱基大部分是 A。一些公司就开发出可直接用于克隆 PCR 产物的带 3′端突出一个"T"的线性 T 载体[图5-1]。T 载体可通过 α 互补的颜色反应来筛选重组子。此外,PCR 产物与 T 载体的高效连接可以在短时间内(30 min~1 h)完成,用 T 载体来克隆 PCR 产物(图 5−2),其克隆效果比平末端的连接至少高出 100 倍。

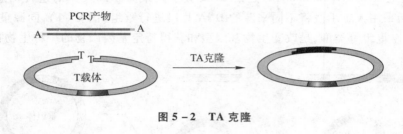

PCR产物

A ═══════════ A

T载体

——TA克隆——→

图 5−2 TA 克隆

二、靶基因的获取

靶基因的克隆详见第四章,获知基因序列后,根据表达载体的具体情况,利用基因上下游序列设计引物,并在引物两端引入酶切位点。以基因组 DNA 为模板,利用常规 PCR 扩增获得靶基因片段。如果是为了获取表达基因,注意使用高保真的 DNA 聚合酶,且引物设计时应注意阅读框的正确性,最好表达的是融合蛋白。如果是用高保真 *Pfu* 酶扩增 PCR 产物,需要通过在平末端 DNA 片段的 3′端加一个"A"尾,则可进行有效的 TA 克隆。

三、DNA 的体外重组

获得目的基因,选择或构建适当的基因载体后,下一步的工作是将靶基因与载体连接进行体外 DNA 重组。如果使用的是 T 载体,PCR 获得的基因不必酶切,可以纯化后直接与 T 载体连接,且效果很好。而将基因从克隆载体转到表达载体时则需要进行一系列的操作。

1. 限制性内切酶处理

首先是选用适当的限制性内切酶处理靶基因 DNA 和载体 DNA。①切割靶基因 DNA 和载体 DNA 时尽可能选用相同的限制性内切酶,不管是单酶切还是双酶联合酶切,这样两种 DNA 分子均可产生相同的末端。②可用产生平末端的不同的限制性内切酶如 *Eco*R V、*Sam* I 和 *Hae*III 进行处理。③利用产生配伍互补末端(compatible end)的同尾酶。但应注意第二种或第三种情况产生的末端一经连接,重组 DNA 分子一般不能用任何一种平末端产生酶或同尾酶在相同的位点切开。④尽可能选两种不同酶进行双酶切,既可保证片段只在一个方向取向上彼此连接,也可减少自身环化。如果是单酶切,载体应进行脱磷处理后再连接。

（1）限制性内切酶的切割反应　各种酶都有其最佳的反应条件,如温度和缓冲液。其中温度一般为 37 ℃,但也有 30 ℃条件下比 37 ℃稍好(见表 1 – 3)。绝大多数 II 型酶对基本缓冲液的组分要求相同,包括 10 ~ 50 mmol/L 的 Tris – HCl(pH 7.5)、10 mmol/L 的 $MgCl_2$、1 mmol/L 的 DTT,用于稳定酶的空间结构,唯一区别是各种酶对盐(NaCl)浓度的需求不同,据此可将所有的 II 型酶所需的缓冲液分为三类:①高盐缓冲液(H buffer);②中盐缓冲液(M buffer);③低盐缓冲液(L buffer)。盐浓度过高或过低均大幅度影响酶的活性,最低可降低活性 10 倍。

多数情况下,需使用两种限制性内切酶切割一种 DNA 分子,如果两种酶对盐浓度要求相同,可将这两种酶一同加入反应体系中进行同步酶切;对于盐浓度要求差别不大的两种酶,如一种酶需中盐浓度,而另一种酶需高盐浓度,也可同时进行反应,只是选择对价格较贵酶有利的盐浓度,而通过加大另一种酶的用酶量来弥补;对于浓度要求差别较大的(如一个高盐,另一个低盐),一般不宜同时进行酶切反应。通常采用:①两种酶先后进行,即一种酶反应结束,纯化后,再进行另一种酶的切割。②低盐浓度的酶先切,加热灭活该酶后,向反应系统中补加 NaCl 至合适的最终浓度,再进行高盐酶的切割。或者选用两种酶的相对活性超过 50% 的缓冲液。

限制性内切酶的反应规模主要取决于 DNA 量。一个标准单位(U)的任何限制性核酸内切酶的定义为在最佳缓冲液系统中,37 ℃下反应 1 h 完全水解 1 μg 的 pBR322 DNA 所需的酶量。商品酶一般含有 50% 的甘油,为了确保甘油在反应体系中不会对酶的活性以及专一性造成影响,酶的加入量不要超过反应总体积的 1/10。微量的金属离子往往会抑制限制性内切酶的活性,所以在反应中应使用去离子水。

（2）琼脂糖凝胶电泳、割胶回收　经酶切反应的样品须通过琼脂糖凝胶电泳进行确认、分离(见第三章)。然后将适当长度的靶 DNA 片段从凝胶上切割下来,再用胶回收试剂盒纯化 DNA 片段。

2. 利用其他一些工具酶处理

如果靶基因 DNA 和载体 DNA 是利用相同的单一限制性内切酶切割,为了防止载体的自身环化,一般应采用碱性磷酸酶(详见第二章)处理酶切后的质粒载体,使载体 DNA 的 5′端去磷酸化。由于质粒载体的两端都是羟基,失去了相互共价连接的能力,也就不能自身环化(图 5 – 3)。但应注意靶基因的插入仍有正反两个取向。

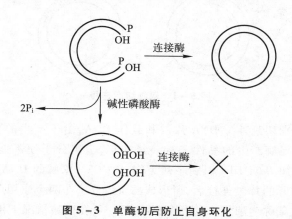

图 5 – 3　单酶切后防止自身环化

当靶基因末端与载体末端并不能相互匹配时,可以进行添补法和消除法处理与修饰 DNA 片段。对 5′黏性末端(3′凹端)片段的修饰用 E. coli DNA 聚合酶 I 大片段(Klenow 片段)将碱基添补到目的基因的黏性末端上;对 3′黏性末端(3′突端)利用 S1 和 Bal31 将靶基因黏性末端的单链突出部分削去,使其成为平末端。

3. 酶切 DNA 片段的连接

利用 DNA 连接酶将适当酶切割的载体 DNA 与靶基因 DNA 进行共价连接。对于不同的末端如亲和黏性末端、平末端、不亲和末端、不相同酶的配伍末端常用不同的方法。

(1) 相同黏性末端连接　如果外源 DNA 和载体 DNA 均用相同的单一限制性内切酶切割,两种 DNA 分子均含有相同的黏性末端(cohesive end),混合后在连接酶的作用下可以顺利连接为一个重组 DNA 分子。但经单酶处理的外源 DNA 片段在重组分子中可能存在着正反两种方向,并且载体很容易形成自身环化。

用两种不同的限制性内切酶进行特定的 DNA 分子处理,将会产生出具有两种不同的黏性末端。如果用同一对限制性内切酶消化外源靶基因 DNA 片段与载体 DNA 进行连接,可以使靶基因定向插入载体分子(图 5-4)。上述两种重组分子均可用相应的限制性内切酶重新切出外源 DNA 片段和载体 DNA。

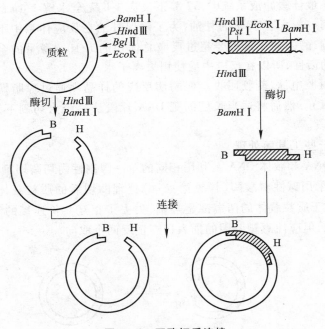

图 5-4　双酶切后连接

用两种同尾酶分别切割外源 DNA 片段和载体 DNA,由于产生的黏性末端相同,也可方便连接。但多数同尾酶产生的黏性末端一经连接,重组分子便不能用任何一种同尾酶在相同的位点切开。如 BamH I (识别序列 5′GGATCC3′)水解的 DNA 片段与 Bgl II(识别序列 5′AGATCT3′)切开的片段连接后,所形成的重组分子在两个原切点处均不能被 BamHI 和 Bgl II 切割,这种现象称为酶切口的"焊死"作用。只在少数情况下由两种同尾酶产生的黏性末端经连接后可被其中一种酶切开。

（2）平末端连接 平末端连接具有普遍的适应性,如 *Sma* I 产生的平末端不仅能与 *Sma* I 切出的平末端或其他内切酶切出的平末端连接,而且能与补平后的 3′凹端或削平后的 3′突出端及 5′突出端相连接(图 5 – 5)。但平末端连接比黏性末端连接效率要低,只有黏性末端连接效率的 1% ~10%,因此在平末端 DNA 片段连接中常增加 DNA 的浓度,以期获得较满意的连接结果。

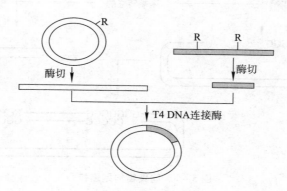

图 5 – 5 平末端的连接

（3）不同黏性末端的连接 不同黏性末端原则上无法直接连接,但可转化为平末端后再连接。所产生的重组分子往往会增加或减少几个碱基对,并且破坏了原来的酶切位点;若连接位点位于基因编码区内,则会破坏阅读框,使之不能正确表达。

不同黏性末端转化为平末端的方法有:①对于具有 5′突出末端 DNA 分子,在 dNTP 的存在下,用 Klenow 酶补平(图 5 – 6);②对于具有 3′突出末端 DNA 分子,在无 dNTP 情况下,用 T4 DNA 聚合酶切平。这样两种 DNA 分子就可以混合一同进行连接。

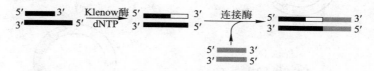

图 5 – 6 黏性末端补平后与平末端连接

（4）同聚物加尾连接法 利用末端转移酶在 DNA 片段的 3′端添加同聚物,形成 3′碱基的延伸(3′黏性末端)。末端转移酶不需要模板,在线状 DNA 分子末端加上多个脱氧核苷酸残基,且不具有特异性,4 种 dNTP 任何一种均可作前体物。因此可产生由单一核苷酸所构成的 3′同聚物末端。如在载体 DNA 的 3′端加上一小段 poly(A)或 poly(C),而在靶基因的 3′端加上一小段 poly(T)或 poly(G)(图 5 – 7)。由于 A – T 或者 C – G 之间的互补配对,最后用 DNA 连接酶连接,使目的基因和质粒载体形成环状重组分子。

（5）人工接头连接法 人工接头(artificial linker)是人工合成的具有特定限制性内切酶识别和切割序列的双链平末端 DNA 序列,一般由 8 ~12 bp(图 5 – 8)组成。其中含有一种或多种限制性酶切位点(如 *Eco*R I、*Bam*H I、*Hind* Ⅲ等)。需加接头的插入片段必须为平末端,若所要克隆的 DNA 片段具有黏性末端,则依照 5′突出末端用 Klenow 酶补平以及 3′突出末端用 T4 DNA 聚合酶切平的原则,处理 DNA 末端使之成为平末端,再接上相应的人工接头。外源片段被接头化后,需用接头特异的限制性内切酶消化处理,使其露出黏性末端与具有互补末端的载体相连接。

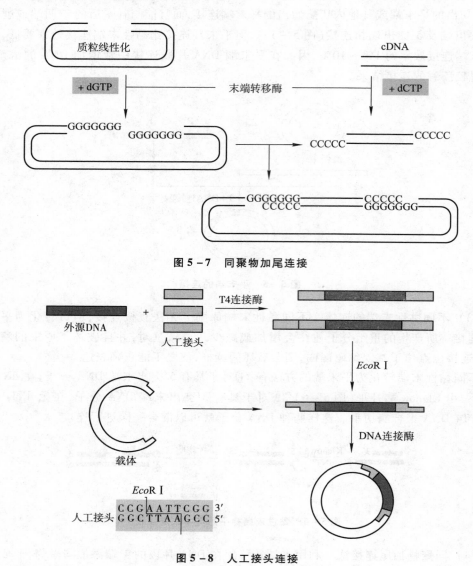

图 5 – 7　同聚物加尾连接

图 5 – 8　人工接头连接

DNA 片段与载体 DNA 分子数的理想比例范围为 2∶1 ~ 10∶1,或采用等摩尔数。连接反应可用 T4 DNA 连接酶进行,过量的甘油同样对连接酶的活性有抑制作用。在连接反应的设计时,在最佳缓冲系统及 14 ~ 16 ℃、1 h 内,连接 1 μg、10 μL 体积范围内的 DNA,1 μL(1U)的连接酶已经足够。影响连接反应的因素很多,包括温度、离子浓度、DNA 末端性质及浓度、DNA 片段的大小等。

　　(6) 单酶切后的连接　单酶切载体与靶基因的连接,需要对酶切的载体进行去磷酸化,防止自身环化的产生(图 5 – 9)。脱磷酸后的 5′ – OH 与 3′ – OH 不能形成磷酸二酯键,成为一个缺口,但转入宿主细胞后,在缺口处会自行形成磷酸二酯键,缺口被修复。

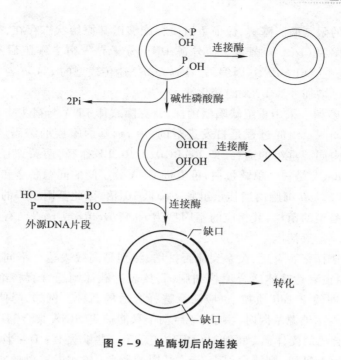

图 5 – 9　单酶切后的连接

第二节　重组 DNA 导入宿主

　　重组 DNA 导入的宿主细胞有原核细胞和真核细胞两类。前者包括 *E. coli*、枯草杆菌等；后者包括酵母、哺乳动物细胞、昆虫细胞和植物细胞等。用原核细胞作受体，既可作为基因文库（由克隆载体组建）的复制、扩增场所，也可作为外源基因的表达系统。而真核细胞作为受体，一般仅作为基因的表达系统。

　　知识扩展 5 – 1　基因型

一、宿主的选择

　　DNA 重组后将导入特定的宿主（受体）细胞中进行扩增或表达。作为转化用的宿主需具备以下条件：

　　（1）转化亲和性　易于接纳外源 DNA。宿主细胞容易形成感受态，并能高效吸收外源重组 DNA 分子，这种特性主要表现在细胞壁和细胞膜的结构上。

　　（2）与载体有遗传互补性　宿主细胞需与载体所携带的选择标记互补，方能使转化细胞的筛选成为可能。即受体细胞基因组上，应不存在载体的筛选基因标记。如载体携带氨苄青霉素抗性基因，而相应宿主应该是对氨苄青霉素敏感的细菌。当重组分子转入受体细胞后，载体上的标记基因赋予受体细胞抗生素的抗性特征，以区分转化细胞与非转化细胞。又如载体携带 β – 半乳糖苷酶 α – 肽的编码基因（*lacZ'*），则应选择基因 N 端部分编码序列缺失的突变株（*LacZ*ΔM15）作为宿主。

　　（3）限制缺陷型　无特异的内源核酸内切酶。由于野生型细菌具有对外源 DNA 的限制和修饰作用，而来自不同生物重组 DNA 分子没有甲基化，为了避免重组 DNA 摄入细胞后被宿主菌内的限制酶所降解,保证重组质粒能够以其原始状态存在,须选用限制系统与修饰系统均缺陷型($recA^-$)菌株。使外源 DNA 分子导入宿主细胞后不发生降解。如 $E. coli$ 的限制系统主要由 $hsdR$ 基因编码,具有 $hsdR^-$ 遗传表型的 $E. coli$ 各株丧失了降解外源 DNA 的能力,可增加外源 DNA 的转化性。

（4）重组缺陷型　采用重组缺陷型菌株,使克隆载体 DNA 与宿主染色体之间不发生同源重组。因为同源重组的过程是自发进行的,由 rec 基因家族的编码产物驱动。$E. coli$ 中存在着两条体内同源重组的途径,即 RecBCD 和 RecEF 途径,两条途径均需要 RecA 重组蛋白的参与。RecA 是一个单链蛋白,可促进 DNA 分子间的同源联会和 DNA 单链交换,$recA^-$ 型的突变使 $E. coli$ 细胞内遗传重组频率降低 10^6 倍;因此基因工程的宿主细胞须选择体内同源重组缺陷型的菌株,其相应的基因型为 $recA^-$、$recB^-$ 或 $recC^-$,有些 $E. coli$ 受体细胞则三个基因同时被灭活。

受体细胞的选择是否合适,关系到能否扩增,特别是高效表达。不同表达载体与受体细胞的关系,即原核表达载体适合原核细胞,真核表达载体则适合真核细胞,而农杆菌适用于植物细胞。即使 $E. coli$ 质粒,也应注意选择合适的菌种。例如,当使用含有 T7 噬菌体启动子的载体表达外源基因时,由于 T7 启动子只能被 T7 RNA 聚合酶所识别,须使用能产生 T7 RNA 聚合酶的受体菌,如 BL21(DE3)。对于一些缺失 β-D-半乳糖酶氨基端(α肽)的受体菌($lacZ\Delta M15$),则适合用带 $lacZ'$ 基因的质粒(如 pUC),以便实现 β-D-半乳糖酶 α 互补,进行蓝白斑筛选。

1. 微生物宿主

可用于细菌的质粒与噬菌体载体的范围广,常用的微生物表达系统是大肠杆菌($E. coli$)、枯草杆菌和酵母表达系统。

（1）大肠杆菌($E. coli$)　大肠杆菌由于其培养方法简单、迅速、经济又易于掌握,加上利用大肠杆菌表达外源基因有多年的历史,其遗传学及分子生物学背景清楚,是重组 DNA 中常用的表达系统。作为一种成熟的基因克隆表达受体,大肠杆菌广泛被用于基因分离、DNA 序列测定、基因表达产物的鉴定等。外源基因产物在大肠杆菌的表达量常可达细胞总蛋白的 20% ~ 30%,甚至超过 50%。常用大肠杆菌菌株的基因型见表 5-1。

由于大肠杆菌的原核性,也有为数不少的真核生物基因不能在其中表达出具有生物活性的功能蛋白。大肠杆菌表达系统的缺点有:①大部分高效表达的蛋白质产物常以不具生物活力的包含体形式存在。包含体(inclusion body)是由部分折叠的中间体局部变性聚集而成,这是由于在新合成的大量目标蛋白质的折叠过程中,大肠杆菌体内参与折叠的蛋白质因子的量不能满足需要,无法形成正确的构象所造成的。要使包含体蛋白质具有活性需要进行变性与复性处理,在大肠杆菌体内共表达与蛋白质折叠过程密切相关的分子伴侣、折叠酶或硫氧还蛋白基因可使目标基因可溶性表达的比例明显上升。②大肠杆菌本身的蛋白质翻译后修饰加工系统相当不完善,表达的真核蛋白质不能形成适当的折叠或糖基化修饰。③大肠杆菌分泌蛋白质的能力较差,特别是不能分泌蛋白质至培养液中。④大肠杆菌防御系统的自身保护作用,产生的蛋白酶能够降解目标产物,特别是细胞质为蛋白水解酶含量最多的区域,目标蛋白质在细胞质中最容易受到蛋白水解酶的作用。⑤由于大肠杆菌是条件致病菌,存在潜在的致病性。

为了提高大肠杆菌表达系统中靶蛋白的稳定性,可以采取以下措施:①利用蛋白质转运系统把目标蛋白最终积累在周质空间,或分泌到培养基中。②采用某些蛋白酶水解基因的缺失菌株作为宿主菌。③对相对分子质量较小的目标基因进行融合表达或串联聚合表达。④共表达能提高目标蛋白稳定性因子的辅助因子,如分子伴侣基因、T4 噬菌体 *pin* 基因等。⑤对蛋白质序列中的蛋白水解酶敏感区域和识别位点进行改造。⑥在较低温度下培养菌体和优化发酵条件。

表 5 – 1　常用大肠杆菌菌株的基因型

菌株	基因型
C600 (ATCC 23724)	$F^- e14^-$ (McrA$^-$) thi – 1 thr – 1 leuB6 lacY1 fhuA21 glnV44 rfbD1
BB4	supF58, supE44, hsdR514, galK2, galT22, trpR55, metB1, tonA, ΔlacU169/F′[pro-AB$^+$, lacI^q, lacZΔM15 Tn10(Tet^r)]
LE392 (ATCC 33572)	$F^- e14^-$ (McrA$^-$) hsdR514(rk$^-$ mk$^+$) glnV44 supF58 lacY1 or Δlac(I – Y)6 galK2 galT22 metB1 trpR55
NM539 (ATCC 35639)	F^- supF hsdR(rk$^-$ mk$^-$) mcrB[P2cox3]
XL1 – Blue	F′::Tn10(Tet^r)proA$^+$B$^+$ laclq Δ(lacZ)M15/recA1 endA1 gyrA96(Nalr) thi – 1 hsdR17(rk$^-$ mk$^-$) glnV44 relA1 lac
Y1090 (ATCC 37197)	F^- Δ(Ion)trpC22::Tn10(Tet^r)supF Δ(lacZYA – argF)U169 araD139 mcrA rpsL (Str^r)[pMC9 lacl^q(Tet^r Amp^r)]
DH5α	supE44ΔlacU169(φ80 lacZΔM15)recA1 endA1 hsdR17(rk$^-$, mk$^+$) thi – 1 gyrA relA1 F^- Δ(lacZYA – argF)
Top10	F^- mcrA D(mrr – hsd, RMS – mcrBC)Φ80 lacZΔM15 DlacX74 deoR recA1 araD139 D(ara – leu)7697 galU galK rpsL(Str^r)endA1 nupG

(2) 枯草杆菌　枯草杆菌为非致病的土壤微生物,严格生长在有氧条件下,不像大肠杆菌那样具有热原脂多糖。作为革兰氏阳性菌成员,具有单层细胞膜组成较简单的细胞外壳,其最大优点是能将蛋白质直接分泌到培养基中,且在多数情况下,真核生物的异源重组蛋白经芽孢杆菌加工、分泌后,具有天然构象和生物活性。许多芽孢杆菌在传统发酵工业中应用已有几十年的历史,它们无致病性,不产生内毒素,主要用于分泌型表达。

但野生型菌株能将一些蛋白酶分泌到培养基中,从而会导致目的产物的降解,虽然已构建了一些缺失蛋白酶的变种,可以消除部分外分泌蛋白酶的降解,但变异宿主不易存活;另外枯草杆菌中重组质粒的稳定性差,经多次传代后,很难保持质粒继续复制,外源DNA 不能很好保留在细胞内部,会发生突然丢失。所以枯草杆菌作为宿主的应用受到一定的限制。

由于原核生物培养成本低,生长快,表达量高,基因操作方便,是目前多肽药物基因工程的主要表达系统。但原核生物中表达的蛋白质不能糖基化,表达的产物易被蛋白水解酶降解,或不能正确加工折叠。而能够糖基化表达的是真核细胞,一是酵母表达系统,二是昆虫表达系统。酵母的蛋白质能够糖基化,但糖基化的类型和程度与哺乳动物并不相同。昆虫细胞糖基化的类型和程度与哺乳动物更为相似,表达量高,培养也比较容易,备受人们关注。

（3）酵母 酵母种类繁多,是一类最为简单的真核生物。尽管其生长代谢特征与大肠杆菌等原核细菌有许多相似之处,但在基因表达调控模式尤其在转录水平上与原核细菌有着本质的区别,因此酵母是研究真核生物基因表达调控的理想模型。已知有 80 个属约 600 多种,数千个分离株。绝大多数的酵母安全,培养条件简单,易进行高密度发酵,具有良好的蛋白质分泌能力以及类似高等真核生物的蛋白质翻译后的修饰功能。

①酿酒酵母（*Saccharomyces cerevisiae*） 基因组较小,为大肠杆菌的 4 倍,生长迅速,增殖一代所需的时间也只要几小时,营养要求简单,便于工业化大规模培养。既像原核细胞那样易于遗传操作,又可用于真核细胞内复杂现象的研究。且酿酒酵母安全无毒,不致病,不产生内毒素,1996 年作为第一个完成全基因组测序的真核生物,单倍体具有 16 条染色体,基因组总长度 12.0 Mb 以上。但其发酵积累的乙醇会影响酵母的生长,较难进行高密度发酵;虽然酵母能进行蛋白质的糖基化修饰,但其修饰形式不同于高等真核生物,即动物细胞中,N - 糖基化外链除了甘露单糖外,还包括 N - 乙酰葡萄糖胺、半乳糖、果糖以及唾液酸等糖基。而酵母糖蛋白的 N - 糖基化外链的组成只有甘露糖,且其分支结构极为复杂,形成的糖基化侧链太长。这种过度的糖基化（超糖基化）会引起副反应,包括重组蛋白的生物活性下降或抑制以及蛋白质的免疫原性增加等。

②毕赤酵母（*Pichia pastoris*） 是一种甲醇营养菌,甲醇可诱导与甲醇代谢相关酶基因的高效表达,如醇氧化酶（alcohol oxidase, AOX1）基因的表达产物可在细胞中高水平积累。AOX1 启动子是一种可诱导的强启动子。以 AOX1 为启动子,选择 AOX1 基因缺失的突变株作为受体细胞,可高效表达外源基因。目前也可选择组胺醇脱氢酶突变株作为受体细胞,利用该受体系统时,可对载体上携带 *his* 标记基因的转化子进行筛选。在毕赤酵母中得到表达的重组异源蛋白有乙型肝炎表面抗原、人肿瘤坏死因子、人表皮生长因子、链激酶等几十种。毕赤酵母的分泌表达能力比酿酒酵母强,但对其遗传背景了解较少,发酵周期较长。

③乳酸克努维酵母（*Kluyveromyces lactis*） 其遗传背景比较清楚,工业上用来发酵生产 β - 半乳糖苷酶。某些质粒载体可在该酵母中稳定保存,不易丢失。该酵母可表达分泌型和非分泌型重组异源蛋白,其表达水平和效果高于酿酒酵母。在分泌表达过程中,能形成正确的蛋白质构象,因而利用其表达高等哺乳动物蛋白具有一定的优越性。目前已有多种外源蛋白在该酵母系统中得到表达,如人白细胞介素 - 1 和 β - 牛凝乳酶等。

（4）丝状真菌 表达系统的研究主要集中在粗糙脉孢菌（*Neuraspora crassa*）和构巢曲霉（*Aspergillus nidulans*）。这两种丝状真菌能大量产生胞外蛋白质,遗传背景较清楚。所有丝状真菌载体除毛霉（*Mucor*）外,都是整合体。丝状真菌表达系统有较强的蛋白质分泌功能,且它的糖基化类型、糖基种类、糖链长度均与动物细胞相似,适合于表达哺乳动物基因,但丝状真菌分泌外源蛋白的能力很差。

2. 动物细胞

（1）昆虫细胞 其细胞来源广,管理和操作方便,经济,是值得开拓的基因表达体系。昆虫表达的蛋白质具有生物活性,大多数蛋白质在合成后,需经过一定的修饰和加工,然后输送到细胞的特定部位或分泌到细胞外才有生物活性。昆虫细胞对蛋白质的后加工系统与哺乳动物细胞接近,能识别与切除信号肽,能对表达蛋白进行切割、糖苷化、磷酸化、糖基化、羧基末端 α - 酰胺化、脂肪酸酰基化作用(豆蔻酰化、软脂酰化及异戊二烯化)、氨基末端乙酰化等反应,能使蛋白质正确定位和形成高级结构。在昆虫细胞中表达的外源蛋白接近天然蛋白质,具有很高的生物活性。但昆虫细胞培养周期长、耗时。如常用的 sf9 细胞从冻存细胞至收获培养细胞就需要两周半到三周的时间。

昆虫细胞由于体积大、形状较不规则、容易结团、加之病毒感染后细胞膨大 1.5 倍左右等,增加了昆虫细胞大规模培养的难度。目前已建立大规模昆虫细胞培养形式有贴壁培养、悬浮培养和固定培养等。固定培养可有效降低剪切力对细胞的伤害,同时细胞与培养可有效分离,简化了操作步骤,降低染菌。

(2)哺乳动物细胞 培养细胞能生产天然状态的复杂蛋白质,表达的高等真核蛋白正确地被修饰,这种修饰包括二硫键的精确形成、糖基化、磷酸化、寡聚体的形成或由特异性蛋白酶进行的裂解。哺乳动物细胞所表达的蛋白质是在恰当的细胞内一定区域累积。缺点是组织培养技术要求高,时间长(需要数月),难以实现工厂大规模的发酵生产,具体见第八章。

3. 植物细胞

植物细胞具有全能性,在适当的条件下,较容易再分化成为植株。转基因的细胞可以培养出稳定遗传的植株(详见第八章)。

二、重组 DNA 导入宿主

DNA 重组分子体外构建完成后,必须导入特定的受体细胞,使之无性繁殖(图 5 - 10),这个过程有转化和转染之分。将以质粒为载体构建的重组 DNA 导入受体细胞,使受体菌遗传性状发生改变的过程称为转化(transformation);以噬菌体和真核病毒作载体构建重组体并导入受体细胞的过程称为转染(transfection)。

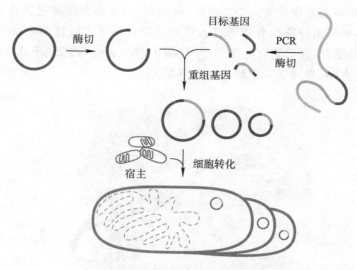

图 5 - 10 重组 DNA 导入宿主

101

1. 外源 DNA 导入大肠杆菌

（1）化学转化法 利用 CaCl$_2$ 处理细胞,使其处于感受态进行转化或利用聚乙二醇（PEG）也能促使转化。感受态细菌（competent cell）指利用理化的方法人工诱导,使之处于易于吸收和接纳外源 DNA 分子状态的细胞。

CaCl$_2$ 转化法 用预冷 CaCl$_2$ 溶液在冰浴中处理快速生长的幼龄细菌,细菌膨胀成球形,外源 DNA 分子黏附于细菌表面。通过热激（heat shock）作用（42 ℃,90 s）促进细胞对 DNA 的吸收。热激后,需使受体菌在不含抗生素的培养液中生长 0.5 h 以上,使其表达足够的遗传标记蛋白。然后将细菌接种于含相应抗生素的培养基上,含有重组子的感受态细菌将形成单菌落。挑选单菌落进行相应的筛选及鉴定分析（图 5 – 11）。

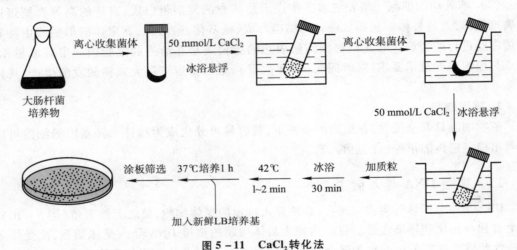

图 5 – 11 CaCl$_2$ 转化法

（2）电击法（electroporation） 对预先制备好的感受态细胞施加短暂、高压的电流脉冲,在受体细胞质膜上形成纳米大小的微孔,使外源 DNA 能直接通过微孔,或作为微孔闭合时所伴随发生的膜组分重新分布而进入细胞质中。对于大肠杆菌来说,50 ~ 100 μL 的细菌与 DNA 样品混合,置于装有电极的槽内（图 5 – 12）,选用约 25 μF、2.5 kV 和 200 Ω 的电场强度处理 4.6 ms,即可获得理想的转化效率。

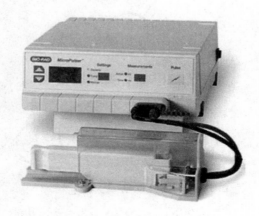

图 5 – 12 电击仪

重组 DNA 转化率较低,一般在 0.1% 以下。转化率的高低对于一般重组克隆实验关系不大,但在构建基因文库时,保持较高的转化率至关重要。

影响转化率的因素有:①受体细胞除了限制、重组缺陷型外,还应与转化的载体 DNA 性质相匹配,如 pBR322 转化大肠杆菌 JM83 株。其转化率不高于 $10^3/\mu g$ DNA,但若转化 ED8767 株,则可获得 $10^6/\mu g$ DNA 的转化率。②载体的性质决定了转化率的高低,不同载体转化同一受体细胞的转化率不同。载体的空间构象对转化率也有影响,超螺旋结构的质粒具有较高的转化率,经体外酶切连接操作后的载体 DNA 或重组 DNA 由于空间难以恢复,其转化率通常比具有超螺旋的质粒低两个数量级。相对分子质量大的载体其转化效率也低,大于 30 kb 的重组质粒很难进行转化。此外重组 DNA 的构象与转化率有关,在宿主细胞中,环状重组 DNA 不易为宿主核酸酶水解,比线状重组 DNA 稳定性高 10~100 倍。③未经特殊处理的细胞对重组 DNA 分子不敏感,细胞的感受态一般出现在生长对数期。外界环境因子环腺苷酸及钙离子能提高受体细胞的感受态水平。④转化率与外源基因跟宿主染色体 DNA 同源性有关,亲缘关系越近,越易整合到宿主染色体中,转化率越高,否则易为宿主核酸酶所降解。

(3)**转染** 重组 DNA 分子需要完成体外包装,成为完整的病毒颗粒才具有感染宿主的能力。体外包装是指在体外将重组 DNA 放到噬菌体的蛋白质外壳里,包装成噬菌体颗粒,然后通过正常的噬菌体感染过程,将它们导入宿主细胞,并在宿主细胞内扩增和表达外源基因。体外包装需要两种溶菌物:①由 Dam λ 噬菌体感染宿主产生的溶菌物,其中积累了大量的头部蛋白;②λ 噬菌体的 Eam 突变种感染宿主后的溶菌物,其中含有高浓度的 λ 噬菌体尾部蛋白。基因 E 产物(主要为外壳蛋白),在基因 A 产物作用下,与基因 D 产物一起将重组 DNA 包装成噬菌体头部。再在基因 W 和 F 产物的作用下,将头部和尾部连接起来,组成完整的噬菌体颗粒(图 5-13)。重组 DNA 与包装提取物在室温保温 2 h,进行体外包装。形成的噬菌体颗粒感染大肠杆菌。每微克重组 DNA 包装为完整噬菌体颗粒后对宿主感染作用可达 10^6 个噬菌斑,比不包装的重组 DNA 分子转化率高 100~10 000 倍。

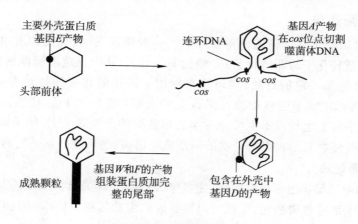

图 5-13 噬菌体包装

2. 外源 DNA 导入酵母细胞

酵母具有结构复杂的细胞壁,最早常用的是原生质体法,但不易控制,且进行原生质体转化也费时、费钱。目前采用醋酸锂法或电击法将重组 DNA 导入酵母细胞,或者整合到染色体 DNA 中。

（1）醋酸锂法 1983 年 Ito 等在进行 DNA 转化时,对酵母进行各种离子溶液的处理,发现一价碱性阳离子 Cs^+、Li^+ 能明显增加外源 DNA 的转化率,达 10^3 转化子/μg DNA。在此基础上建立了用醋酸锂进行酵母转化的方法。此方法操作简便、易掌握,特别适用于处于静止的酵母细胞的转化。

（2）电击法 其转化酵母的成功率较高,但需要用特殊的电转化设备（见图 5 - 12）。原理同前,只是设定的电击参数不同。

3. 外源 DNA 导入动植物细胞

内容详见第八章。

第三节 阳性重组体的筛选与鉴定

重组子转化宿主细胞后,必须使用各种筛选与鉴定手段区分转化子（接纳载体或重组分子的转化细胞）与非转化子（未接纳载体或重组分子的非转化细胞）、重组子（含有重组 DNA 分子的转化子）与非重组子（仅含有空载载体分子的转化子）,以及期望重组子（含有目的基因的重组子）与非含期望重组子（不含目的基因的重组子）。

抗生素　蓝白斑筛选　电泳　PCR 或核酸杂交

载体与目的基因连接,转化宿主细胞{转化子{重组子{重组子{期望重组子(含目的基因) / 非期望重组子} / 载体受损} / 非重组子(含空载载体)} / 非转化子(不含质粒)}

许多方法可从大量细胞中筛选出极少的含有重组载体的细胞,如平板筛选法、电泳筛选法、核酸探针筛选法和体内同源重组法。

一、平板筛选法

平板筛选是阳性重组体筛选的重要环节。一般情况下,经转化扩增单元操作后的受体细胞总数（包括转化子与非转化子）已经达 $10^8 \sim 10^9$,从中快速准确地选出期望重组子,即将转化扩增物稀释一定的倍数,均匀涂布在用于筛选的特定固体培养基上,依据载体 DNA 分子上筛选标记赋予受体细胞在平板上的表型（图 5 - 14）。如抗药性的获得或失去,引起菌落在平板上生长或不生长;β - 半乳糖苷酶的产生或失去,赋予菌落或空斑在平板的颜色变化等,使之长出肉眼可分辨的菌落或噬菌斑,然后进行新一轮的筛选与鉴定。

1. 抗药性筛选法

bla 基因（Amp'）编码 β - 内酰胺酶,使氨苄青霉素开环失活。Kan' 基因编码氨基糖苷磷酸转移酶,使卡那霉素磷酸化,干扰它向细胞内的主动转移。Cm' 基因编码乙酰转移酶,使氯霉素乙酰化而失活。

pUC18/19 转化菌株的抗生素代谢,即普通大肠杆菌不能在含有氨苄青霉素的 LB 培养基上生长,而含有载体和重组载体的转化子可以在含有氨苄青霉素的 LB 培养基上生长。而转化子中,又包含有重组子（含有重组 DNA 分子的转化子）与非重组子（仅含有空载载体分子的转化子）。这可通过下面的显色筛选法进行区别。

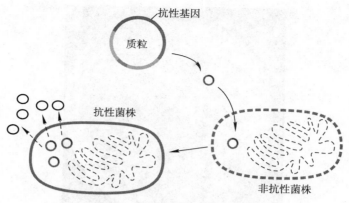

图 5 – 14　平板筛选 ⓒ图5 – 3

2. α – 互补筛选法

根据菌落颜色筛选含有重组质粒的转化子。主要是指含有 β – 半乳糖苷酶（β – gal-actosidase）基因的载体，如 pUC 系列的质粒。β – 半乳糖苷酶是一种把乳糖切成葡萄糖和半乳糖的酶，最常用的 β – 半乳糖酶基因来自大肠杆菌 lac 操纵子。载体中带有大肠杆菌 lac 操纵子的调节序列和编码 β – 半乳糖苷酶 N 末端 146 个氨基酸的序列，而异丙基 – β – D – 硫代半乳糖苷（IPTG）可诱导 β – 半乳糖苷酶的 α 肽段合成，从而互补 β – 半乳糖苷酶缺陷的宿主（lacZΔM15），即 α – 互补（α – complemention）（图 5 – 15）。

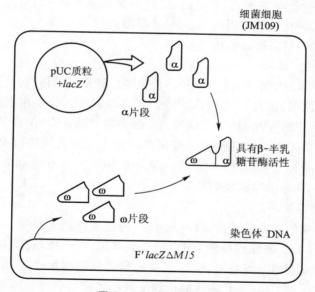

图 5 – 15　蓝白斑筛选

只含有载体的受体细胞，在含色素底物 5 – 溴 – 4 – 氯 – 3 – 吲哚 – β – D – 半乳糖苷（5 – brom – 4 – chloro-indolyl – β – D – galactoside，X – gal）培养基平板上形成蓝色菌落。但在此类质粒载体的多克隆位点中插入外源 DNA 时，导致 β – 半乳糖苷酶的 α 肽段失活（lacZ 基因的表达中断），从而不能进行 α – 互补，因此带有重组载体质粒的细菌产生白色菌落（图 5 – 16）。

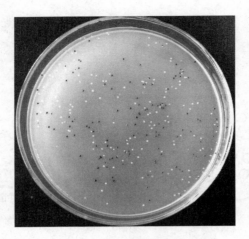

图 5-16　蓝白斑菌落 ^{⑤图5-4}

虽然此方法可识别重组子与非重组子,但有时重组子的外源基因是非靶基因。还有是 *lacZ* 基因的表达中断而非外源基因插入的结果,只是在酶切操作过程 *lacZ* 基因被损坏。必须通过质粒提取、酶切后电泳的方法进一步确认。

除阳性重组子以外,自身环化的载体、未酶解完全的载体以及非目的基因插入载体形成的重组子均能转化细胞而能生长,故本法仅是阳性重组子的初步筛选。

3. 插入表达法

有些质粒携带一个 *cI* 基因,它是表达基因(如抗生素基因)的负控制系统,当 *cI* 基因产物与操纵子结合,终止所有基因转录。在 *cI* 基因的位点中插入外源 DNA 片段,将导致 *cI* 基因失活,表达基因解阻遏而表达。

4. 噬菌斑筛选法

以 λ DNA 为载体的重组 DNA 分子经体外包装后转染受菌体,转化子在固体培养基平板上被裂解形成噬菌斑,而非转化子正常生长,很容易辨认。如果在重组过程中使用的是取代型载体,噬菌斑中的 λ 噬菌体即为重组子,因为空载的 λ DNA 分子不能被包装,在常规的转染实验中不会进入受体细胞产生噬菌斑。在插入型载体的情况下,此时筛选重组子必须启用载体上的标记基因,如 *lacZ'* 等。当外源 DNA 片段插入到 *lacZ'* 基因内时,重组噬菌斑无色透明,而非重组噬菌斑则呈蓝色。

5. 营养缺陷型筛选法

利用营养突变株的标志补救(marker rescue)特性来筛选重组子。如果载体分子上携带有某些营养成分(如氨基酸或核酸)的生物合成基因,而受体细胞中因该基因的突变不能合成这种生长所需的营养物质,则两者构成营养缺陷型的正选择系统。又如克隆的基因能够在宿主细胞中表达,而且表达的产物能与宿主菌的营养突变互补,就可利用营养突变株进行筛选。将待筛选的细菌培养物涂布在缺少该营养物的合成培养基上,长出的菌落即为转化子,而重组子筛选仍需要第二个选择标记,并通过插入灭活的方法进行第二轮筛选。通常在酵母中表达的基因,常利用这种营养突变互补进行选择。

二、电泳筛选法

平板抗生素与颜色的阳性重组体筛选,虽然很重要但并不精确,平板上许多菌落是假阳性的情况,如载体 DNA 缺失后自我连接引起的转化,非特异性片段插入组建载体的转化,而真正阳性重组体只有很小一部分。所以必须利用电泳法即从转化子中利用碱变性法提取质粒,通过琼脂糖凝胶电泳法确定它们的大小,并且酶切后电泳进一步验证质粒的重组情况(图 5-17)。但对于插入片段是大小相似的非目的基因片段,电泳法仍不能鉴别这样的假阳性重组体。

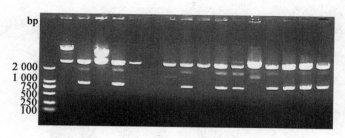

图 5-17　重组质粒酶切电泳图谱

三、PCR 筛选法

利用扩增靶基因的引物,挑选平板筛选菌落直接进行 PCR 确认阳性克隆[e图5-5]。

四、测序确认

对于原核或真核系统表达型重组子,其插入片段的序列正确性是非常关键的,有必要对其进行序列测定(详见第四章),确定插入基因的 *ORF* 以及确认是否具有碱基突变或表达被截断的问题。测序引物利用质粒上的通用引物,以确认靶基因的融合情况。

五、报告基因检测法

绿色荧光蛋白(green-fluorescent protein,GFP)基因表达一种腔肠动物所特有的生物荧光素蛋白,能在一定波长的紫外线激发下发出绿色荧光。其优点是:①适用于各种生物的基因转化;②检测方法简便,无需底物、酶、辅助因子等物质;③便于活体内基因表达调控的研究检测。

> e 知识扩展 5-2　报告基因

六、核酸探针筛选法

核酸分子杂交法是根据核酸序列的同源性,利用探针检测某一特定的 DNA 或 RNA 分子的方法,也可以用来筛选重组的质粒,检测重组 DNA 分子中插入的外源 DNA 是否是原供体(细胞或菌株)中与探针同源的 DNA 序列或某一基因片段。

1976 年 Southern 首创 DNA 分子印迹杂交法。从组织细胞中提取和纯化基因组 DNA,选择一种或几种合适的限制酶消化切割受检细胞 DNA,使其成为许多大小不同的片段;然后 DNA 片段经琼脂糖凝胶电泳分离,在凝胶上形成有规则的从大到小的排列;电泳后的凝胶经碱处理使其中的双链 DNA 分子变性成为单链,然后利用毛细管作用原理,将凝胶上的单链 DNA 片段转移到硝酸纤维素膜或尼龙膜上。即将凝胶放在缓冲液浸湿的滤纸上,在凝胶上放一片 NC 膜或尼龙膜,再在上面放滤纸以及吸水纸等并用重物压好,缓冲液就会通过毛细作用流过凝胶,将凝胶上的 DNA 带到膜上。然后通过 80 ℃烘烤或采用紫外交联固定膜上的 DNA。

将制备好的核酸探针通过缺口平移或随机引物标记法标记上同位素 ^{32}P(详见第四章),或用地高辛标记探针(图 5 – 18)。

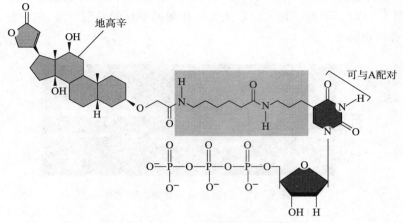

图 5 – 18　地高辛 dUTP ⓔ图5 – 6

标记的探针与带有 DNA 片段的薄膜进行分子杂交;DNA 片段经杂交后即用底物显色,显出带纹(酶切图谱),分析图谱上特异 DNA 片段存在情况(图 5 – 19)。

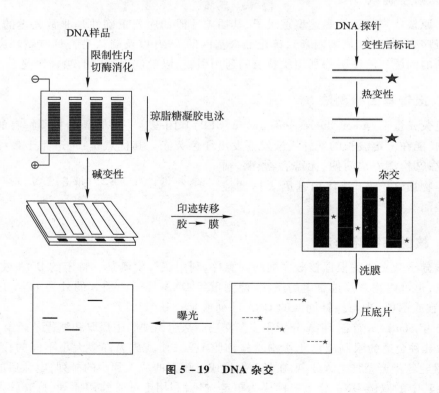

图 5 – 19　DNA 杂交

七、基因定点突变

1988 年 Higuchi 等提出了重组 PCR 的定点诱变法(图 5 – 20),在 PCR 基础上,运用重叠延伸(overlap extension)方法将突变序列引入 PCR 产物的中间部位。此方法有一对内部致突变引物和一对侧翼引物,需要经过三轮 PCR 反应。即在两轮 PCR 反应中应用两个互补的并且相同部位具有相同碱基突变的内侧引物,扩增形成两条有一端可彼此重叠的双链 DNA 片段,两者在重叠区具有同样的突变。由于具有重叠的序列,这两条双链 DNA 片段经变性和退火处理,便可能形成两种不同形式的异源双链分子。其中一种具有 3′凹末端的双链分子,可通过 Taq 聚合酶的延伸作用,产生具有重叠序列的双链 DNA 分子。这种DNA 分子用两个外侧引物进行第三轮 PCR 扩增,就可产生出一种突变体 DNA。总之,利用 PCR 进行定点诱变,可以使突变体大量扩增,同时也提高了突变效率。

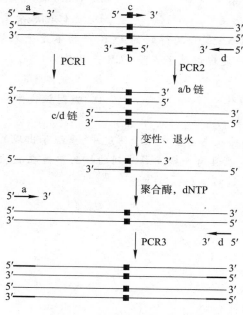

图 5 - 20　PCR 定点诱变

a、d 为基因两端的引物,b、c 为基因中间的两个互补引物,这两个互补引物中引入有突变位点。经一系列反应后,得到在特定部位嵌入有突变碱基的基因

思考题

1. 名词解释:克隆载体、表达载体、穿梭载体、整合载体、人工接头、转化、转染、感受态细胞、互补末端、重叠延伸。

2. 简述 DNA 重组的过程。

3. 什么是 T 载体?

4. DNA 重组中最好使用两种不同的限制性内切酶,为什么?

5. 作为转化用的宿主菌株应具有什么条件?

6. 叙述 α - 互补及蓝白斑筛选的原理。

7. 进行蓝白斑筛选,对质粒以及宿主菌有什么要求?

8. 简述 $CaCl_2$ 法制备感受态细胞以及进行转化的原理与方法。

9. DNA 片段的连接有哪几种类型？

10. 克隆载体与表达载体有什么区别？

11. 简述 PCR 技术在基因定点突变中的应用。

12. 选择题

（1）关于感受态细胞性质的描述，下面（　　）说法不正确。

    A. 具有可诱导性　　　　　　　　B. 具有可转移性

    C. 细菌生长的任何时期都可出现　　D. 不同细菌出现感受态的比例是不同的

（2）用下列方法进行重组体的筛选，只有（　　）可以说明外源基因进行了表达。

    A. Southern 印迹杂交　　　　　　B. Northern 印迹杂交

    C. Western 印迹杂交　　　　　　　D. 原位菌落杂交

（3）Clark 发现 *Taq* DNA 聚合酶得到的 PCR 产物不是平末端，而是一个突出碱基的双链 DNA 分子。根据这一发现设计了克隆 PCR 产物的（　　）。

    A. 穿梭载体　　　　　　　　　　B. T 载体

    C. 单链噬菌体载体　　　　　　　D. 噬菌粒载体

13. 判断题

（1）β-半乳糖苷酶插入失活型重组子筛选中，重组子出现的是蓝色菌落。（　　）

（2）核酸分子杂交是指具有一定互补序列的核酸单链在液相或固液体系中按碱基互补配对原则结合成双链的过程。（　　）

第六章
靶基因的诱导表达

基因表达(gene expression)是基因工程的重要内容,是工业、医疗和基础研究领域的重要技术。基因工程研究一方面是获得基因表达产物,制备大量有用的蛋白质和多肽,或者进行动植物转基因获得新性状的个体;另一方面是研究基因结构与机能的关系,最终都涉及基因的表达问题。

基因表达包括靶基因的克隆、转录、翻译、加工以及蛋白质的分离纯化。外源基因在RNA 聚合酶催化下转录成 mRNA,mRNA 与核糖体结合,由 tRNA 将氨基酸引入,按 mRNA 的遗传信息翻译为多肽。多数情况下,新生肽需经翻译加工,如糖基化、磷酸化等才能成为有功能的蛋白质;所以基因表达的调控包括基因转录前的扩增,转录水平的调控,转录后的加工,翻译水平的调控和翻译后的加工。

第一节　外源基因表达涉及的因素

外源基因表达与否及表达水平的高低受多种因素制约,如基因是否处于正确的阅读框,靶基因的有效转录和及时终止,mRNA 的有效翻译,转录、翻译后的适当修饰和加工。

一、正确的阅读框

通常从一个正确起点(AUG)开始,3 个碱基一组,一个不漏地读至终止密码。若删或增,即引起移码突变。要表达靶基因必须使靶基因与载体 DNA 的起始密码相吻合,处于正确的阅读框之中。如果靶基因与表达载体的序列已知,可以选择适当的酶切位点,使与载体连接的靶基因处于正确阅读框之中,最终产生融合蛋白。

许多表达载体都由三个位相的载体构成,每一系列载体相对于起始密码 ATG 的转译位相不同,在与外源基因拼接时,必有一种位相可保证外源基因处于正确的阅读框。外源基因插入到 *lacZ* 基因起始密码的阅读框的下游,必须使其构成一个正确的编码阅读框的重组体,使得外源基因得以高水平的正常表达。

二、靶基因的有效转录

启动子(promoter)是基因 5′端上游一段具有 RNA 聚合酶识别、结合以及启动基因转录的 40 ~ 50 bp DNA 序列,它能指导 RNA 聚合酶连接在 DNA 模板上,并合成 mRNA。

1. 原核基因的启动子

多数细菌启动子的转录起始区序列为 CAT,中间的转录起始位点多数是嘌呤(A/G)。在开始转录的碱基上游包含共有序列 − 35 区和 − 10 区(图 6 − 1), − 35 区的 TGTTGACA 序列(Sextama 盒)是 RNA 聚合酶的 σ 因子识别位点, − 10 区的 TATAATG 序列(Pribnow

盒)是 RNA 聚合酶的结合位点,由于富含 TA,从而使转录得以启动。−10 区和 −35 区之间的碱基组成并不特别重要,但两序列间的距离却十分重要,相距 17 ± 1 bp。此外,启动子 5′端至转录起始位点之间尚存在着 5 ~ 10 bp 的前导区,其长度变化对转录也将产生较大影响。

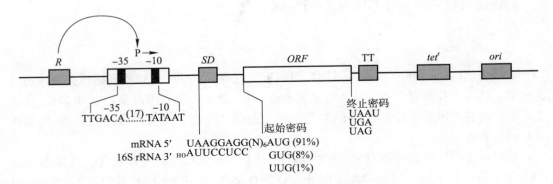

图 6 − 1　原核生物启动子结构

原核生物 RNA 聚合酶不能识别真核细胞的启动子,因此真核基因重组时应将真核基因置于原核生物强启动子下游,以实现高效转录。常用的启动子有大肠杆菌(*E. coli*)的 *lacZ*、*lacUV5*、*tac*、*trp* 等启动子;噬菌体的 λP$_L$、T7 噬菌体启动子(表 6 − 1)。

表 6 − 1　各种启动子

启动子	来源	调控手段(浓度)	强度
lac	乳糖操纵子	LacI/IPTG(0.1 ~ 1 mmol/L)	强
lacUV5	乳糖操纵子	LacI/IPTG(0.1 ~ 1 mmol/L)	强
trp	色氨酸操纵子	TrpR 3 − β − 吲哚丙烯酸	强
tac	结合色氨酸启动子 −35 序列和乳糖启动子 −10 序列	LacI/IPTG(0.1 ~ 1 mmol/L)	强
γP$_L$	λ 噬菌体	λcI 阻遏物/温度	强
T5	T5 噬菌体	LacI/IPTG(0.1 ~ 1 mmol/L)	强
pBAD	阿拉伯糖操纵元	AraBAD/阿拉伯糖(1 μmol/L ~ 10 mmol/L)	严谨
T7	T7 RNA 聚合酶	LacI/IPTG(0.1 ~ 1 mmol/L)	非常强

(1) *lacZ* 启动子　大肠杆菌乳糖操纵子,由启动基因、分解产物基因活化蛋白(catabolite gene activation protein,CAP)结合位点、操纵基因及部分半乳糖酶结构基因组成,受分解代谢系统的正调控和阻遏物的负调控。正调控是通过 CAP 因子和 cAMP 激活启动子,促使转录[图6−1];负调控则是由调节基因产生 LacZ 阻遏蛋白与操纵子结合,阻止转录,乳糖的存在可解除这种阻遏[图6−2]。IPTG 是 β − 半乳糖苷酶底物类似物,能与阻遏蛋白结合,使操纵子游离,促进转录。

常规大肠杆菌中,LacI 阻遏蛋白表达量不高,仅能满足细胞自身的 *lac* 操纵子,导致非诱导条件下较高的本底表达,为了使表达系统严谨地调控产物表达,过量表达 LacI 阻遏蛋

白的 *lacI*^q 突变菌株常被选为 Lac/Tac/Trc 表达系统的表达株。且 Lac/Tac/Trc 载体上也常带有 *lacI*^q 基因,以表达更多 LacI 阻遏蛋白实现严谨的诱导调控,防止 *lacZ* 基因的渗漏表达。

(2) *lacUV5* 启动子　*lacUV5* 是一种突变的 *lacZ* 启动子,其中的正调控被解除,对分解代谢阻遏不敏感,即使不存在 CAP 和 cAMP 也可转录,也具有较强的启动子活性。

(3) *trp* 启动子　来自大肠杆菌色氨酸操纵子,由启动基因、制动基因(衰减子)、操纵基因及色氨酸 trpE 部分结构基因组成,有两种调控机制图6-3。调节基因产生的阻遏蛋白必须与色氨酸结合才有阻遏活性。缺乏色氨酸时,阻遏被解除,启动子开始转录。另一种调控是通过制动基因实现的,当宿主内色氨酸浓度高时,转录至制动基因即停止;浓度低时,转录通过制动基因,直至结构基因终止子。β-吲哚丙烯酸是色氨酸竞争性抑制剂,可与阻遏蛋白结合,解除阻遏蛋白的阻遏活性,促使 *trp* 启动子转录。因此 β-吲哚丙烯酸存在可提高转录水平;此外,若制动基因缺乏也可提高表达能力。

(4) *tac* 启动子　*tac* 启动子是由 *trp* -35 区、*lac* -10 区以及 *lac* 操纵基因组成的杂合启动子,其启动能力比 *lac* 和 *trp* 都强图6-4。其中 *tac* I 是由 *trp* 的 -35 区和 *lacUV5* 的 -20 区构成的;*tac* II 是由 *trp* -35 区加一个合成的 46 bp DNA(包括 Pribnow 盒)和 *lac* 操纵基因构成的;*tac*12 是由 *trp* -35 区和 *lac* -10 区构成的。它由 LacZ 阻遏蛋白调控,可以被 IPTG 诱导转录。

(5) T7 启动子　T7 启动子是来自 T7 噬菌体的启动子,功能强大且特异性高,T7 RNA 聚合酶的效率比大肠杆菌 RNA 聚合酶高 5 倍左右,诱导表达数小时后目的蛋白可占到细胞总蛋白的 50% 以上。但只有 T7 RNA 聚合酶才能使其启动,普通的大肠杆菌没有该酶的存在。

(6) λP_L 启动子　λP_L 启动子是来自 λ 噬菌体早期左向转录启动子,是一种比 *trp* 启动子高 10 倍左右的强启动子,受 λ 噬菌体 *cI* 基因的负调控,*cI* 基因产物可与 P_L 操纵子结合,阻止转录。同时可用 *cI* 基因温度敏感性突变来解除这种阻遏。如 *cI* ts857 基因编码对温度敏感的阻遏蛋白,在低温(30 ℃ 时)*cI* ts857 阻遏蛋白可阻遏 P_L 启动子转录。在高温 45 ℃ 时,*cI* ts857 蛋白失活,从而解除阻遏,使 λP_L 启动子转录。升温不仅诱导 λP_L 启动子,也诱导了热休克基因。

2. 真核基因的启动子

与原核基因相似,真核基因启动子也有 TATA 盒,其组成为 TATAA/TAT/A(图 6-2),与精确转录有关。除 TATA 盒以外,真核基因启动子有许多不同于原核启动子之处。①TATA 盒距离较远,一般在上游 -25 bp 处。②CAAT 盒位于起始上游 -70 ~ -80 bp 处,也是转录起始的正调控元件,在植物基因组中一般是 AGGA 盒。③GC 盒,在起始位点上游 -180 bp 处还有另一个保守序列 GGGCGG,有的基因不止一个 GC 盒,有的却没有。④Octamer(八聚体),在起始位点上游和 TATA 盒两侧还有一个或几个保守的 8 聚体序列 ATTTGCAT。⑤增强子(enhanser),可以活化同源或异源的启动子。位于基因上游或下游,甚至可以远距离作用,其核苷酸序列是 GTGG T/AT/AG。无明显的方向性,但具有组织和细胞的特异性。增强子的序列常与嘌呤和嘧啶的改变有关,形成左旋 Z 型 DNA,行使对基因调控。酵母基因中的增强子又称上游激活序列(UAS)。

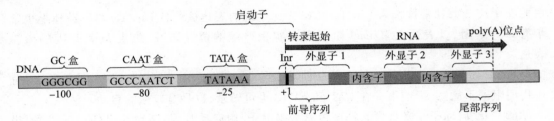

图 6-2 真核细胞基因启动子结构示意

总之,起始位点上游的 TATA 盒、CAAT 盒、GC 盒和 Octamer 共同组成了真核基因的启动子。常用的启动子有 SV40 启动子、多角蛋白启动子以及花椰菜花叶病毒(cauliflower mosaic virus)CaMV 启动子和巨细胞病毒(cytomegalovirus)CMV 启动子等。

三、靶基因转录的终止

终止子(terminator)对外源基因在大肠杆菌中的高效表达有控制转录的 RNA 长度和提高稳定性的作用。基因在转录过程中,若启动子太强,将引起转录通读(read through),超过基因终止信号,造成过度转录及杂蛋白的合成,影响产物纯化。终止子位于基因的 3′端或是一个操纵子的 3′端,它跨过终止密码,具有一个特定的核苷酸序列的特殊结构。

1. 原核生物的终止子

原核生物的终止子有两类:ρ-依赖型终止子和非 ρ-依赖型终止子。非 ρ-依赖型终止子是一种强终止子,富含 G/C,具有反向重复的回文对称结构、自身互补。这段序列转录后,新合成的 RNA G/C 区形成稳定的茎-环结构(stem-loop structure),对终止转录起决定作用(图 6-3)。茎的长短不一,一般茎长稳定,茎短不稳定。此外,强终止子的 3′端往往有一串 A/T,转录出的 RNA 上通常有 4~8 个连续的 U。由于终止子富含 G-C,而 G-C 碱基对的转录速度比 A-T 慢得多。当 RNA 核心酶到达终止子序列,移动的速度降低。终止子被转录后,在 DNA-RNA-核心酶复合物内马上形成茎-环结构,阻碍了核心酶继续向前移动,强终止子可有效防止通读现象。构建质粒中,常用的终止子是来自大肠杆菌 rRNA 操纵子上的 T1T2 串连转录终止子(*rrnT1T2*)以及 T7 噬菌体 DNA 上的 *Tf*。

DNA 5′ CCC AGCCCGC CTAATGA GCGGGCT TTTTTTTGAACAAAA 3′
3′ GGGTCGGGCG GATTACT CGCCCGA AAAAAAACTTGTTTT 5′

RNA 5′ CCC AGCCCGC CUAAUGAGCGGGCU UUUUUUU-OH 3′

转录后形成的茎-环结构

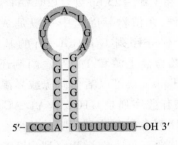

图 6-3 强终止子

114

2. 真核生物的终止子

相对于Ⅱ类启动子,真核生物转录酶Ⅱ的转录要越过加尾位点才能终止,加尾位点的 poly(A)信号序列是 AAUAAA,其下游有一段称为 G/U 簇的保守序列,通式为 YYYGTGT-TYY(图6-4),具体的终止位点变化很大(0.4~4 kb)。

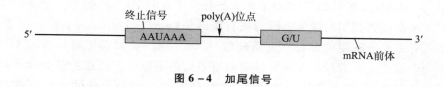

图 6-4 加尾信号

四、mRNA 的有效翻译

1. 原核 mRNA 的 SD 序列

外源基因在宿主细胞中的高效表达不仅需要有强启动子指导,产生大量 mRNA,并且在翻译过程,mRNA 必须先与核糖体相结合才能进行蛋白质翻译。在原核生物中,mRNA 分子上有两个位点调节着 mRNA 的翻译,一个是起始密码,原核细胞的起始密码子 AUG 编码 N-甲酰甲硫氨酸(fMet)。此外,GUG 和 UUG 有时也可作为原核细胞的起始密码子。另一个是位于起始密码上游、由 3~11 个核苷酸组成的一段保守的富含嘌呤序列 5′AAGGAGGU3′,这段序列由 J. Shine 和 L. Dalgarno 于 1974 年发现,称 SD 序列(图6-5),是核糖体结合序列(ribosome binding sequence,RBS)。此外,RBS 的结合强度取决于 SD 序列的结构以及与起始密码之间的距离,一般 6~8 bp。SD 序列须呈伸直状,如果形成二级结构则降低表达。这种距离影响蛋白质合成会相差 2 000 倍以上。

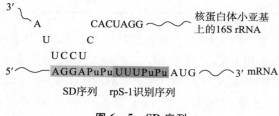

图 6-5 SD 序列

原核表达载体必须有 SD 序列才能启动外源 mRNA 的翻译,应将结构基因接于 SD 序列之后。此外,SD 序列与起始密码间的碱基组成也影响翻译的起始效率,研究表明,SD 序列后面的碱基为 AAAA 或 UUUU 时,翻译起始效率最高,而当序列为 CCCC 或 GGGG 时,翻译起始效率分别为最高值的 50% 和 25%。

2. 真核 mRNA 的 Kozak 序列

1987 年 Kozak 调查了 699 种脊椎动物 mRNA 翻译起始密码 5′及 3′端两侧核苷酸序列,提出了真核生物 mRNA 起始密码旁侧的共有序列 A/GNN AUG G,即在 AUG 前面的第三个核苷酸(上游 -3 位)常是嘌呤多数为 A;紧跟在 AUG 后面也常是嘌呤,即第 4 位核苷酸的偏好碱基多为 G。揭示了 -3 位的 A 和 +4 位的 G 对于 AUG 起始识别有最显著的促进作用。翻译起始共有序列A/GNNAUGG 称为 Kozak 序列。

五、密码子的利用与偏爱

多数密码子具有简并性,不同基因使用同义密码子的频率各不相同。大肠杆菌基因对某些密码子的使用表现了较大的偏爱性。如编码脯氨酸(Pro)的密码子包括 CCG、CCC、CCU 和 CCA 等,其中 CCG 密码子在大肠杆菌中高频率使用,另外三个密码子出现的频率很低。不被频繁利用的遗传密码为稀有密码子(rare or low-usage codons)(表6-2),每种生物都有密码子利用的偏好。大肠杆菌、酵母、果蝇、灵长类等有独特的 8 个密码子极少被利用。灵长类和酵母有 6 个同样的利用率低的密码子。成簇的低利用率的密码子抑制核糖体的运动,使基因无法合适表达,如果外源蛋白中含大量的大肠杆菌稀有密码子,特别当这些稀有密码子呈连续分布时,就会造成蛋白质表达量极低,或者直接导致翻译终止或错误。tRNA 不足会造成翻译停顿,早期翻译停止,移码突变及氨基酸错掺等问题,造成表达产物的截短。

表 6-2　大肠杆菌稀有密码子

编码氨基酸	对应稀有密码子
精氨酸(Arg)	AGA/AGG/CGA/CGG
丝氨酸(Ser)	UCA/ACG/UCG/UCC
脯氨酸(Pro)	CCC/CCU/CCA
甘氨酸(Gly)	GGA/GGG
亮氨酸(Leu)	CUA/CUC
异亮氨酸(Ile)	AUA
苏氨酸(Thr)	ACG

酵母和哺乳动物偏爱的终止密码子分别是 UAA 和 UGA。单子叶植物最常利用 UGA,而昆虫和大肠杆菌倾向于用 UAA。对于 UGA 和 UAA,紧接着终止密码子的下游碱基对有效终止的影响力大小次序为 $G>U,A>C$;对于 UAG 是 $U、A>C>G$。

大肠杆菌翻译终止效率可因终止密码子及临近的下游碱基的不同而异,从 80%(UAAU)到 7%(UGAC)。对于 UAAN 和 UAGN 系列,终止密码子下游碱基对翻译的有效终止的影响力大小次序为 $U>G>A、C$。UAG 极少被大肠杆菌利用,相比 UAAN 和 UGAN,UAG 表现了有效的终止,但其后的碱基对有效终止的影响力为 $G>U、A>C$。对于哺乳动物,偏爱的终止密码子为 UGA,其后的碱基可以对 *in vivo* 翻译终止有 8 倍的影响($A、G \gg C、U$)。对于 UAAN 系列,*in vivo* 终止效率可以有 70 倍的差别,UGAN 系列为 8 倍。如果终止密码子附近序列没有最佳化,可能发生明显增加的翻译通读,因此可减少蛋白质表达。

六、翻译后的修饰加工及表达蛋白的分泌

基因工程中需要表达分泌蛋白,可利用信号肽序列构建分泌型表达载体,并将外源基因克隆到信号肽序列的下游,融合表达。信号肽(signal peptide)可引导蛋白质分泌到细胞

周质空间。典型信号肽序列 N 端一般含有 2～10 个带正电荷的氨基酸残基，C 端有 10～20 个疏水氨基酸残基，如丙氨酸、缬氨酸和亮氨酸等。信号肽跨膜分泌是脂双层和负电荷的质膜通过和信号肽的疏水相互作用以及电荷的吸引。当信号肽携带后面的蛋白质跨膜分泌后，信号肽即被质膜上的信号肽酶切除，成为有功能的成熟蛋白。信号肽 C 端的序列一般符合"−3，−1 规则"，即处于 −3，−1 位置的残基为中性氨基酸，如丙氨酸、甘氨酸或苏氨酸。丙氨酸出现在 −3，−1 位置的频率最高，因此"丙−X−丙盒"能被信号肽酶有效识别。

现有可供选择的信号肽有来自大肠杆菌的 ompA，phoA，ompF，ompT，lamB；来自金黄色葡萄球菌（*Staphylococous aureus*）的 A 蛋白；来自欧文氏菌（*Erwinia carotovora*）的 pelB 以及人类生长激素的信号肽等。表达亲水区域时表达量较高，要表达一个膜蛋白，就较困难。可利用在线跨膜区预测软件对跨膜区进行预测（见第四章）。

七、蛋白质大小与融合标签

一般相对分子质量小于 5×10^3 或大于 100×10^3 的蛋白质很难表达。蛋白质越小越容易被降解，可采取串联表达，在每个表达单位（单体蛋白）间设计蛋白质水解或化学断裂位点。如果蛋白质较小，加入融合标签 GST、Trx、MBP 或其他较大的促融合的蛋白标签有可能使蛋白质正确折叠，以融合形式表达。对于大于 60×10^3 的蛋白质建议使用较小的标签，如 6×His 标签。对于结构较清楚的蛋白质可以采取截取表达。如果要制备抗体而进行截取，确保截取的部位抗原性较强及亲水区域。

融合标签用于检测和纯化目的蛋白，有时也通过增加目的蛋白在细胞质中的可溶性或帮助将目的蛋白运转到细胞周质中提高靶蛋白的生物活性。用于蛋白质纯化的标签有多聚组氨酸 His 标签、谷胱甘肽转移酶 GST（glutathione S-transferase）标签、麦芽糖结合蛋白 MBP（maltose-binding protein）标签、SUMO（small ubiquitin-like modifier）标签、绿色荧光蛋白 GFP（green fluorescence protein）标签。如果用于表达的载体无合适的标签时，也可在引物设计时添加合适的标签，如 6×His 标签。His 标签可选择变性或不变性条件，对那些以包含体形式表达的蛋白质来说，使亲和纯化可在溶解蛋白的完全变性条件下进行。Nus 标签、Trx 标签和 GST 标签用于增加其融合蛋白的溶解性。氨苄抗性、Nus 标签和 Trx 标签的载体与能在细胞质中形成二硫键的宿主菌 Origami™、Origami B 及 Rosetta-gami™ 等配合使用。

因此，构建表达质粒应考虑：转录启动子与终止子的序列特点；核糖体结合位点的强弱；基因拷贝数及存在于质粒中还是整合到宿主基因组中；合成外源蛋白在细胞中的定位；宿主的翻译效率；克隆基因所表达蛋白质在宿主中的自身稳定性。

第二节　大肠杆菌表达体系

蛋白质表达体系是指由宿主、靶基因、载体和辅助成分组成的参与外源基因合成蛋白质的体系，通过这个体系可实现外源基因在宿主中表达靶蛋白。基因表达体系按照基因表达的宿主分为原核表达体系和真核表达体系，前者主要包括大肠杆菌和枯草杆菌表达体系，后者主要包括酵母、丝状真菌、哺乳动物细胞、植物细胞以及昆虫细胞的表达体系（表 6−3）。真核生物表达系统具有翻译后加工修饰的功能，且可进行分泌性表达，表达的蛋白质更接近天然状态。

表 6 – 3 外源基因表达体系

表达体系		载体	宿主
第一代	原核生物表达体系	质粒、噬菌体	细菌
第二代	酵母表达体系	穿梭质粒	酵母
第三代	哺乳细胞表达体系	病毒、脂质体	培养细胞
第四代	基因直接导入	DNA 本身	生殖细胞、体细胞、个体

　　表达体系选择根据研究与开发的目的,应考虑:①靶基因的来源,选择原核系统与真核体系的宿主与载体;②强启动子的选择;③纯化标签的选择;④表达蛋白质的种类,如可溶性蛋白、包含体蛋白、分泌蛋白、融合蛋白等。靶基因如果来自真核细胞必须是 cDNA,起始密码子(ATG)上游部分(5′端非编码区)须除去。对于一些分泌性蛋白,还应除去信号肽部分。

　　大肠杆菌表达体系遗传背景、代谢途径和表达机制清楚,基因工程操作方便,载体系统完备,易培养,成本低,培养周期短,表达效率高和表达产物分离纯化相对简单,抗污染能力强等特点,是外源蛋白表达应用最多的系统。但基本不分泌、蛋白质翻译后加工机制缺乏,因二硫键的形成、蛋白质糖基化和折叠的立体结构等问题易形成包含体。大肠杆菌的分泌很难进入培养基,通常在周质空间积累。而表达一些食用与医用蛋白,因产生对人体有害的热源性物质(如内毒素)难以除去,导致使用者发高烧等一系列毒、副反应。

一、表达载体

　　表达载体是实现高效表达的关键,一个完整表达载体包含强启动子、翻译原件与终止子、信号肽、融合与纯化标签、多克隆位点、筛选标记/报告基因等。①具有强启动性,使重组蛋白达到菌体表达蛋白总量的 10% ~ 30% 。②必须受调节基因严谨调控。在一定菌体浓度下开始诱导表达。否则,过量表达外源蛋白尤其是对细胞有毒性的蛋白质会严重抑制菌体生长而使蛋白质总表达量下降。③启动子的诱导要求简便而廉价。

　　大肠杆菌表达系统,表达载体种类齐全,有 pET 系列(T7 启动子)、pQE 系列(可被大肠杆菌 RNA 聚合酶识别的 T5 启动子)、pGEX 系列(GST 融合表达)、pMAL 系列(周质表达)、阿拉伯糖(arabinose)诱导的 pBAD 系列以及可自我切割的 pTYB 系列(CBD 融合)等。IPTG 诱导的 T5 启动子可表达有毒蛋白。

1. pGEX 系列

　　带有 GST 标签,可以增加目的蛋白的溶解度,减少包含体的形成。含有凝血酶位点,可以被 Xa 切割(图 6 – 6)。

2. pMAL

　　一种高效的蛋白质融合表达及纯化质粒。该载体含有编码麦芽糖结合蛋白(MBP)的大肠杆菌 malE 基因,下游为多克隆位点,表达 N 端带有 MBP 的融合蛋白(图 6 – 7)。pMAL – C2 为无信号顺序,融合蛋白产物定位于细胞质中;pMAL – P2 含信号顺序,融合蛋白分泌表达于细胞周质。通过"tac"强启动子和 malE 翻译起始信号使克隆基因获得高效表达,并可利用 MBP 对麦芽糖的亲和性达到用 Amylose 柱对融合蛋白的一步亲和纯化。

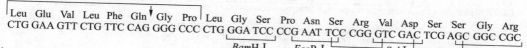

前切割蛋白酶

| Leu | Glu | Val | Leu | Phe | Gln | ↓ | Gly | Pro | Leu | Gly | Ser | Pro | Asn | Ser | Arg | Val | Asp | Ser | Ser | Gly | Arg |
| CTG | GAA | GTT | CTG | TTC | CAG | | GGG | CCC | CTG | GGA | TCC | CCG | AAT | TCC | CGG | GTC | GAC | TCG | AGC | GGC | CGC |

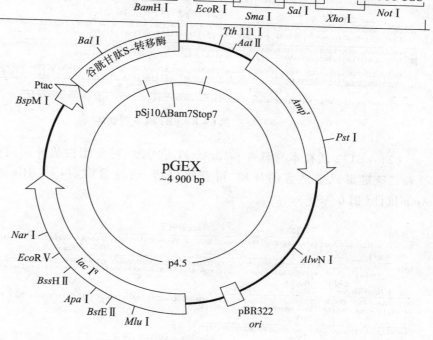

图 6 - 6　pGEX 载体

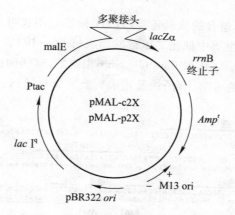

图 6 - 7　pMAL 载体

3. pET 系列

靶基因克隆到 T7 噬菌体强转录和翻译信号控制之下,并通过特定的宿主细胞提供 T7 RNA 聚合酶进行诱导表达。通常质粒在非表达宿主菌中构建完成后,转化到一个带有 T7 RNA 聚合酶基因的宿主菌(λDE3 溶原菌)中表达靶蛋白。

(1) pET 28 具有多个酶切位点以及 His 标签、T7 标签,外源基因可与 N 端的 His 标签相融合,也可与 C 端的 His 标签相融合(图 6 - 8)。受 T7 RNA 聚合酶的控制,在诱导条件下可进行蛋白质的高水平的表达。它的宿主细胞是大肠杆菌的 BL21(DE3)细胞。

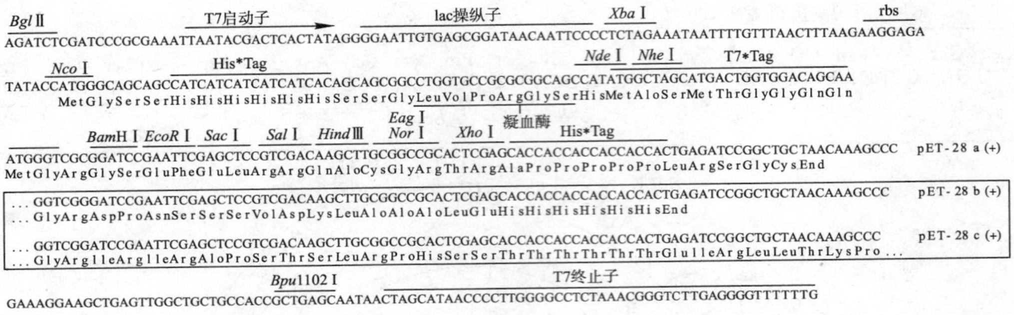

Bgl II　　　　　　　　　T7启动子　　　　　　　　lac操纵子　　　　　　　　*Xba* I　　　　　　　　　　　rbs
AGATCTCGATCCCGCGAAATTAATACGACTCACTATAGGGGAATTGTGAGCGGATAACAATTCCCCTCTAGAAATAATTTTGTTTAACTTTAAGAAGGAGA

　　　Nco I　　　　　　　His*Tag　　　　　　　　　　　　　　*Nde* I　*Nhe* I　　　T7*Tag
TATACCATGGGCAGCAGCCATCATCATCATCATCACAGCAGCGGCCTGGTGCCGCGCGGCAGCCATATGGCTAGCATGACTGGTGGACAGCAA
MetGlySerSerHisHisHisHisHisHisSerSerGlyLeuValProArgGlySerHisMetAlaSerMetThrGlyGlyGlnGln

　　　　　　　*Bam*H I　*Eco*R I　*Sac* I　　*Sal* I　*Hind* III　*Eag* I　*Xho* I　　凝血酶　　*His*Tag
　　　　　　　　　　　　　　　　　　　　　　　　　　　　　Nor I
ATGGGTCGCGGGATCCGAATTCGAGCTCCGTCGACAAGCTTGCGGCCGCACTCGAGCACCACCACCACCACCACTGAGATCCGGCTGCTAACAAAGCCC　　pET-28 a (+)
MetGlyArgGlySerGluPheGluLeuArgArgGlnAlaCysGlyArgThrArgAlaProProProProProLeuArgSerGlyCys.End

...GGTCGGGATCCGAATTCGAGCTCCGTCGACAAGCTTGCGGCCGCACTCGAGCACCACCACCACCACCACTGAGATCCGGCTGCTAACAAAGCCC　　pET-28 b (+)
...GlyArgAspProAsnSerSerSerValAspLysLeuAlaAlaAlaLeuGluHisHisHisHisHisHisEnd

...GGTCGGGATCCGAATTCGAGCTCCGTCGACAAGCTTGCGGCCGCACTCGAGCACCACCACCACCACCACTGAGATCCGGCTGCTAACAAAGCCC　　pET-28 c (+)
...GlyArgIleArgIleArgAlaProSerThrSerLeuArgProHisSerSerThrThrThrThrThrThrGluIleArgLeuLeuThrLysPro

　　　　　　　*Bpu*1102 I　　　　　　　　　　　T7终止子
GAAAGGAAGCTGAGTTGGCTGCTGCCACCGCTGAGCAATAACTAGCATAACCCCTTGGGGCCTCTAAACGGGTCTTGAGGGGTTTTTG

图 6－8　pET28 系列载体

（2）pET22 质粒本身具有 pelB/ompT 信号肽，可使蛋白质外泌到胞外周质中，为折叠和二硫键形成更适宜的环境，可获得可溶、活性蛋白质。其 His 标签在 C 端，具有 Amp 抗性（图 6－9）。

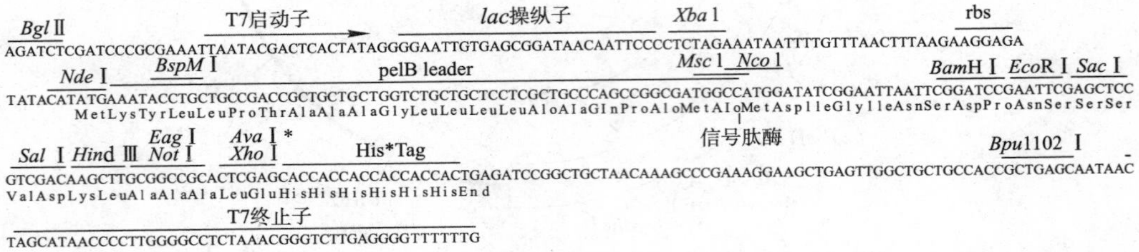

Bgl II　　　　　　　T7启动子　　　　　　　　　　*lac*操纵子　　　　　　　*Xba* I　　　　　　　rbs
AGATCTCGATCCCGCGAAATTAATACGACTCACTATAGGGGAATTGTGAGCGGATAACAATTCCCCTCTAGAAATAATTTTGTTTAACTTTAAGAAGGAGA

　　Nde I　　*Bsp*M I　　　　pelB leader　　　　　　　　　*Msc* I　*Nco* I　　　　　*Bam*H I　*Eco*R I　*Sac* I
TATACATATGAAATACCTGCTGCCGACCGCTGCTGGTCTGCTGCTCGCTGCCCAGCCGGCGATGGCCATGGATATCGGAATTAATTCGGATCCGAATTCGAGCTCC
MetLysTyrLeuLeuProThrAlaAlaAlaGlyLeuLeuLeuLeuAlaAlaGlnProAlaMetAlaMetAspIleGlyIleAsnSerAspProAsnSerSerSer

Sal I　*Hind* III　*Not* I　*Ava* I　　　*His*Tag　　　　　　　　信号肽酶　　　　　　　　*Bpu*1102 I
　　　　　　　　　Eag I　*Xho* I　*
GTCGACAAGCTTGCGGCCGCACTCGAGCACCACCACCACCACCACTGAGATCCGGCTGCTAACAAAGCCCGAAAGGAAGCTGAGTTGGCTGCTGCCACCGCTGAGCAATAAC
ValAspLysLeuAlaAlaAlaLeuGluHisHisHisHisHisHisEnd

　　　　　　　　T7终止子
TAGCATAACCCCTTGGGGCCTCTAAACGGGTCTTGAGGGGTTTTTTG

图 6－9　pET22 载体

（3）pET32 系列载体包含的硫氧还蛋白（Trx 标签），不仅可以增强一些蛋白质的可溶性，也可在 *trxB* 突变菌的胞质中催化二硫键的形成（图 6－10）。该质粒可与 *trxB* 或 *trxB/gor* 突变菌 Origami™，Origami B 和 Rosetta-gami™ 相匹配，这些菌株都可在胞质中促进二硫键的形成，获得最大产量的可溶、有活性及正确折叠的目标蛋白。

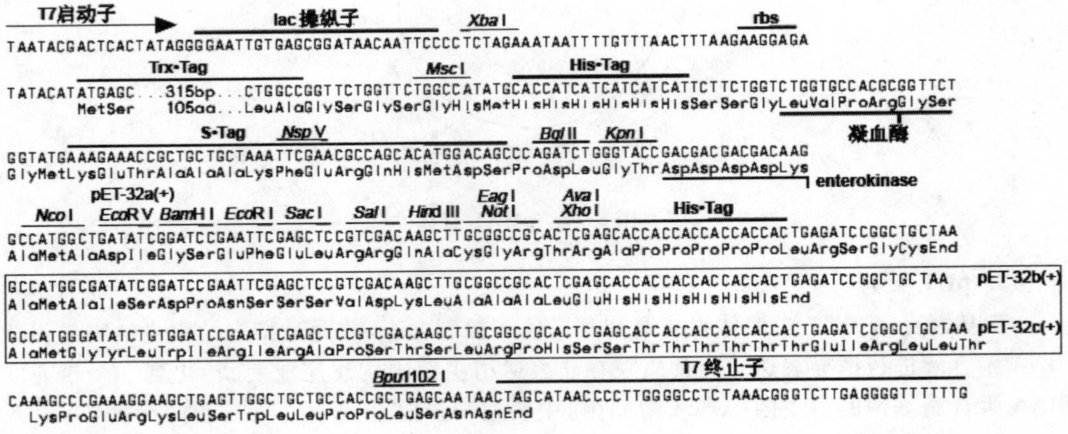

T7启动子　　　　　　　*lac*操纵子　　　　　　*Xba* I　　　　　　　rbs
TAATACGACTCACTATAGGGGAATTGTGAGCGGATAACAATTCCCCTCTAGAAATAATTTTTGTTTAACTTTAAGAAGGAGA

　　　　　Trx·Tag　　　　　　　　　　　*Msc* I　　　　　His·Tag
TATACATATGAGC...315bp...CTGGCCGGTTCTGGTTCTGGCCATATGCACCATCATCATCATCATTCTTCTGGTCTGGTGCCACGCGGTTCT
MetSer　105aa...LeuAlaGlySerGlySerGlyHisMetHisHisHisHisHisHisSerSerGlyLeuValProArgGlySer

　　　　　S·Tag　　*Nsp* V　　　　　　　　　*Bgl* II　*Kpn* I　　　　　　凝血酶
GGTATGAAAGAAACCGCTGCTGCTAAATTCGAACGCCAGCACATGGACAGCCCAGATCTGGGTACCGACGACGACAAG
GlyMetLysGluThrAlaAlaAlaLysPheGluArgGlnHisMetAspSerProAspLeuGlyThrAspAspAspAspLys
　　　　　　　　　　　　　　　　　　　　　　　　　　　　　　　　　enterokinase

　　pET-32a(+)　　　　　　　　　　　　　　　　　*Eag* I　*Ava* I
Nco I　*Eco*R V　*Bam*H I　*Eco*R I　*Sac* I　*Sal* I　*Hind* III　*Not* I　*Xho* I　　His·Tag
GCCATGGCTGATATCGGATCCGAATTCGAGCTCCGTCGACAAGCTTGCGGCCGCACTCGAGCACCACCACCACCACCACTGAGATCCGGCTGCTAA
AlaMetAlaAspIleGlySerGluPheGluLeuArgArgGlnAlaCysGlyArgThrArgAlaProProProProProLeuArgSerGlyCysEnd

GCCATGGCGATATCGGATCCGAATTCGAGCTCCGTCGACAAGCTTGCGGCCGCACTCGAGCACCACCACCACCACCACTGAGATCCGGCTGCTAA　　pET-32b(+)
AlaMetAlaIleSerAspProAsnSerSerSerValAspLysLeuAlaAlaAlaLeuGluHisHisHisHisHisHisEnd

GCCATGGGATATCTGTGGATCCGAATTCGAGCTCCGTCGACAAGCTTGCGGCCGCACTCGAGCACCACCACCACCACCACTGAGATCCGGCTGCTAA　　pET-32c(+)
AlaMetGlyTyrLeuTrpIleArgIleArgAlaProSerThrSerLeuArgProHisSerSerThrThrThrThrThrThrGluIleArgLeuLeuThr

　　　　　　　　　　　　*Bpu*1102 I　　　　　　　　T7终止子
CAAAGCCCGAAAGGAAGCTGAGTTGGCTGCTGCCACCGCTGAGCAATAACTAGCATAACCCCTTGGGGCCTCTAAACGGGTCTTGAGGGGTTTTTG
LysProGluArgLysLeuSerTrpLeuLeuProProLeuSerAsnAsnEnd

图 6－10　pET32 系列载体

（4）pET 43.1 载体含有一种过量表达时具有极高溶解性的 N 端 Nus 标签融合蛋白，N 利用质 A（N utilization substance A，NusA）蛋白为 495 氨基酸，被认为可提高目标蛋白的可溶性。与 *trxB* 突变株 BL21 *trxB* 或者 *trxB/gor* 双突变的 Origami™，Origami B 和 Rosetta-gami 菌株相容，有利于在胞质中形成许多真核蛋白正确折叠和活性所要求的二硫键。

使用在 5′标签和目标序列间含有蛋白酶切割位点（凝血酶、因子 Xa 和肠激酶）的载体，可在纯化后选择性去除一个或多个标签，如 pET 系列 Ek/LIC（pET32/34/36）。

4. pBV220/221

pBV220 以 λ 噬菌体转录启动子 P_L、P_R 构建并携带 *cI*857（*ts*）基因（图6-5）。P_L、P_R 强启动子受控于 λ 噬菌体 *cI* 基因产物，*cI* 基因的温度敏感突变体 *cI*857（*ts*）常常被用于调控 P_L、P_R 启动子的转录。即在 30 ℃下阻遏启动子转录，42 ℃下解除抑制开启转录。热诱导不用添加外来的诱导物，成本低，但发酵过程中加热升温较慢影响诱导效果，且热诱导本身会导致大肠杆菌的热休克蛋白激活，一些蛋白酶会影响产物稳定。

二、表达用的宿主菌

根据不同的需求，选择表达用宿主时应考虑：①表达载体所含的选择性标记应与受体细胞基因型相匹配；②受体细胞内源蛋白水解酶基因缺失或蛋白酶含量低，利于外源基因蛋白表达产物在细胞内积累，如大肠杆菌 BL21 系列是 lon 和 ompT 蛋白酶缺陷菌株；③可使外源基因高效分泌表达，如可贴壁或悬浮培养，可在无血清培养基中生长；④受体细胞在遗传密码子使用上无明显偏倚性；⑤对动物细胞而言，所选用的受体细胞对培养的适应性强；⑥具有好的翻译后加工机制；⑦无致病性等。

1. BL21（DE3）

BL21（DE3）是 DE3 溶原菌，染色体上带有一个由 *lacUV*5 启动子控制的 T7 RNA 聚合酶基因，是为 T7 启动子表达系统设计（图 6-11）。未诱导时便有一定程度转录，适合于表达其产物对宿主细胞生长无毒害作用的基因，适用 pET 系列等带 T7 启动子的载体。

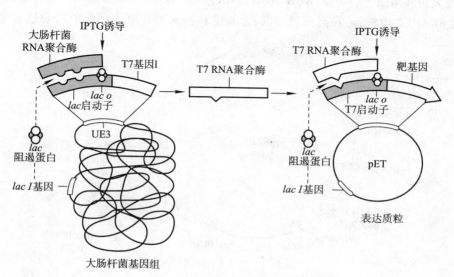

图 6-11 pET/BL21（DE3）表达系统

2. BL21(DE3)/pLys

BL21(DE3)/pLys 带有 pLysS 或 pLysE 质粒,这两个质粒含有 T7 噬菌体的溶菌酶基因,其产物是一种双功能蛋白,既能切割大肠杆菌细胞壁肽聚糖,也可与 T7 RNA 聚合酶结合,阻止转录,降低靶基因的背景表达水平,但不干扰 IPTG 的诱导表达。pLysS 宿主菌产生低量 T7 溶菌酶,而 pLysE 产生大量 T7 溶菌酶,是最严谨控制的 λ DE3 溶原菌,在诱导前抑制 T7 RNA 聚合酶的基础表达。适用于毒性蛋白和非毒性蛋白的表达。

3. M15/SG13009

M15 菌株自身表达 T5 RNA 聚合酶,含有的一种低拷贝辅助质粒 pREP4 为 3 740 bp。它能表达 *lac* 阻遏蛋白,抑制 T5 强启动子的泄露表达。同时,pREP4 还赋予宿主菌株卡那霉素抗性。pREP4 是从 pACYC 改造而来的,含有 p15A 复制子。它能够与所有带 ColE1 复制起点的质粒共存。M15 菌株适用 pQE 系列等带 T5 启动子的载体。

4. AD494(DE3)和 BL21TrxB(DE3)

AD494(DE3)和 BL21TrxB(DE3)具有硫氧还蛋白还原酶(thioredoxin reductase,trxB)突变,*trxB* 宿主有利于大肠杆菌胞质中二硫键的形成,可产生具有正确折叠的活性蛋白。*trxB* 突变可用卡那霉素选择,因此该菌株可用于带氨苄抗性标记 *bla* 的质粒。

5. Tuner

Tuner 为 BL21 的 *lacZY* 缺失突变株,lac 通透酶(lacY)突变使得 IPTG 均匀进入群体所有细胞,从而获得浓度依赖的、水平均一的诱导。通过改变 IPTG 浓度,表达可从极低水平调节到极强的、完全诱导的表达水平。低水平表达可以增强难表达蛋白质的溶解性和活性。Tuner(DE3)pLacI 菌株可与 pETBlue 和 pTriEx™ 载体配合使用。

6. Rosetta

Rosetta 菌株专用于带有大肠杆菌稀有密码子的蛋白质表达。该菌株携带氯霉素抗性 pRARE 质粒,并带有补充 6 个密码子 AUA、AGG、AGA、CUA、CCC 和 GGA 的 tRNAs(图 6-12),从而改善由于密码子使用频率不同而引起的一些真核蛋白限制表达,Rosetta 2 系列既携带了补充大肠杆菌缺乏的 7 种(AUA、AGG、AGA、CUA、CCC、GGA 及 CGG)稀有密码子对应 tRNA 的 pRARE2 质粒,可提高外源基因、尤其是真核基因在原核系统中的表达水平;又带

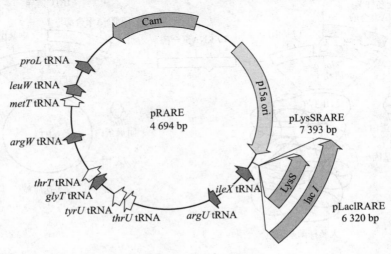

图 6-12　pRARE 质粒

有 *trxB* 和 *gor* 双突变,可促进二硫键的形成,使蛋白质可溶性更好,活性更高。

由于偏爱的密码子不同,真核基因的一些密码子对于大肠杆菌可能是稀有密码子。含有大量稀有密码子的重组基因在表达时,由于缺乏某几种 tRNA,从而导致表达效率和表达水平很低,或直接导致翻译错误或中止。大肠杆菌中 tRNA-Arg(AGG/AGA)是限制外源基因有效表达的关键因素,编码脯氨酸密码子 CCC 和甘氨酸密码子 GGA 也很少使用。如果插入的靶基因中特别是 N 端起始区域含有较多的稀有密码子将严重影响目标蛋白的表达。

7. Origami(DE3)和 Origami B(DE3)

Origami(DE3)和 Origami B(DE3)菌株带有硫氧还蛋白还原酶(trxB)和谷胱甘肽还原酶(glutathione reductase,gor)*trxB/gor* 双突变,这两个酶是还原途径的关键酶,能增强胞浆内正确折叠的二硫键的形成。拥有 *trxB* 和 *gor* 突变的菌株比单具 *trxB* 突变的菌株更有可能促进二硫键的形成,使蛋白质可溶性更好,活性更高。Origami(DE3)表达的活性蛋白比其他宿主菌高 10 倍以上。*trxB* 和 *gor* 突变可用卡那霉素和四环素选择,用于带氨苄抗性标记的 pET 质粒如 pET 32 载体。Origami B 菌株(四环素、卡那霉素抗性)集 BL21、Tuner 和 Origami 宿主菌的优点于一体,Origami 宿主菌与氨苄抗性质粒相容,适用于 pET 32 载体。

8. Rosetta-gami

Rosetta-gami 菌株综合了 Rosetta 与 Origami 两类菌株的优点,即补充了 7 种稀有密码子(表 6-4)。又能促进二硫键的形成,帮助表达需要借助二硫键形成正确构象的真核蛋白。

表 6-4 各种大肠杆菌宿主

菌株	基因型
BL21(DE3)	$F^- ompThsdS_B(r_B^- m_B^-)gal\ dcm(DE3)lacI^q$
Rosetta(DE3)	$F^- ompT\ hsdS_B(r_B^- m_B^-)gal\ dcm(DE3)pRARE2(CamR)$
Origami(DE3)	$\Delta(ara-leu)7697\ \Delta lacX74\ \Delta phoA\ Pvu\ II\ phoR\ araD139\ ahpC\ gale\ galK\ rpsL\ F'$ $[lac+lacIq\ pro](DE3)gor522::Tn10\ trxB(Kan^r,Str^r,Tet^r)4$
Rosetta-gami B(DE3)	$F^- ompT\ hsdS_B(r_B^- m_B^-)gal\ dcm\ lacY1\ aphC(DE3)gor522::Tn10\ trxB\ pRARE2$ (Cam^r,Kan^r,Tet^r)

9. BL21 - Codon Plus 系列

BL21 - Codon Plus 系列包括 BL21 - CodonPlus®(DE3) - RIPL,BL21 - CodonPlus® - RIL,BL21 - CodonPlus®(DE3) - RIL,BL21 - CodonPlus® - RP,BL21 - CodonPlus®(DE3) - RP 等。这些受体菌添加了大肠杆菌中编码精氨酸(R)、亮氨酸(L)、异亮氨酸(I)和脯氨酸(P)稀有密码子的 tRNA 基因,更多用于表达一些真核生物的基因。其中 RIL 系列常用于富含 AT 的真核生物基因表达,而 RP 系列主要用于富含 GC 的真核生物基因表达。

第三节 外源基因在大肠杆菌中的表达

一、表达重组载体的构建

外源基因在大肠杆菌中表达的操作过程:靶基因克隆→引物设计,PCR 扩增→TA 克

隆→构建重组表达质粒→大肠杆菌中诱导表
达→蛋白质纯化。

🌐 知识扩展 6 - 1　　重叠延伸 PCR

在充分考虑各种因素的基础上，选择合适的表达载体，进行靶基因与表达质粒的重组。具体操作方法同第五章的 DNA 重组内容，包括选择适当的限制性内切酶进行切割、工具酶进行修饰；分离纯化靶基因 DNA 和质粒 DNA 片段，然后利用连接酶进行体外连接。如果不希望在蛋白质的 N 端加入任何的多肽，可以选择用 *Nde* I 直接从起始密码子后插入外源片段，或者在得到表达产物后利用蛋白质氨基酸的酶切位点把多余的多肽切除。表达质粒与目标基因在体外重组完成后，先导入大肠杆菌细胞 DH5α 或 Top10 中进行克隆筛选，以获得重组的表达质粒。然后进行序列测定，以确保载体中的靶基因处于正确的阅读框，没有突变。进行基因表达，通常应选择高保真的 DNA 聚合酶（如 *Pfu* 酶）进行靶基因的 PCR 扩增，防止无义、错义突变的发生。

构建好的重组表达质粒测序分析后，确认其中的靶基因密码子、阅读框无误后，再导入特定的受体细胞，使之无性繁殖，并高效表达外源基因或直接改变其遗传性状。如 pET 系列的载体需导入大肠杆菌表达用的宿主 BL21（DE3）系列宿主细胞，当然表达用的宿主不仅是原核细胞，也可能是真核生物。通常重组质粒在非表达宿主菌中完成构建，然后转化到特定的宿主细胞中进行诱导表达。

在诱导表达前先利用 ProtParam tool（http://www. expasy. org/tools/protparam. html）在线网站从克隆基因的氨基酸序列推断该蛋白质的相对分子质量，预测等电点、蛋白质的稳定性等。利用 SignalP 3.0 Server（http://www. cbs. dtu. dk/services/SignalP）预测信号肽。利用在线网站 http://biotech. ou. edu 预测异源表达蛋白的可溶性，并进行多种同源基因的蛋白质氨基酸比对排列（详见第四章第二节）。

二、外源基因的诱导表达

宿主细胞的生长与外源基因的表达应分阶段进行，首先使含有外源基因的宿主细胞迅速生长到足够的细胞数，然后诱导所有细胞进行外源基因高效表达，产生大量的目标产物。表达原则如下：①如果所表达的蛋白质有二硫键并需要正确的立体结构，尽可能进行可溶性表达；②如果所表达的蛋白质没有二硫键或只用来制备抗血清，采用包含体表达较好；③如果希望表达的多肽的相对分子质量小于 10×10^3，需要进行融合表达。

外源基因进行表达首先要判断目标蛋白在细胞中表达与否以及表达蛋白的定位、可溶性。可溶性表达是蛋白质具有酶活性的重要因素。

重组表达质粒转化至表达用的宿主细胞后，在含有相应抗生素的培养基中，37 ℃，220 r/min，培养至 OD_{600} 为 0.5 左右，然后加入一定浓度的 IPTG（如终浓度 0.1 ～ 0.5 mmol/L），转移至 25 ℃，160 r/min 继续诱导培养，并在 3 h、6 h、过夜分别取样，离心收集菌体。用 PBS 缓冲液悬浮菌体，超声波破碎，然后离心分离上清。用 SDS - PAGE 分析 IPTG 诱导前与诱导后，上清与沉淀中目标蛋白的分布情况，如在超声波破碎后的上清中表明是可溶性蛋白，在沉淀中则是包含体蛋白（图 6 - 13）。图中 A 蛋白是包含体蛋白，而 B 蛋白就是部分可溶性蛋白。如果目的蛋白无表达或者表达的蛋白质的相对分子质量比推测值要小时，则需要考虑是否是稀有密码子的影响，改用 Rosetta 菌株。

外源基因在宿主菌中能否高效表达，受多方面的因素制约，除了载体、宿主以外，培养条件、诱导时间与诱导剂的量等也是重要的影响因素。一般采用在 37 ℃ 下高密度培养细胞,然后降低温度采用低浓度的诱导剂诱导,降低蛋白质折叠速率,以便得到较多的可溶性表达。

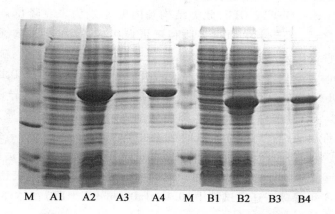

图 6 – 13　基于 SDS – PAGE 的蛋白质可溶性分析

M 为蛋白标准相对分子质量($116,66.2,45,35,25,18.4,14.4 \times 10^3$);A1 与 B1 为 IPTG
诱导前样品;A2 与 B2 为 IPTG 诱导后样品;A3 与 B3 为超声波破碎后的上清样品;
A4 与 B4 为超声波破碎后的沉淀样品

三、大肠杆菌中外源基因的表达类型

根据转录模式可分组成型表达和诱导调控型表达。①组成型表达:组成型启动子,即一直不停地表达目标蛋白,如 pMAL 系统。持续性表达,通常表达量比较高,成本低,但不适合表达一些对宿主细菌生长有害的蛋白质。因为过量或者有害的表达产物会影响细菌的生长,反过来影响表达量的积累。②诱导调控型表达:诱导型启动子,只在有诱导剂存在的条件下才能表达目的产物,有助于避免生长前期高表达对菌体生长的影响,减少菌体蛋白酶对目标产物的降解,特别适合有毒蛋白的表达,如 pET 系统。

在大肠杆菌中表达异源蛋白按其在细胞中的定位可分为两种形式:①以可溶性或不溶性(包含体)状态存在于细胞质中;②通过运输或分泌方式定位于细胞周质,甚至穿过外膜进入培养基中。蛋白产物 N 端信号肽序列的存在是蛋白质分泌的前提条件(表 6 – 5)。

表 6 – 5　原核表达类型分类

特征	分类
表达调控方式	组成型、诱导调控型
表达产物定位	分泌型、不分泌型(细胞内、细胞膜、细胞周质)
产物纯化方式	是否融合蛋白、是否一步亲和纯化
产物溶解状态	可溶、包含体、分泌型

1. 可溶性表达

可溶性表达是指外源基因在宿主中表达后,表达蛋白存在菌体破碎后的上清液中,一般可溶性表达的蛋白质才可能有活性。目的蛋白的可溶性常受很多因素影响,包括特定的蛋白序列。在多数情况下,可溶性并非是绝对有或无,选用合适的载体和宿主菌组合可以提高目的蛋白可溶比例及活性。通过以下方法可促进可溶性表达。

（1）选择合适的载体,采用融合表达　表达载体的 *SD* 序列后带有一段大肠杆菌蛋白质的标签结构基因 His、GST 或 GFP,此类结构基因的 3′端为多克隆位点,便于靶基因插入,经转录和翻译之后,即产生由原核多肽和靶蛋白组成的融合蛋白。所谓融合表达是指:①与本身溶解性高的多肽序列融合表达,如谷胱甘肽转移酶（GST）,硫氧还蛋白（Trx）及 N 利用质 A（NusA）。②与催化二硫键形成的酶融合表达,例如 Trx,DsbA 及 DsbC。pET 39b(+)及 pET 40b(+)携带催化二硫键形成的酶（DsbA）和使二硫键异构化的酶（DsbC）等细胞周质酶。③与信号序列融合表达,输出到细胞周质。采用蛋白质定位于细胞质的表达载体,选用允许二硫键在胞质中形成的宿主菌株,如带有 *trxB* 和 *gor* 突变菌株,使目的蛋白正确折叠。④要获得可溶的活性蛋白,可考虑选用能将蛋白质转运到细胞周质的载体,细胞周质的环境更有利于蛋白折叠和二硫键的形成。应注意,过表达的 DsbC 酶是以氧化形式存在,它必须暴露于还原试剂中（$0.1 \sim 1.0$ mmol/L DTT）在体外才表现出二硫键异构酶的活性。

His 标签大多数是 6 个 His 融合于目标蛋白的 N 端或 C 端,通过 His 与金属离子 Ni^{2+} 的螯合作用而实现亲和纯化。His 标签相对分子质量较小,融合于目标蛋白的 N 端和 C 端不影响目标蛋白的活性,因此纯化过程中大多不需要去除。尤其针对那些以包含体形式表达的蛋白质,可以使亲和纯化蛋白在完全变性条件下进行。

GST 融合标签,可通过还原性谷胱甘肽琼脂糖亲和层析快速纯化。与 His 相比,GST 可促进目标蛋白的正确折叠,提高目标蛋白表达的可溶性。对于用 His 标签表达易形成包含体的蛋白,可以尝试用 GST 融合表达来改进。但 GST 相对分子质量大（26×10^3）,可能对目的蛋白的活性有影响,须用酶切除（表 6 - 6）。

表 6 - 6　融合标签蛋白的专一性切割

切割物	切割位点
DTT	intein 的 ↓ Cys
溴化氰	Met ↓
Thrombin	LVPR ↓ GS
因子 Xa	IEGR ↓
Enterokinase	DDDDK ↓
PreScission™ protease	LEVLFQ ↓ GP
Genenase Ⅰ	PGAAHY
TEV protease	ENLYFQ ↓ G

His 和 GST 是常用融合标签,特别小的分子可以采用较大的 GST 融合标签以获得稳定表达;而普通基因多选择小 His 融合标签,减少对目的蛋白的影响。

（2）采用谷胱甘肽还原酶（gor）和/或硫氧还蛋白还原酶（trxB）缺陷型菌株　如 AD494,BL21trxB,Origami,Origami B 和 Rosetta-gami™。在这些菌株中表达蛋白质,可较大程度促进二硫键的形成,使蛋白质可溶、有活性。

（3）培养条件　降低菌体培养的温度,如低温诱导（$15 \sim 30$ ℃）,或降低转速可增加可溶性目标蛋白的比例。

（4）降低诱导剂的量 IPTG 添加量 0.05～0.5 mmol/L。

融合表达的优点有：①较稳定，不易被细菌蛋白酶水解，尤其适宜小相对分子质量的多肽表达。②目的蛋白通过亲和层析易于分离，再通过蛋白酶水解或化学法特异性裂解受体菌蛋白与外源蛋白之间的肽键，释放出天然的真核蛋白质。③目的蛋白表达率高，与受体蛋白共用一套完善的表达元件，有利于基因的表达。④融合蛋白往往能在胞内形成良好的空间构象，且大多具有水溶性和一定的生物活性。

2. 包含体表达

很多外源基因在大肠杆菌中表达效率高、蛋白质合成速率快、其表达部位的电势低，以及一些外源蛋白质分子的特殊结构，如半胱氨酸（Cys）含量较高、低电荷、无糖基化等，都以致目的蛋白没有足够的时间进行折叠，二硫键不能正确配对，在细胞内常与周围的杂蛋白、核酸凝聚为高密度、没有活性的非折叠状的不溶性蛋白质颗粒聚合体，即包含体（inclusion body）。其中 50% 以上是克隆产物，这些产物的一级结构是完全正确的，但立体构型却存在错误，所以一般没有生物活性。其主要存在于细胞质中，在某些条件下也在细胞周质中形成。

包含体的形成较复杂，与胞质内蛋白质合成速率、蛋白质平均电势、等电点、形成构象残基百分比、半胱氨酸残基数目、脯氨酸数目、亲水性和总氨基酸数等因素有关，还与宿主菌的培养条件，如培养基成分、温度、pH、离子强度等因素有关。通过建模可以预测异源表达蛋白的可溶性、包含体的形成概率（http://biotech.ou.edu）。形成包含体有利于：①简化外源基因表达产物的分离操作，易通过离心收获浓度高而相对纯净的蛋白；②包含体保护蛋白质免受蛋白酶水解，在一定程度上保持表达产物的结构稳定；③毒性蛋白以无活性的包含体形式表达，不会影响宿主菌的生长。

降低包含体的形成可以尝试：①换用表达载体，GST、MBP、TrxA 等融合标签能提高很多蛋白质在大肠杆菌中表达的可溶性。此外一些分泌标签，如 ompA，pET22b 上的 pelB 也能够将目标蛋白运输至细胞的周质空间，从而提高目标蛋白的可溶性。②降低表达速率，采取低温诱导，如 15 ℃诱导过夜或采用弱启动子表达载体。③尝试一些特殊设计的表达宿主 Origami：*trxB*/*gor* 双突变适合带 trxB 的融合表达载体，帮助形成更多的二硫键。此外，更换蛋白质中某些氨基酸，添加山梨醇等造成渗透压，添加非代谢糖类，改变培养基pH，在培养基中添加糖胶和 Triton X-100 能阻止周间腔中包含体的形成，并提高胞外表达的效率。如果一些蛋白质确实无法进行可溶性表达，则须通过有效的变性溶解包含体后再复性纯化。但体外复性蛋白质的成功率相当低，一般不超过 30%。包含体溶解与复性问题已成为生物制药的瓶颈。

3. 分泌型表达

大肠杆菌细胞内是一个还原的环境，缺乏二硫键的形成机制。而细胞周质空间的蛋白质含量低，将重组蛋白表达至周质空间利于目标蛋白的浓缩纯化，并且周质空间的氧化环境可以促进蛋白质的正确折叠。分泌型表达指的是在细胞质内合成的多肽进入内膜和外膜的周质空间。蛋白质在穿越内膜进入周质和胞外需要信号肽的帮助。分泌型蛋白的N 端由 15～30 个氨基酸组成信号肽（signal peptide），它们对蛋白质分泌起决定性作用。在起始密码和目的基因之间加入一段原核或真核的信号肽序列，可引导在细胞质内合成的多肽穿越细胞膜进行分泌表达,避免表达产物在细胞内的过度累积而影响细胞生长或形成包含体。常用的信号肽有 ompT、phoA、pelB 等,在表达的蛋白质进入细胞周质空间时,信号肽被蛋白酶水解,产生游离的表达产物。

分泌型表达可以保护外源蛋白不被细胞内的蛋白酶降解,增加表达产物的稳定性,同时,表达蛋白的生物活性较好,易于纯化。但通常表达量较低,且这种分泌只分泌到内膜和外膜的周间质。但外源真核生物基因很难在大肠杆菌中进行分泌型表达,少数外源基因即使分泌表达,其表达率也通常要比包含体方式低。

分泌型表达能获得可溶的产物,部分融合标签有助于提高产物的可溶性,比如 Thio,pMAL 系统。让蛋白质分泌到周间质的方法有:①采用 CBD 融合(pET36/37);②采用 Dsb 融合(pET39/40)形成二硫键;③采用带 pelB/ompT 引导肽的载体(pET12/20/22);④采用带 MBD 融合(pMAL,Biolabs 公司产品);⑤采用带 SUMO 融合(pET SUMO,Invitrogen 公司产品)。

在大量表达前应对 IPTG 的添加量(0.05~0.5 mmol/L)、诱导温度(15~30 ℃)、诱导时间(3~12 h)等进行正交试验,优化诱导条件,确定外源基因是否诱导表达,表达的蛋白质是分泌型表达、可溶性表达还是包含体表达。然后根据具体情况确定表达蛋白的提纯方法。

在蛋白质表达时应考虑 N 端规则,即当蛋白 N 端是 Arg、Leu、Lys、Phe、Trp 或 Tyr 这些氨基酸时,易遭受蛋白酶降解。C 端存在非极性氨基酸时,也容易导致蛋白质被降解。C 端最后 5 个氨基酸是极性的或带电荷的,则不易被降解。基因表达中带碰到的问题与对策见表 6-7。

表 6-7　基因表达中的问题与对策

现象	可能原因	改进方案	建议菌株
无蛋白质表达或出现截短蛋白	大肠杆菌的密码子偏移性	补充稀有密码子 tRNA;将稀有密码子突变为普通大肠杆菌密码子	Rosetta 2,Rosetta-gami 2 Rosetta-gami B,RosettaBlue
包含体	二硫键形成困难	降低宿主胞质的还原性;利用促进二硫键形成的各种载体标签	Origami 2,Rosetta-gami 2 Rosetta-gami B
	表达过快,表达量过高	控制优化表达水平:降温,IPTG 浓度优化	Tuner,Rosetta-gami B
蛋白质无活性	蛋白质错误折叠	降低宿主胞质的还原性;利用促进二硫键形成的各种载体标签	Origami 2,Rosetta-gami 2 Rosetta-gami B
		控制优化表达水平:降温,IPTG 浓度优化	Tuner Rosetta-gami B
细胞死亡,生长极困难	毒性蛋白	更严格的本底表达控制	pLysS 菌株
无克隆生长	过高本底表达	更严格的本底表达控制	pLysS、pLysE 菌株

原核细胞中要提高外源基因表达效率常采用下列措施:①以融合蛋白表达目的蛋白,

提高融合蛋白的稳定性和产量;②使用强启动子提高 mRNA 产量,并在基因下游加入稳定 mRNA 的强转录终止子,防止转录过度;③调整 SD 序列与 ATG 间的距离;④利用蛋白酶缺陷型的宿主或在宿主内表达蛋白酶抑制产物,抑制蛋白酶活性或使蛋白质分泌到体外减少反馈抑制,以减少外源蛋白的降解;⑤调整带靶基因的表达质粒的拷贝数,增加模板数;⑥利用诱导物进行表达,先使宿主细胞迅速繁殖生长得到较大的生物量,然后利用诱导物诱导靶基因的表达;⑦人工合成目的基因,在不改变蛋白质氨基酸的前提下,根据简并性,利用宿主偏爱的密码子改变部分碱基序列;⑧定点诱变,消除核糖体结合位点附近可能的二级结构对翻译起始效率的影响。

四、外源基因表达的检测

1. Northern 杂交

检查细胞中是否含有特定的 mRNA,测定特定 mRNA 在总 RNA 中的比例,由此获得靶基因 mRNA 的转录情况。根据 RNA 相对分子质量不同,其在凝胶电泳上的泳动速率不同,从而分离出大小不同的 RNA,分离后的 RNA 转移到硝酸纤维滤膜上,利用特定的标记探针(DNA 或 RNA),可以检出与探针序列互补的 RNA(图 6 – 14)。

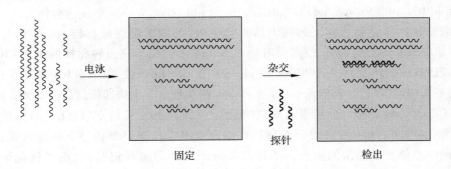

图 6 – 14 Northern 杂交

Northern 分子杂交技术已广泛用于研究特异的 mRNA 分子在细胞处于不同条件下发生质和量的变化,或不同组织器官中,基因表达的差异。

2. SDS – PAGE

SDS 聚丙烯酰胺凝胶电泳分析诱导前后细胞中靶蛋白质的表达水平(见图 6 – 13),具体原理详见第七章第二节。

3. Western 杂交

鉴别蛋白质的杂交,即从表达蛋白质的组织、细胞中提取蛋白质,进行 SDS – PAGE 电泳后,用特异性抗体分析靶蛋白质的存在及含量(详见第七章第二节)。

第四节 外源基因在真核生物中的表达

一、酵母表达体系

真核生物基因的产物表达往往需要进行适当的修饰加工,但大肠杆菌本身的蛋白质翻译后修饰加工系统不完善,表达的真核蛋白质不能形成适当的折叠或糖基化修饰。此外,还存在可溶性表达问题、密码子偏性问题以及包含体形成,需变性复性等问题。

酵母的遗传背景清楚,作为单细胞,具有原核生物生长快、菌体无污染和生产成本低等优点,还具有蛋白质表达翻译后加工修饰的功能,可使表达的蛋白质正确折叠及进行糖基化修饰。甲醇营养型酵母表达系统具有表达蛋白稳定、高表达、高分泌效率等优势,产物易纯化,可在简单的培养基中实现高密度发酵培养。

1. 表达载体

酿酒酵母的表达载体有自主复制型载体 YRP、整合型载体 YIP、着丝粒载体 YCP 等(详见第二章)。

毕赤酵母体内无天然质粒,表达载体需与宿主染色体重组,将外源基因表达框整合于染色体中实现外源基因的表达。表达载体包括启动子、外源基因克隆位点、分泌信号、终止子、筛选标记等。一般酵母的表达质粒都是穿梭质粒,先在大肠杆菌中复制扩增,然后导入酵母宿主细胞中表达。

常用的表达质粒有 pPIC9、pPIC9K、pHIL – S、pA0815、pHIL – D2 和 pPICz 等,其中 pA0815、pHIL – D2、pPIC3K、pHWO10、pGAPZ、pGAPZa、pPIC3.5K 和 pPICz 为胞内型表达载体,而 pPIC9、pPIC9K、pYAM75P、pHIL – S1 和 pPICZαA 为分泌型表达载体。

一般整合到酵母染色体上的基因拷贝数越多,蛋白质表达量就越高。多拷贝发生在 AOXl 或组氨酸基因位点,同一位点同时插入多个基因的概率仅占转化体的 1% ~ 10%。根据不同表达载体的组成特点,pPIC3K 和 pPIC9K 含有 *Kan* 抗性基因;pPICz 系列含有 *ble* 基因,利用基因剂量效应,分别依靠 G418 或 Zeocin 的抗性水平来快速筛选高拷贝整合的菌株。

pPICZαA 为毕赤酵母分泌表达质粒(见图 2 – 14),其主要特点有:①具有强效可调控醇氧化酶(alcohol oxidase)启动子 AOX1,可调控重组蛋白在甲醇诱导下的高效表达,也是和受体菌染色体发生重组的位点。②具有 Zeocin 抗性筛选标记基因,重组转化子可直接用 Zeocin 进行筛选,即在 YPDZ 平板上生长的转化子中,100% 都有外源基因的整合,大大简化了重组转化酵母的筛选过程。在操作过程中,Zeocin 也可用来筛选含表达载体 pPICZαA 的大肠杆菌转化子,不必另外使用 Amp。③有多克隆位点 MCS,允许外源基因插入。④有 AOX1 3′端终止序列,下游区域 TT 和 poly(A)使基因转录有效终止,是同源重组位点之一。⑤N 端分泌效率强的信号肽 α – 结合因子(α – factor),来自酿酒酵母,为 89 氨基酸的短肽,能有效介导外源蛋白的分泌;其中 AOX 强启动子以及 AOX1 3′端终止序列是和宿主菌染色体发生同源重组的位点。

2. 宿主

(1)酿酒酵母(*S. cerevisiae*)　酿酒酵母是最早利用的基因克隆和表达的宿主,已有多种外源基因产物,如乙型肝炎疫苗、人胰岛素、人粒细胞集落刺激因子等。

(2)毕赤酵母(*P. pastoris*)　毕赤酵母表达体系克服酿酒酵母分泌效率差、表达菌株不够稳定、表达质粒易丢失等缺陷,还具有:①醇氧化酶 AOX1 强有力的启动子和终止序列,受甲醇严格诱导调控;②可对表达蛋白进行糖基化、磷酸化、折叠、信号序列加工、脂质酰化等一系列的翻译后修饰,使得表达的蛋白质具有生物活性;③菌株易进行高密度发酵,外源蛋白表达量高;④外源基因的表达产物既可存在于胞内,又可通过 α – 因子分泌至胞外,同时该体系自身分泌的蛋白质少,简化了纯化过程;⑤表达质粒以单拷贝或多拷贝的形式稳定整合在宿主基因组的特定位点;⑥糖基化程度低,毕赤酵母中加到外源蛋白每条侧链的平均长度为 8~14 个甘露糖残基,较之酿酒酵母每条侧链平均 50~150 甘露糖残基要短得多。同时,毕赤酵母表达蛋白的抗原性远远低于酿酒酵母,更适合于治疗用途的基因表达。

目前,用于外源基因表达的毕赤酵母株主要有 X-33、GS115 以及 SMD1168 等。除了 X-33 野生型外都具有组氨酸脱氢酶基因(HIS4)营养缺陷标记,此外 GS115 具有 AOX1 基因,是 Mut$^+$,即甲醇利用正常型;当用重组表达载体转化后,由于表达载体线化所用酶不同,其转化子表型可能是 Mut$^+$ 或 Mut^s,可通过含葡萄糖 MD 培养基和含甲醇 MM 培养基进行表型的鉴定;而 KM71 菌株的 AOX1 位点 *ARG*4 基因插入,表型为 Mut^s(methanol utilization slow),即甲醇利用缓慢型。SMD1168 为蛋白酶缺陷型菌株,特别适用于分泌表达载体,可避免表达外源蛋白被宿主菌同时表达的蛋白酶所降解,其他蛋白酶缺陷型主要还有 SMD1165 和 SMD1163。

毕赤酵母表达体系具有强启动子,可进行染色体整合型基因表达,插入的外源基因不易丢失,易实现高密发酵,操作简易、生长速度快、表达量高,并可将表达的蛋白质分泌到培养基中,方便纯化;对表达出来的外源蛋白进行修饰,已成为应用最为广泛、发展最快的表达体系之一。但其利用的主要碳源及能源是易燃甲醇,具有一定危险性。

3. 毕赤酵母中外源基因的表达

利用表达质粒构建插入外源基因的重组表达质粒,然后导入宿主酵母细胞。目前,主要有 4 种转化方法,即电击法、原生质体法、PEG 法和锂盐法。其中电击法简便、快捷、高效,有时可得到含多拷贝外源基因的转化子,是目前最常用的转化方法。质粒导入宿主细胞后,需与宿主染色体发生同源重组,将外源基因表达框架整合于染色体中,使之成为染色体结构的一部分而稳定地遗传和表达,且不干扰宿主细胞的正常生理代谢。基因整合机制是表达载体通过酶切线性化之后,与毕赤酵母基因组的同源序列发生同源重组而产生稳定的重组转化子(图 6-15)。

毕赤酵母重组可分两种情况:一种是单交换,即在 HIS 或 5′AOX 的单酶切位点将质粒载体线性化,通过单交换(插入)整合入染色体,这样由于 AOX1 基因仍然保留,所得到的转化子表型为 Mut$^+$;另一种为双交换(或替换),即外源基因通过重组替换了染色体上的 AOX1 基因,从而造成 AOX1 的缺失,得到的转化子为 Mut^s。

毕赤酵母主要是在转录水平对醇氧化酶基因(AOX)进行调控。毕赤酵母是一种甲醇利用型酵母,甲醇作为唯一碳源时,可在醇氧化酶的作用下,被氧化成过氧化氢和甲醛。在毕赤酵母中有 2 个醇氧化酶基因:AOX1 和 AOX2。AOX1 可受甲醇专一诱导而高水平表达;AOX2 在序列上与 AOX1 的同源性达 97% 以上,表达的蛋白质具有相似的生物学活性,但 AOX1 的表达水平却明显高于 AOX2,当以甲醇为唯一碳源时,AOX1 基因的表达可被甲醇严格调控,使得外源基因可严格保持在"表达(有甲醇)-不表达(无甲醇)"的模式。当以甘油或葡萄糖为碳源时,AOX1 的转录被抑制,而以甲醇为唯一生长碳源时,AOX1 被诱导转录并表达。诱导表达的水平,可占总可溶蛋白的 30% 以上。甲醇酵母能够大规模提高产量,甚至表达酿酒酵母不能表达的蛋白质。

已有数十种重组异源蛋白在毕赤酵母中进行表达,如乙肝表面抗原、人肿瘤坏死因子、人表皮生长因子和链激酶等。

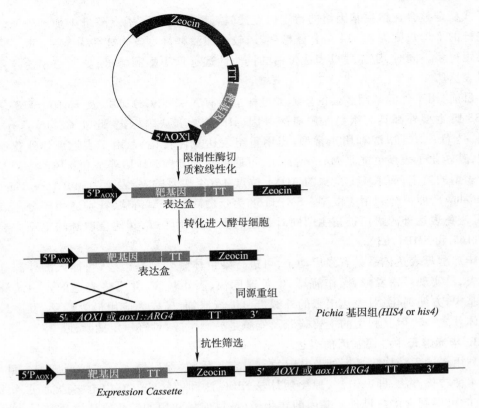

图 6 – 15　毕赤酵母同源重组的机制

二、动植物细胞表达体系

作为植物基因转化受体系统的基本条件有：①能高效率地接受外源基因；②接受外源基因后不影响其分裂及分化；③能稳定地将外源基因遗传给后代。由于植物细胞具有全能性，从理论上来说，植物的任何部分都具有再生成完整植株的潜能。近年来，由于植物细胞组织培养技术的不断完善，从分离的单细胞和原生质体、悬浮培养的细胞和愈伤组织，以及根茎叶等都可以经培养而不同程度地实现植株再生，可作为农杆菌转化的受体。

有关动植物细胞表达体系详见第八章。

基因工程表达体系各有自己的特点，具体见表 6 – 8。

表 6 – 8　基因工程表达体系比较

表达体系	大肠杆菌	酵母	哺乳动物
产物	多肽蛋白、融合蛋白	多肽蛋白质、糖基化蛋白	完整、糖基化蛋白
产生部位	菌体内	菌体内、外分泌	外分泌
培养方式	容易、部分高产	容易、可高产	较难、成本高、可高产
纯化	一般	菌体内、稍复杂	简单
产物活性	对原核好、对真核差	真核的接近、天然产物	可达天然产物
潜在危性	不大	不大	需注意致癌

思考题

1. 名词解释：启动子、终止子、稀有密码子、SD 序列、Kozak 序列、诱导表达、包含体。

2. 原核生物基因与真核生物基因的启动子有什么异同点？

3. 简述如何在大肠杆菌中高效表达外源基因。

4. 选择什么样的宿主菌进行外源基因的诱导表达？

5. 稀有密码子在基因工程中会带来什么问题？如何解决？

6. 一种氨基酸最多可以有_____个密码子，一个密码子最多决定_____种氨基酸。

7. 简述酵母表达体系的组成与特点。

8. 选择题

（1）关于穿梭质粒载体，下面（　　　）的说法最正确。

　　A. 在不同的宿主中具有不同的复制机制

　　B. 在不同的宿主中使用不同的复制起点

　　C. 在不同的宿主中使用不同的复制酶

　　D. 在不同的宿主中具有不同的复制速率

（2）如果培养基中同时存在葡萄糖和乳糖,乳糖操纵子表达将（　　　）。

　　A. 被抑制　　　　　B. 被激活　　　　　C. 不受影响　　　　　D. 不能确定

9. 判断题

（1）启动子是一段位于结构基因 5′端上游区的 DNA 序列,能活化 RNA 聚合酶,使之与模板 DNA 准确结合,并具有转录起始的特异性。原核生物的启动子序列包含了 −35 区与 −10 区两段共同序列。（　　　）

（2）穿梭质粒载体是一类由人工构建的具有两种不同复制起点和选择标记的载体,可以在两个寄主间移动 DNA 分子。（　　　）

（3）大多数生物 DNA 的复制起始点富含有 AT 序列。（　　　）

（4）操纵子是指一组功能上相关的基因,它由操纵基因、调节基因、启动基因和结构基因所构成。（　　　）

10. 请设计一实验使某基因进行表达。

第七章
表达蛋白的纯化

通过探索蛋白质表达的适当条件(如诱导时间、温度以及诱导剂添加量),进行大量的诱导表达后,就要考虑蛋白质的纯化。因为研究蛋白质首先要得到高纯度、具有生物活性的蛋白质。

第一节 蛋白质纯化

通常蛋白质在组织或细胞中是以复杂的混合物形式存在,每种细胞都含有上千种不同的蛋白质,目前还没有单独或者一套现成的方法能够把任何一种蛋白质从复杂的混合物中提取出来,常采用多种方法联合提纯。蛋白质的纯化不外乎两类方式:一是利用混合物中几个组分的分配率差异,将其分配到可以分离的两个物相中,如盐析(salting out)、层析(chromatography)和结晶(crystallization)等;二是将单一物相中的混合物通过物理的方法使各组分分配于不同的区域达到分离的目的,如电泳、超速离心(ultracentrifugation)、超滤(ultrafiltration)等。在蛋白质纯化的操作中应注意保持生物大分子的完整性与活性,防止因酸、碱、高温以及剧烈机械力导致蛋白质生物活性损失。

蛋白质的纯化步骤包括:诱导表达后的发酵液→预处理→细胞分离→初步纯化→高度纯化→成品加工等过程(图7-1)。胞内产物需经细胞破碎,细胞碎片分离等步骤;胞外产物则将细胞去除后,对余下的液体进行提纯。

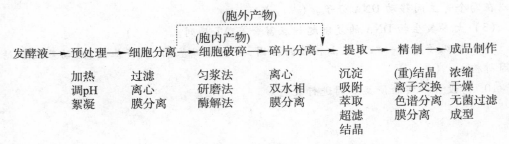

图7-1 蛋白质纯化过程

在表达蛋白的纯化过程中,首先需要使用各种缓冲液(表7-1),针对不同的表达产物以及所采用的分离方法,需选用不同浓度的缓冲液(图7-2)。

细胞破碎的同时可能会释放出蛋白酶,这些蛋白酶需要迅速地被抑制,以保持蛋白质不被降解。在蛋白质提取过程中常添加蛋白酶抑制剂,如苯甲基磺酰氟(phenylmethylsul-fonyl fluoride, PMSF)、甲苯磺酰苯丙氨酰氯甲酮(tosylphenylalanyl chloromethyl ketone, TPCK)、甲苯磺酰赖氨酰氯甲酮(tosyllysinechloromethylketone, TLCK)、亮抑酶肽(leupeptin)、胃蛋白酶抑制剂(pepstatin)、抑酶肽(aprotinin)以及螯合剂 EDTA 等(表 7 - 2)。PMSF 抑制丝氨酸蛋白酶和一些半胱氨酸蛋白酶；亮抑酶肽抑制多种丝氨酸和半胱氨酸蛋白酶；抑酶肽抑制许多丝氨酸蛋白酶；苄脒(benzamidine)抑制丝氨酸蛋白酶。

表 7 - 1　各种缓冲液及使用范围

缓冲液	pH	备注
甲酸盐缓冲液	3.0 ~ 4.5	挥发性,可以通过冻干法除去
柠檬酸盐缓冲液	3.0 ~ 6.2	可以结合二价金属离子
醋酸盐缓冲液	3.7 ~ 5.5	挥发性,可以通过冻干法除去
磷酸盐缓冲液	5.8 ~ 8.0	与钙沉淀,低温结晶
HEPES	6.5 ~ 8.5	低度,用于培养细胞
Tris - HCl 缓冲液	7.5 ~ 8.5	温度影响 pH
Tris - 磷酸盐缓冲液	5.0 ~ 9.0	—
硼酸盐缓冲液	9.1 ~ 10.0	—
碳酸盐缓冲液	9.7 ~ 10.7	可以结合二价金属离子

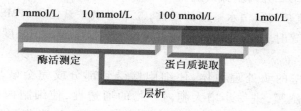

图 7 - 2　不同用途的缓冲液浓度

表 7 - 2　缓冲液中的添加物

添加物	作用	使用浓度
NaN$_3$	抑制微生物	0.1 g/L
EDTA	金属螯合剂	0.1 ~ 1 mmol/L
β - 巯基乙醇	抗氧化	1 ~ 10 mmol/L
DTT	抗氧化	1 ~ 5 mmol/L
BSA	稳定剂	0.1 ~ 10 mg/mL
吐温 20, Triton - 100	表面活性剂	0.05% ~ 0.5% (V/V)
甘油	抗冻剂	50% (V/V)
PMSF, TPCK, TLCK, 苯甲脒	蛋白酶抑制剂	微量

蛋白质提取包括:细胞破碎、破胞后处理、蛋白质的浓缩、混合物的分离以及蛋白质纯化。

一、细胞破碎

按照优化的条件诱导培养含有重组表达载体的宿主菌如大肠杆菌(E. coli)后,需通过离心收集、菌体洗涤,然后进行细胞破碎。细胞破碎是指借助外力破坏细胞膜和细胞壁,使细胞内容物包括目的产物成分释放出来,这是分离纯化细胞内合成的非分泌型物质的基础。细胞破碎有物理、化学、机械和酶学等方法(表7-3),通常采用反复冻融、渗透冲击、超声破碎、机械破碎和酶裂解等方法。

表7-3　细胞破碎方法与原理

名称	原理	方法
酶裂解	通过细胞本身的酶系或外加酶制剂的催化作用,使细胞外层结构受到破坏,而达到细胞破碎目的	自溶法、外加酶制剂法
机械破碎	通过机械运动产生的剪切力,使组织、细胞破碎	捣碎法、研磨法、匀浆法、超声法
物理破碎	通过各种物理因素的作用,使组织、细胞的外层结构破坏,而使细胞破碎	温度差破碎法、压力差破碎法
化学破碎	通过各种化学试剂对细胞膜的作用,使细胞破碎	有机溶剂、表面活性剂、酸碱

菌体破碎无论用哪一种方法都会使细胞内蛋白质或核酸水解酶释放到溶液中,需要加入不同的抑制剂:①二异丙基氟磷酸(DFP)可以抑制或减慢自溶作用;②碘乙酸可以抑制活性中心需要有巯基的蛋白水解酶的活性;③苯甲磺酰氟化物(PMSF)也能清除蛋白水解酶活力,且应在破碎时多加几次;另外还可选择 pH、温度或离子强度等。

1. 酶裂解

利用分解细胞壁的酶处理菌体,使细胞壁受到部分或完全破坏,再利用渗透压、冲击等方法破坏细胞膜,进一步增大胞内产物的通透性,使细胞内含物释放出来。不同的生物,其细胞壁的构成不同,可采用不同的水解酶,如溶菌酶(lysozyme)、纤维素酶(cellulase)、蜗牛酶(snailase)、溶细胞酶(lyticase)、半纤维素酶(hemicellulase)、脂酶(lipase)等(表7-4)。某些细菌可采用溶菌酶破细胞壁;而酵母细胞常采用1%蜗牛酶,同时加入0.2%巯基乙醇,或者利用溶细胞酶(lyticase);植物细胞用纤维素酶与果胶酶(pectinase)。酶解法条件温和、内含物成分不易受到破坏、细胞壁损坏的程度可以控制。

表7-4　各种微生物细胞壁组成

微生物	壁厚/nm	层数	主要组成
革兰氏阳性菌	20~80	单层	肽聚糖(40%~90%)、多糖、胞壁酸、蛋白质、脂多糖(1%~4%)
革兰氏阴性菌	10~13	多层	肽聚糖(5%~10%)、脂蛋白、脂多糖(11%~22%)、磷脂、蛋白质
酵母	100~300	多层	葡聚糖(30%~40%)、甘露聚糖(30%)、蛋白质(6%~8%)、脂质(8.5%~13.5%)
霉菌	100~250	多层	多聚糖(80%~90%)、脂质、蛋白质

2. 超声破碎(sonication)

利用超声波振荡器发射15~25 kHz超声波的探头处理细胞悬浮液,借助声波的振动力破碎细胞壁,其原理可能与强度波作用溶液时,气泡产生、长大和破碎的空化现象有关(图7-3)。空化现象(cavitation)引起的冲击波和剪切力使细胞裂解,此法多用于微生物材料。超声破碎的效率取决于声频、声能、处理时间、细胞浓度及细胞类型等。如在细胞悬液中加石英砂可缩短超声时间。超声破碎在处理少量样品时操作简便、省时;但噪音大,大容量装置声能传递、散热有困难,应采取冰浴、间隙超声操作等相应降温措施。此外,因空化作用会产生活性氧,超声波产生的化学自由基能使某些敏感性活性物质变性失活,需加一些巯基保护剂。一般选用 50~100 mg/mL 的菌体浓度进行细胞超声破碎。

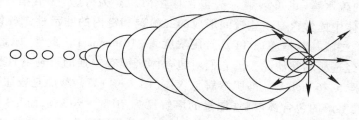

图7-3　空化现象

3. 压力破碎

利用弗氏压碎仪(FRENCH Pressure)在高压下迫使细胞穿过细小孔径而产生剪切力,使细胞破碎[图7-3]。

4. 反复冻融

将细胞在低温下(-20 ℃以下)冰冻,室温下融解,进行反复多次的冻融。由于细胞内冰晶形成和剩余细胞液的盐浓度增高引起溶胀,使细胞破裂。

5. 高速组织捣碎

将材料配成稀糊状液,放置于筒内约 1/3 体积,盖紧筒盖,将调速器先拨至最慢处,开动开关后,逐步加速至所需速度。此法适用于动物内脏组织、植物肉质种子等。

6. 玻璃匀浆器匀浆

先将剪碎的组织置于管中,再套入研杆来回研磨,上下移动,即可将细胞研碎[图7-4]。此法细胞破碎程度比高速组织捣碎机更高,适用于量少的组织以及动物脏器。

二、破胞后处理

1. 可溶性蛋白

如果是可溶性表达的蛋白质,将破胞液进行低温离心,然后回收上清液,直接进行下一步蛋白质的浓缩或亲和过柱分离过程。

2. 包含体

如果是包含体的表达蛋白,将破胞液低温离心,回收沉淀部分,然后进行洗涤、溶解、复性等处理。

(1) 包含体的洗涤　包含体中主要含有重组蛋白,但也含有一些细菌成分,如一些外膜蛋白、质粒 DNA 和其他杂质。洗涤常用 1% 以下的中性去垢剂,如 Tween、Triton、Lubel 和 NP40 等洗涤液。由于去垢剂洗涤能力随溶液离子强度升高而加强,在洗涤包含体时可加 50 mmol/L NaCl。也可用低浓度盐酸胍或尿素与中性去垢剂、EDTA 及 DTT、β-巯基乙醇等还原剂共同使用作为洗涤液。经反复多次洗涤后,可除去吸附在包含体表面的不溶性杂蛋白。洗涤液的 pH 应与工程菌生理条件相近为宜。根据不同的菌体选用与之相应的洗涤液。此外,刚处理完的包含体易溶解,冷冻后难溶解,且溶解时间和比例都会加大。

(2) 包含体的溶解　包含体在一般的水溶液中很难溶解,只有在强的变性剂(如盐酸胍、尿素)溶液中才能很好溶解。变性剂通过离子间的相互作用,打断包含体蛋白质分子内和分子间的各种化学键,使多肽伸展,SDS、正十六烷基三甲基铵氯化物等去垢剂,可以破坏蛋白质内的疏水键,也可溶解一些包含体蛋白质。另外,对于含有半胱氨酸的蛋白质,分离的包含体中通常含有一些链间形成的二硫键和链内的非活性二硫键,需加入还原剂,如巯基乙醇、二硫基苏糖醇(DTT),常用浓度 2 ~ 10 mmol/L。此外,尿素和盐酸胍属中强度变性剂,易经透析和超滤除去。它们对包含体氢键有较强的可逆变性作用,一般采用 6 ~ 8 mol/L 尿素、5 ~ 6 mol/L 盐酸胍溶解包含体(图 7 - 4)。盐酸胍是较尿素强的变性剂,它能使尿素不能溶解的包含体溶解(尿素的溶解度为 70% ~ 90%),而且尿素在作用时间较长和温度较高(特别是在碱性 pH 下长期保温)时会分解产生氰酸盐而对外源蛋白的氨基酸发生共价修饰,导致多肽链的自由氨基甲酰化。但用尿素溶解具有不电离,呈中性,成本低等优点,蛋白质复性后除去尿素不会造成大量蛋白质的损失,同时还可采用多种层析方法对提取的包含体进行纯化。

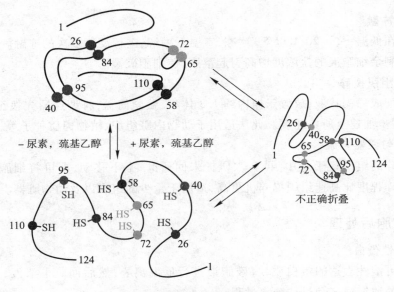

图 7 - 4　包含体变性与复性

(3) 包含体的复性与重折叠(refolding)　将多肽链中被拆开的游离巯基重新折叠,并通过次级键的形成使蛋白质复性(图 7 - 4)。有些蛋白质在较宽松的条件下复性效率可以达到 95% 以上;而有一些蛋白质至今没有发现能够对其进行复性的方法。一般说来,蛋白质的复性效率在 20% 左右。

包含体的复性方法有多种:稀释法、透析法、超滤法、凝胶过滤层析法等。

①稀释复性　直接加入水或缓冲液,放置过夜,使溶液中变性剂浓度逐渐降低,蛋白

质开始复性。此法简单易行,但操作的体积过大,同时也降低了蛋白质的浓度。

②透析复性 即溶液对水或缓冲液透析,变性剂通过膜扩散,浓度逐渐降低,蛋白质获得复性。该法不增加体积,但耗时长,有时会形成蛋白质沉淀,不适合大规模生产操作。

③超滤复性 生产中使用较多,规模较大,易于对透析速度进行控制,但不适合样品量较少的情况,且有些蛋白质可能在超滤过程中不可逆地变性。

④凝胶过滤层析复性 快速,可重复,不产生沉淀,但操作复杂。

⑤柱上复性 通过将目标蛋白结合到层析柱上,减少蛋白质分子间的相互影响,常用的有体积排阻层析(size exclusion chromatography,SEC),又称凝胶过滤层析;疏水相互作用层析(hydrophobic interaction chromatography,HIC)和亲和层析等。如果目的蛋白融合了His标签序列,则可以在变性条件下用His结合树脂亲和纯化。当蛋白质还结合在树脂上时,使用含有 0 ~ 6 mol/L 梯度盐酸胍、1 mmol/L 还原型及 0.2 mmol/L 氧化型谷胱苷肽的洗液进行洗涤处理,继而用咪唑洗脱。

⑥添加促进剂的复性法 复性促进剂的作用可分为:稳定正确折叠蛋白质的天然结构、改变错误折叠蛋白质的稳定性、增加复性中间体以及非折叠蛋白质的溶解度。低浓度的脲、盐酸胍、烷基脲,以及碳酸酰胺类等,是很有效的促进剂,都可阻止蛋白质聚集;Tris对蛋白质复性也有促进作用。

影响复性效率的因素有:蛋白质溶液的浓度、变性剂的起始浓度和去除速度、温度、pH、氧化还原电势、离子强度、共溶剂和其他添加剂的存在与否等。复性时应注意,蛋白质浓度不宜过大,一般为 0.1 ~ 0.2 mg/mL;温度不能过高,选择 4 ~ 25 ℃;最适 pH 为 8.0 ~ 9.0;复性时间为 24 ~ 36 h。

三、蛋白质浓缩

细胞破碎后,细胞中的全部蛋白质都进入水层溶液中,需要进行浓缩、纯化处理。

1. 等电点沉淀法

各种蛋白质都有自己的等电点,在等电点时溶解度最低,可以通过推测目的蛋白质的等电点,利用调节溶液的 pH 达到某一蛋白质的等电点使之沉淀。此法一般与盐析法联合使用。

2. 盐析法

中性盐对蛋白质的溶解度有显著影响,一般在低盐溶液中,蛋白质的溶解度会随盐浓度的增高而上升(盐溶,salting in);但当盐浓度增高到一定数值时,其溶解度又逐渐下降,直至蛋白质析出(盐析,salting out)。盐析的发生在于盐浓度增高到一定程度时,水活度降低,进而导致蛋白质分子表面电荷逐渐被中和,水化膜逐渐被破坏,最终引起蛋白质分子间相互聚集并从溶液中析出。盐析时若溶液 pH 在蛋白质等电点则效果更好。由于各种蛋白质分子颗粒大小、亲水程度不同,故盐析所需的盐浓度也不一样,调节混合蛋白质溶液中的中性盐浓度可使各种蛋白质分段沉淀。

盐析法一般选择一定浓度的盐溶液(如 0 ~ 25% 饱和度硫酸铵),使部分杂质呈“盐析”(沉淀)状态,有效成分呈“盐溶”状态。经离心分离后得到上清液,再选择一定浓度范围的盐溶液(如 25% ~ 70% 饱和度的盐溶液),使蛋白质有效成分等物质呈盐析状态,而另一部分杂质呈盐溶状态,用离心法收集的沉淀物即为初步纯化的蛋白质有效成分。

影响盐析的因素有:①温度,应在 4 ℃ 低温下操作。②pH,大多数蛋白质在等电点时其浓盐溶液中的溶解度最低。③蛋白质浓度,浓度高时,欲分离的蛋白质常常夹杂着其他蛋白质一起沉淀,为共沉现象。

蛋白质盐析使用的中性盐有硫酸铵、硫酸镁、硫酸钠、氯化钠、磷酸钠等。常用的是硫酸铵,其温度系数小而溶解度大,25 ℃ 时饱和溶液为 4.1 mol/L,即 767 g/L;0 ℃ 时饱和溶液为 3.9 mol/L,即 676 g/L,在这一溶解度范围内,许多蛋白质和酶都可以进行盐析。另外硫酸铵分段盐析效果也较好,不易引起蛋白质变性。硫酸铵溶液的 pH 常在 4.5～5.5 之间,当用其他 pH 进行盐析时,需硫酸或氨水调节。盐析浓缩时,一般采用 25% 硫酸铵沉淀去杂,然后回收 30%～80% 硫酸铵沉淀获取蛋白质。通常硫酸铵固体以少量多次方式缓慢加入。待先加的硫酸铵溶解后,再加入少量的硫酸铵。为了防止蛋白质变性、功能酶失活,所有的操作须在低温下进行,且条件要温和,防止泡沫产生。

3. 聚乙二醇沉淀法

聚乙二醇(polyethylene glycol,PEG)是一个非离子水溶性多聚体,它可降低溶质的介电常数,使它们之间的静电排斥力与极性减弱,增加蛋白质之间的吸引力。由于 PEG 溶解时散热低,形成沉淀的平衡时间短,在蛋白质的分离中也常使用。

利用盐析浓缩蛋白质后常使用透析、超滤或者凝胶过滤的方法除盐(具体见后文)。

四、蛋白质分离

蛋白质可通过各种层析进行分离,为防止生物大分子变性,常在低温(4 ℃)下进行。

1. 亲和层析

亲和层析(affinity chromatography,AFC)是一种分离蛋白质的有效方法,其利用生物分子间具有的专一而又可逆的亲和力,使生物分子分离纯化,只需经过一步处理即可使某种待纯化的蛋白质从很复杂的混合物中分离出来,且纯度很高。如利用抗原与抗体、激素和受体、酶和底物、酶和竞争性抑制剂、酶和辅酶、DNA 和结合蛋白等特殊亲和力,在一定条件下,它们能紧密结合成复合物。在成对互配的生物分子中,可把任何一方作为固定相,而对样品溶液中的另一方分子进行亲和层析,达到分离纯化目的。

在重组蛋白的分离纯化过程中,亲和层析的纯化可利用标签使蛋白质纯化 100～1 000 倍,有的亲和标签可提高目标蛋白的可溶性表达水平,且加入的标签可提供检测目标蛋白的高灵敏度方法,如表位标签可使用 ELISA 和 Western 杂交进行定性和定量检测。此外,亲和融合策略已广泛用于蛋白质 – 蛋白质相互作用和蛋白质复合物研究。

亲和层析中作为固定相的一方为配基(ligand),必须偶联于不溶性担体(matrix)上,常用的担体有琼脂糖凝胶、葡聚糖凝胶、聚丙烯酰胺凝胶、纤维素等。当用小分子作为配基时,由于空间位阻不易与担体偶联或不易与配对分子担体结合,常在担体和配基之间接入不同长度的连接臂(space arm)。进行亲和层析前,先要根据目标物质的特性,选择与之配对的分子作为配基,然后根据配基的大小和所含基团的特性选择适宜的偶联凝胶,再在一定条件下使配基与偶联凝胶接合(表 7 – 5)。

表 7 - 5 常用的亲和融合表达与纯化系统

亲和标签	分子大小	结合配体	融合部位	洗脱条件	注释
组氨酸标签 (6×His)	6～18 aa	螯合金属离子 Ni^{2+}	N 端或 C 端	咪唑/低 pH	载体 pET、pHAT、pQE、pProEx、pTrcHis,可在变性条件下纯化
谷胱甘肽巯基转移酶(GST)	$26×10^3$ (220 aa)	谷胱甘肽	N 端	还原型谷胱甘肽	载体 pGEX、pET41、pET42,可进行表达蛋白检测,融合蛋白形成二聚体
麦芽糖结合蛋白(MBP)	$41×10^3$ (396 aa)	直链淀粉	N 端或 C 端	麦芽糖	载体 pMAL 具有 MBP 信号序列可进行分泌表达,可改善溶解性
金葡菌蛋白 A (Protein A)IgG 结合结构域	$30×10^3$	hIgG	N 端	低 pH	载体 pRIT2T 具有 Protein A 信号序列可进行分泌表达,可在弱变性条件下纯化(0.5 mol/L 盐酸胍)
链球菌蛋白 G (Protein G)	$28×10^3$	白蛋白(HSA)	N 端或 C 端	低 pH	具有 Protein G 信号序列可进行分泌表达
几丁质结合结构域	52 aa	几丁质	N 端或 C 端	巯基乙醇,半胱氨酸	载体 pTYB、pTWIN
纤维素结合结构域(CBD)	107～156 aa	纤维素	N 端或 C 端	乙二醇盐酸胍或脲	载体 pET34、pET35、pET36、pET37、pET38,可增强表达蛋白的热稳定性,具有信号肽序列可进行分泌表达
钙调蛋白结合肽(CBP)	26 aa	钙调蛋白	N 端或 C 端	EGTA 和 1 mol/L NaCl	pCAL
S 标签	15 aa	RNase A 的 S 片段	N 端或 C 端	低 pH	载体 pET 可进行表达水平的检测
T7 标签	11 aa	单抗	N 端	低 pH	载体 pET 可增强表达水平,可在弱变性条件下纯化

（1）金属螯合亲和层析 以普通凝胶作为担体,连接上金属离子制成螯合吸附剂,用于分离纯化蛋白质。主要利用蛋白质表面的一些氨基酸,如组氨酸(His)能与多种过渡金属离子 Cu^{2+},Zn^{2+},Ni^{2+},Co^{2+},Fe^{3+} 发生特殊的相互作用,偶联这些金属离子的琼脂糖凝胶就能选择性地分离这些含有多聚组氨酸的蛋白质。用于层析的凝胶经活化接臂,螯合上一种金属离子如镍离子,制备成 Ni^{2+} 螯合层析柱。配基氮基三乙酸(NTA)螯合金属离子的价位是 4,Ni-NTA 与标签结合的位点是 2 个(图 7 - 5)。镍 NTA 琼脂糖凝胶 FF 具有较高的载量(5～10 mg/mL)。

①多聚组氨酸与镍的结合 含有多聚 His 标签的融合蛋白,通常能与 Ni-NTA 基团结合(图 7 - 6)。Ni^{2+} 与 His 标签的结合不依赖于蛋白质的空间结构,只要有 2 个以上组氨酸残基就有一定的结合能力。某些无 His 标签的宿主菌蛋白,由于其序列具有连续组氨酸,或多个组氨酸残基在蛋白质表面,也可能与 Ni^{2+} 结合。但多数情况下这种作用要比 His 标签与 Ni^{2+} 的作用弱得多,这些杂蛋白可通过相对严苛的漂洗条件除去,即在缓冲液中加入低浓度的咪唑(10～20 mmol/L)能有效减少非特异性结合。而加入低浓度 β-巯基乙醇(≤

20 mmol/L),可以避免由杂蛋白与目标蛋白之间形成二硫键而与目标蛋白共纯化。此外,某些蛋白质或核酸与目标蛋白非特异性结合可以采用一定的漂洗条件洗脱除去,如加入低浓度去污剂(0.1% ~1% Triton X－100 或 0.5% Sarkosyl、2% Tween－20),增加盐浓度(≤2 mol/L NaCl),或加入乙醇或甘油(可至 30%)以减少蛋白质间的疏水相互作用。

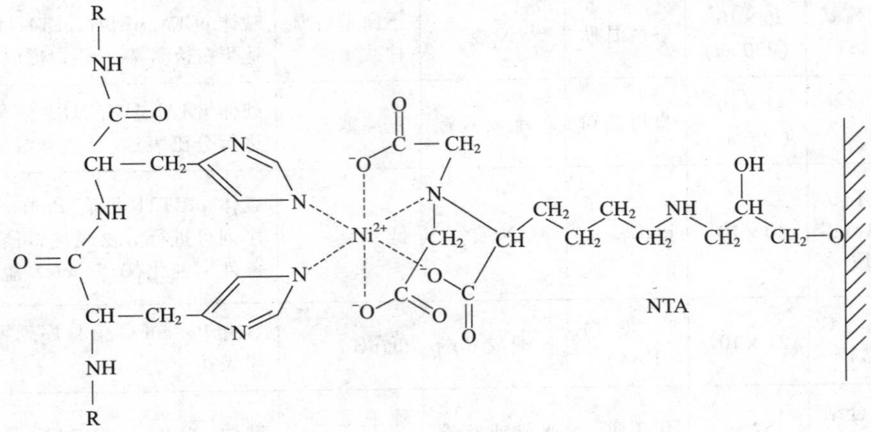

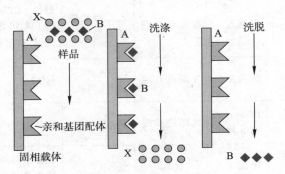

图 7－5 组氨酸与金属镍的相互作用

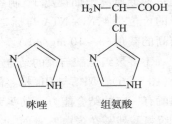

图 7－6 亲和层析原理

②漂洗杂蛋白 可通过调整 pH 至 6.3,或加入 10 ~50 mmol/L 咪唑进行。在大肠杆菌表达系统中,通常目标蛋白表达水平很高,与目标蛋白共纯化的杂蛋白较少,不需使用太严苛的漂洗条件。若裂解物来自真核表达体系,其中可能含有较多的连续组氨酸残基的杂蛋白,就需要考虑改进漂洗条件。如逐步降低漂洗缓冲液 pH,缓慢增加咪唑浓度等。在进行金属离子螯合层析时,咪唑浓度以分步梯度形式增加,漂洗杂蛋白的效果更好。

③目标蛋白的洗脱 有咪唑、低 pH 以及 EDTA 等方法。

咪唑环是组氨酸结构的一部分(图 7－7),存在于六联组氨酸标签的组氨酸残基中,能与镍离子结合,被 NTA 基团固定于柱基质上(图7-5)。咪唑自身也能与镍离子结合,且能阻断非标记蛋白中分散的组氨酸残基的结

图 7－7 咪唑与组氨酸

合。在低浓度咪唑存在时,非特异性和低亲和力的蛋白质不能结合到柱上,而六联组氨酸标签蛋白可与 Ni – NTA 稳定结合。因此,常在裂解缓冲液中加入 20 mmol/L 低浓度的咪唑。如果标签蛋白仍不能结合到柱子上,可将咪唑减到 1 ~ 5 mmol/L。而洗脱时咪唑浓度范围为 50 ~ 250 mmol/L。利用多聚组氨酸与 2 价镍离子(Ni^{2+})结合,就可以对带有 His 标签的融合蛋白进行亲合层析分离(图 7 – 8)。

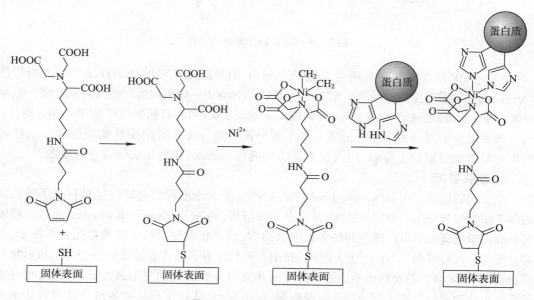

图 7 – 8 组氨酸亲和柱原理

His 标签上融合的组氨酸残基的 pKa 约在 6.0,当 pH 降低(4.5 ~ 5.3)时,组氨酸残基质子化,此时多聚组氨酸标签蛋白不再与镍离子结合,可通过降低 pH 洗脱目标蛋白。针对每个特定 His 标签融合蛋白,需要摸索确定其最佳纯化条件。单体通常可在约 pH 5.9 时洗脱,而聚合物和含有超过一个 His 标签的蛋白质约在 pH 4.5 时就能洗脱。

EDTA、EGTA 通过螯合树脂上的 Ni^{2+},将其从树脂上剥离下来,这类螯合剂可将目标蛋白和 Ni^{2+} 以复合物的形式洗脱下来。树脂由于失去了 Ni^{2+},颜色变为白色,须经过再生,重新离子化后,方能再次用于蛋白质纯化。

上述洗脱方法中咪唑是最温和的,尤其适用于天然目标蛋白的纯化。而 pH 的降低、与金属离子同时洗脱都有可能影响纯化的目标蛋白。

(2)GST 层析 谷胱甘肽巯基转移酶(GST)标签是继组氨酸之后应用较多的重组蛋白标签。目标蛋白融合 GST 的 C 端。GST 纯化是基于谷胱甘肽巯基转移酶融合蛋白对固定化谷胱甘肽的亲和力(图 7 – 9)。由于 GST 对底物还原性谷胱甘肽的亲和力是亚摩尔级,谷胱甘肽固定于琼脂糖形成的亲和层析树脂对 GST 及其融合蛋白的纯化效率很高。用 1 mL 的树脂纯化 1 L 的大肠杆菌培养物可得到的目标蛋白产率为 0.1 ~ 6.0 mg。由于亲和纯化的 GST 相对分子质量较大,且以二聚体的形式存在,一般需除去 GST 融合标签。GST 融合蛋白包含体在溶解复性后能正确折叠。

GST 结合树脂可重复数次使用而无需再生,但随着非特异性结合蛋白的增多和蛋白聚集,往往会造成流速和结合载量下降。GST 载体可以分成 T 系列、X 系列和 P 系列,分别采用凝血酶 Thrombin、Xa 因子蛋白酶以及 PreScission™蛋白酶作为蛋白酶切割位点。

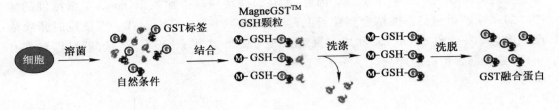

图 7 – 9　GST 融合蛋白的纯化

（3）MBP 亲和标签　利用麦芽糖结合蛋白 MBP 对麦芽糖的亲和性达到用多糖树脂（Amylose）柱对融合蛋白的一步亲和纯化。pMAL 载体含有一段编码蛋白酶识别位点的序列,融合蛋白纯化后,通过因子 Xa,Enterokinase 或 Genenase TM I 可将目标蛋白与 MBP 切割分离。

亲和层析所用的平衡缓冲液需与样品缓冲液一致,pH 在近乎中性的范围内。上柱时流速应尽可能缓慢。上柱后,用大量平衡缓冲液洗去杂质,然后用洗脱液进行洗脱。

2. 凝胶层析

凝胶层析(gel chromatography)是利用凝胶把分子大小不同的物质通过具有分子筛性质的固定相凝胶分开的一种层析技术,又称分子筛层析(molecular sieve chromatography)。凝胶是一种不带电荷的具有三维空间的多孔网状结构,呈珠状颗粒。每个颗粒微孔就像筛子,小的分子可进入凝胶网孔,而大的分子则被排阻在颗粒之外。由于各物质的分子大小和形状不同,相对分子质量大的物质因不能进入凝胶网孔而沿凝胶颗粒的空隙最先流出柱外,相对分子质量小的物质因能进入凝胶网孔而受阻滞,流速缓慢,从而使样品中各组分按相对分子质量从大到小的顺序先后流出层析柱,而达到分离的目的(图 7 – 10)。在蛋白质纯化中选择凝胶层析分离须是高分辨率,最短的层析时间,低样品损耗和高回收率,常用的凝胶有交联葡聚糖凝胶(Sephadex)、琼脂糖凝胶(Sepharose)、聚丙烯酰胺凝胶(如 Bio-gel P)、聚丙烯酰胺葡聚糖凝胶(Sephacryl)、Superdex 5 种。葡聚糖和聚丙烯酰胺适合于分离小到中等相对分子质量的蛋白质,而琼脂糖填料具有较大的孔,可用于分离较大的蛋白质复合物,而聚丙烯酰胺葡聚糖凝胶与 Superdex 则是理化稳定性好、适合包含体样品的分离。

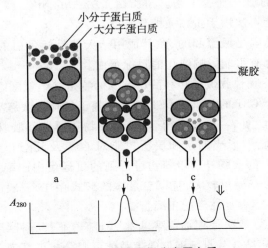

图 7 – 10　凝胶层析分离蛋白质

凝胶层析装置的选择与安装如图7-11。

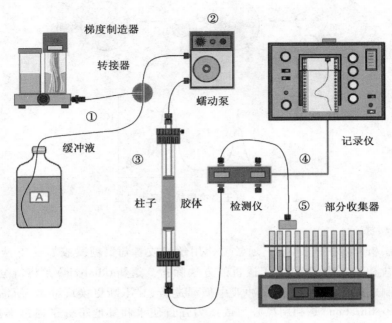

图7-11 蛋白质过柱装置

大小不同蛋白质的洗脱,可用梯度或线性 NaCl 的缓冲液进行,结果见图7-12。

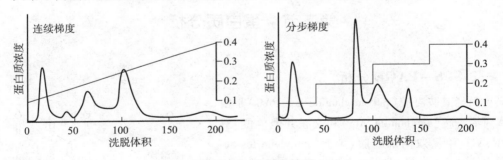

图7-12 凝胶柱洗脱

3. 离子交换层析

离子交换层析(ion exchange chromatography,IEC)是利用离子交换剂上的可交换离子与周围介质中被分离的各种离子间的亲和力不同,根据物质的酸碱性、极性等差异,通过离子间的吸附和洗脱而将溶液各组分分开(图7-13)。离子交换剂为人工合成的多聚物,由大量带有电荷的侧链和不溶性的树脂结合而成,根据其侧链所带电荷的不同可分为阴离子交换剂与阳离子交换剂。若分离的蛋白质所带净电荷为正,则采用阳离子交换剂;反之则使用阴离子交换剂。离子交换层析包括离子交换剂的平衡,样品物质加入和结合,改变条件以产生选择性吸附、取代、洗脱和离子交换剂的再生等步骤。样品加入后用起始缓冲液将未被结合的物质从交换剂上洗掉。基于电荷不同的物质对离子交换剂有不同的亲和力,通过改变洗脱液的离子强度(如逐渐增加洗脱液中的 NaCl 浓度)和 pH,控制这种亲和力,使物质按亲和力的大小依次从层析柱上洗脱下来。

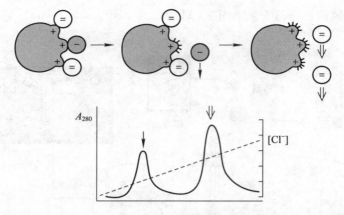

图 7 – 13　离子交换层析分离蛋白质

4. 透析和超滤

利用亲和层析对蛋白质提纯后,通常要使用超滤或者葡聚糖凝胶 G – 25 或 G – 50 凝胶层析过滤除盐和除咪唑,也可使用透析的方法除盐。透析(dialysis)是将待分离的混合物放入半透膜制成的透析袋中,在缓冲液中低温透析,并不断更换缓冲液,所需的时间比较长。超滤(altrafilfration)是利用离心力或压力强行使水和其他小分子通过半滤膜,而蛋白质不能透过被截留在半透膜上的过程。这些方法可以将蛋白质大分子与无机盐等小分子分开。

第二节　蛋白质分析

一、SDS – PAGE 分析

聚丙烯酰胺凝胶(polyacrylamide gel,PAG)是由单体丙烯酰胺(acrylamide,Acr)和交联共聚单位(双体)N,N′ – 甲叉双丙烯酰胺(N,N-methylene-bis-ac-rylamide,Bis)为材料,在引发剂过硫酸铵(APS)和增速剂 N,N,N′,N′ – 四甲基乙二胺(N,N,N′,N′-tetra-methylenediamine,TEMED)的作用下聚合交联形成含酰胺基侧链的脂肪族长链,在相邻长链之间通过甲叉桥连接而形成的多孔三维网状结构物质(图 7 – 14),其孔径与链长度和交联度有关。

1967 年 Shapiro 等发现,如果在聚丙烯酰胺凝胶电泳中加入一定量的十二烷基硫酸钠(SDS)(图 7 – 15),则蛋白质分子的电泳迁移率主要取决于蛋白质的相对分子质量大小。

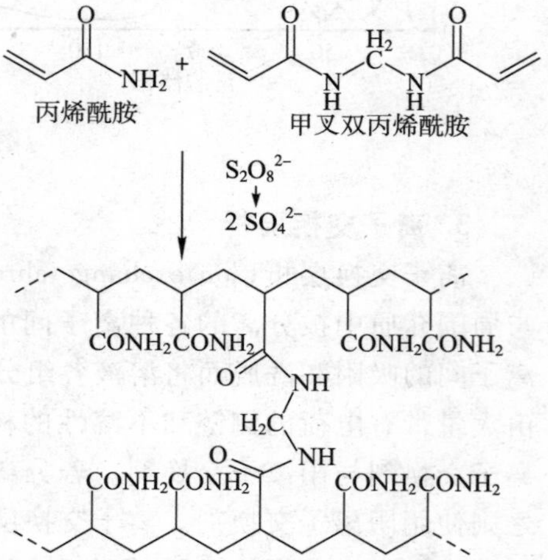

图 7 – 14　聚丙烯酰胺凝胶结构

📧 知识扩展 7 – 1　蛋白质和 SDS 的结合

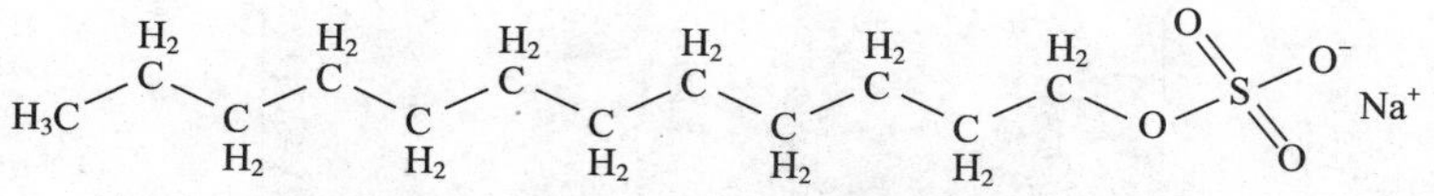

图 7 - 15　十二烷基硫酸钠(SDS)结构

SDS 是一种阴离子去垢剂,由于蛋白质样品中加入大量的负电荷 SDS,大大超过蛋白质本身的电荷,好比蛋白质穿上带负电的"外衣",蛋白质本身的电荷被掩盖,从而消除各蛋白质分子之间自身的电荷差异。同时 SDS 将蛋白质的氢键和疏水键打开,使蛋白质分子的电泳迁移率与其所带电荷和形状无关。可根据大小不同的蛋白质分子在聚丙烯酰胺凝胶中电泳速率的不同分离蛋白质,并测出它们的相对分子质量。

在 SDS - PAGE 不连续电泳中,电泳缓冲液是 Tris - 甘氨酸缓冲系统(pH 8.3),而制胶缓冲液是 Tris - HCl 缓冲系统,其中浓缩胶是 pH 6.7,分离胶 pH 8.9(图 7 - 16a)。

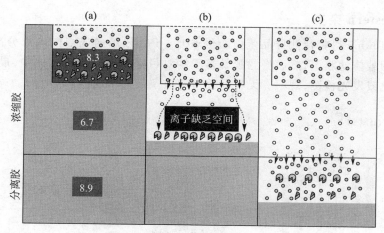

图 7 - 16　SDS - PAGE

在浓缩胶中,其 pH 环境呈弱酸性,甘氨酸很少解离,在电场的作用下,泳动效率低;而 HCl 解离成氯离子泳动效率却很高,两者之间形成低导电区,蛋白质分子就介于二者之间泳动(图 7 - 16b)。由于导电性与电场强度成反比,这一区带便产生较高的电场强度,形成较高的电压梯度,压着蛋白质分子聚集到一起,浓缩为一狭窄的区带,浓缩效应可使蛋白质浓缩数百倍,所以,浓缩胶的凝胶浓度小,孔径大,把较稀的样品加在浓缩胶上,经过大孔径凝胶的迁移作用而被浓缩至一个狭窄的区带,具有堆积作用。

当样品从浓缩胶进入分离胶后,由于凝胶的 pH 明显增加,导致甘氨酸的大量解离,有效泳动速率增加,Gly^- 成为快离子赶上并超过各种蛋白质分子,直接紧随氯离子后移动(图 7 - 16c)。同时由于分离胶孔径缩小,使蛋白质分子的迁移率减小,在电场的作用下,蛋白质分子迁移速率与相对分子质量大小和形状密切相关。所以分离胶只有电荷效应和分子筛效应,根据各蛋白质所带电荷不同、分子大小不同而分离。

图 7 - 17 显示将重组的表达质粒进行诱导表达前后、穿透液,以及 20, 100 和 250 mmol/L咪唑洗脱的样品进行分析的结果。

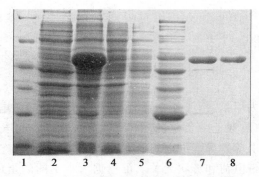

图 7 - 17　蛋白诱导纯化过程的 SDS - PAGE 分析

1. 标准相对分子质量;2. 诱导前;3. 诱导后;4. 穿透液;5. 20 mmol/L 咪唑洗脱;
6. 100 mmol/L 咪唑洗脱;7 和 8. 250 mmol/L 咪唑洗脱

二、Western 杂交

1979 年 Towbin 等将待测样品蛋白质经 SDS - PAGE 单向或双向电泳分离后,从凝胶中转移到固相载体滤膜上,然后将滤膜暴露于针对目标蛋白的特异抗体中,最后使用酶联二抗进行显色或发光检测,观察有无特异性蛋白质条带的出现(图 7 - 18)。

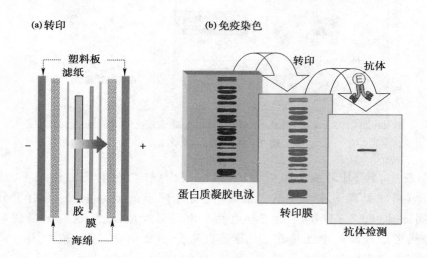

图 7 - 18　蛋白质杂交

将电泳后分离的蛋白质从凝胶转移到滤膜上,通常采用电泳印迹法。采用有孔的塑料和有机玻璃板将凝胶和滤膜夹成"三明治"形状,浸入两个平行电极之间的缓冲液中进行电泳,选择适当的电泳方向即可使蛋白质离开凝胶结合到滤膜上。

📖 知识扩展 7 - 2　Western 杂交的电泳

印迹后的膜用 10% BSA 或脱脂奶粉液进行处理,封闭滤膜上剩余的疏水结合位点,然后用目标蛋白的抗体(一抗)处理,清洗除去未结合的特异性一抗。再进一步用适当标记的种属特异性二抗进行反应,带有标记的二

📖 知识扩展 7 - 3　Western 杂交的抗体

抗与一抗特异性结合形成抗体复合物,则可指示待研究的蛋白质位置。

总之,Western 杂交操作包括 SDS - PAGE 电泳→电转移法转膜→封闭→一抗→洗涤→酶标二抗反应→洗涤→显色或化学发光显影。

三、蛋白质含量测定

1. 紫外吸收法

由于蛋白质中存在着含有共轭双键的酪氨酸、色氨酸以及苯丙氨酸芳香族结构,具有 280 nm 附近的紫外吸收峰[图7-6]。当蛋白质浓度在 0.1 ~ 2.0 mg/mL 时,A_{280} 与其蛋白质浓度呈正比,可用 280 nm 波长吸收值大小来测定蛋白质的含量。紫外吸收法测定蛋白质含量迅速、简便,低浓度盐类不发生干扰。但对于测定那些与标准蛋白质中酪氨酸和色氨酸含量差异较大的蛋白质,有一定的误差。其次,若样品中含有嘌呤、嘧啶等吸收紫外光的物质,会出现较大干扰。

当有核酸存在时,所测得的蛋白质浓度必须作适当校正,一般按下述公式粗略计算:蛋白质浓度(mg/mL) = 1.55 × A_{280} - 0.75 × A_{260}。其中 A_{280} 是蛋白质溶液在 280 nm 波长处测得的光密度值。A_{260} 是溶液在 260 nm 波长处所测得的光密度值。由于蛋白质的吸收峰常因 pH 改变而变化,在比较几种蛋白质含量时必须与样品条件一致。

2. Bradford 法

基于考马斯亮蓝(coomassie brilliant blue)G - 250 有红、蓝两种不同颜色的形式,在一定浓度的乙酸及酸性条件下,可配成淡红色的溶液。当与蛋白质结合后,产生蓝色化合物,使得染料最大吸收峰从 465 nm 变为 595 nm,在一定的线性范围内,反应液 595 nm 处吸光度的变化量与反应蛋白量成正比。可通过 595 nm 的光吸收值大小计算蛋白质的含量。Bio-Rad 公司的蛋白质定量检测试剂盒以此为依据,用结合这种染料的不同量的标准蛋白(通常是牛血清白蛋白),来比较定量未知蛋白。此法测定蛋白质溶液的灵敏度范围是 25 ~ 200 μg/mL,最小测量体积 0.1 mL,最小测量蛋白量 2.5 μg。该法测定要求样品中不能存在与考马斯亮蓝 G - 250 反应显色的去污剂,比如 Triton、NP - 400、吐温等。

3. Lowry 法(Folin - 酚法)

该法是实验室中常用的蛋白质浓度的测定法,它是双缩脲(biuret)法的发展。蛋白质含有两个以上的肽键(—CO—NH—),有双缩脲反应,在碱性溶液中与酒石酸钾钠铜盐形成紫红色的络合物,这种络合物再还原 Folin 试剂,即磷钼酸(phosphomolybdic) - 磷钨酸(phosphotungstate)试剂呈现深蓝色。这种深蓝色的复合物在 745 ~ 750 nm 处有最大的吸收峰,其颜色的深浅与蛋白质浓度成正比。Folin - 酚法的优点是操作简单,迅速,不需要特殊仪器设备,灵敏度高,较紫外吸收法灵敏 10 ~ 20 倍,较双缩脲法灵敏 100 倍,其测定蛋白质的范围是 25 ~ 150 μg。但此反应易受到多种因素的影响,硫醇和许多其他物质的存在会使结果严重偏差,反应速度慢。另外要注意 Folin 试剂只在酸性 pH 环境中才稳定,上述提到的还原反应只有在 pH 10 时才发生。因此,Folin 试剂加入碱性的 Cu^{2+} 蛋白质溶液中时,必须立刻搅拌,以使磷钼酸 - 磷钨酸试剂在未被破坏之前能有效地被 Cu^{2+} 蛋白质络合物所还原。

4. BCA 法

二价铜离子在碱性的条件下,可以被蛋白质还原成一价铜离子,一价铜离子和独特的含有 BCA(bicinchoninic acid,二喹啉甲酸)溶液相互作用产生敏感的颜色反应。两分子的

BCA 螯合一个铜离子,形成紫色的反应复合物[图7-7]。该水溶性的复合物在 562 nm 处显示强烈的吸光性,吸光度和蛋白质浓度在广泛范围内有良好的线性关系,因此根据吸光值可以推算出蛋白质浓度。

📖 表 7 – 1 各种蛋白质测定方法的比较

四、蛋白质浓缩与贮存

1. 浓缩

生物大分子在制备过程中由于过柱纯化而样品被稀释,往往需要进行浓缩。

(1) 透析袋浓缩法 通过吸收剂直接吸收除去溶液中溶剂分子使之浓缩。所用的吸收剂需与溶液不起化学反应,不吸附生物大分子,易与溶液分开。常用的吸收剂有聚乙二醇、聚乙烯吡咯酮、蔗糖和凝胶等。将要浓缩的蛋白质溶液放入透析袋扎紧,把高分子(6 000 ~ 12 000)聚合物如聚乙二醇、聚乙烯吡咯酮或蔗糖等撒在透析袋外,4 ℃下袋内溶剂渗出被聚乙二醇迅速吸去,需要更换被水饱和聚乙二醇。也可将吸水剂配成30% ~40% 浓度的溶液,将装有蛋白液的透析袋放入即可。吸水剂用过后可放入烘箱中烘干或自然干燥后再用。

(2) 冷冻干燥浓缩法 液体的沸点是随外界压力的变化而变化的,借助真空泵降低系统内压力,可以降低液体的沸点,使样品中的溶剂挥发。在冰冻状态下直接升华去除水分,使蛋白质不易变性,又保持蛋白质固有的成分。将蛋白液在低温下冰冻,然后移置干燥器内(干燥器内装有干燥剂,如 NaOH、$CaCl_2$ 和硅胶等),密闭,迅速抽空,并维持在抽空状态。数小时后即可获得含有蛋白质的干燥粉末。

(3) 超滤膜浓缩法 利用微孔纤维素膜通过高压(氮气压或真空泵压)将水分滤出,而蛋白质存留于膜上,适于蛋白质和酶的浓缩或脱盐。有两种方法:一是用醋酸纤维素膜装入高压过滤器内,在不断搅拌之下过滤。二是将蛋白液装入透析袋内置于真空干燥器的通风口上,负压抽气,而使袋内液体渗出。超滤膜法具有条件温和,能较好地保持生物大分子的活性,回收率高等优点。

超滤膜法关键在于膜的选择,不同类型和规格的膜,水的流速、相对分子质量截留值(大体上能被膜保留分子最小相对分子质量值)等参数不同,须根据工作需要来选用。另外,超滤装置形式、溶质成分及性质、溶液浓度等都对超滤效果的一定影响。Diaflo 超滤膜的相对分子质量截留值见表 7 –6。

表 7 –6 不同规格的超滤膜

膜名称	相对分子质量截留值	孔径/nm
XM – 300	300 000	1 400
XM – 200	100 000	550
XM – 50	50 000	300
PM – 30	30 000	220
UM – 20	20 000	180
PM – 10	10 000	150
UM – 2	1 000	120
UM05	500	100

（4）凝胶浓缩法　选用孔径较小的凝胶,如 Sephadex G－25 或 G－50,将凝胶直接加入蛋白质溶液中。根据干胶的吸水量和蛋白液需浓缩的倍数而称取所需的干胶量。放入冰箱内,凝胶粒子吸水后,通过离心除去。

2. 贮存

干燥的制品在低温情况下其活性可在数日甚至数年无明显变化,只要将干燥的样品置于干燥器内（内装有干燥剂）密封,保持 0～4 ℃度即可,液体贮藏时应注意以下几点:

（1）样品不能太稀,必须浓缩到一定浓度才能封装贮藏,样品太稀易使生物大分子变性。

（2）需加入防腐剂和稳定剂,常用的防腐剂有甲苯、苯甲酸、氯仿、百里酚等。蛋白质和酶常用的稳定剂有硫酸铵、蔗糖、甘油等,如酶也可加入底物和辅酶以提高其稳定性。此外,钙、锌、硼酸等溶液对某些酶也有一定保护作用。

（3）贮藏温度要求低,大多数在 4 ℃左右保存,有的则要求更低,应视不同物质而定。

思考题

1. 名词解释:盐析、透析、凝胶层析、亲和层析、离子交换层析、超滤、Western 杂交、聚丙烯酰胺凝胶电泳、空化现象。

2. 如何判断在大肠杆菌中诱导表达的蛋白质是可溶的还是包含体?

3. 如何减少包含体的含量? 对出现的包含体又应如何处理?

4. SDS－PAGE 分离不同大小蛋白质的原理是什么?

5. 样品液为何在上样前需在沸水中加热煮沸几分钟?

6. 简述 Western 杂交的原理与方法。

7. 简述凝胶层析的原理与方法。

8. 简述离子交换层析的原理与方法。

9. 细胞破碎的方法有哪些?

10. 超声波破碎应注意什么?

11. 举例说明亲和层析的原理。

12. 蛋白质测定的方法有哪些?

第八章
转基因

大肠杆菌（*E. coli*）遗传背景清楚、培养简单、转化效率高、生长繁殖快、成本低廉、表达水平高，可大规模生产靶基因蛋白。但由于是原核生物，缺乏真核生物的糖基化、磷酸化修饰作用以及蛋白质加工系统，有些真核生物基因无法在大肠杆菌中表达出有生物活性的蛋白质；且大肠杆菌产生内毒素，可导致人体热原反应。尽管酵母（yeast）是最简单的真核生物，大规模发酵工艺简单，成本低廉，可糖基化修饰加工，不产生毒素，并具有将表达产物分泌至培养基中等优点；但其加工修饰与高等动植物的基因情况有差异。因此，人们试图将功能基因或基因簇引入高等动植物的染色体中，实现基因转移。

转基因是指通过 DNA 操作将外源基因整合到动植物细胞染色体上，改变基因组。含有转基因的动植物个体称基因改造生物（genetically modified organisms，GMO），即转基因生物。

第一节　植物转基因

要进行植物转基因需要利用特定的载体将外源基因引入植物细胞。一般是在大肠杆菌中完成基因的克隆以及重组表达载体的构建，再导入植物的特定组织细胞中进行表达。其中涉及表达载体、植物的特定组织以及转化的方法。

一、植物转基因的载体

根癌农杆菌（*Agrobacterium tumefaciens*）和发根农杆菌（*A. rhizogenes*）能分别引起植物的冠瘿瘤（grown gall tumors）和发根（hairy roots），对其分子机制研究发现各含有 Ti（tumor inducing）和 Ri（root inducing）质粒，可将自身的一部分遗传物质转化并整合到植物染色体中进行表达，引起植物表型的特殊变化（图 8 – 1）。这两种质粒可作为植物基因工程的良好载体，而农杆菌介导法则被广泛用于植物转基因。

1. 根癌农杆菌 Ti 质粒

农杆菌是一类土壤寄居菌，革兰氏阴性，能感染双子叶植物和裸子植物以及部分单子叶植物。多数农杆菌带有致瘤的 Ti 质粒。该质粒含有 T – DNA 区、致病区、生物碱代谢区以及复制起始位点等（图 8 – 2），长 150 ~ 200 kb。

（1）T – DNA（transferred DNA，转移 DNA）区　Ti 质粒能进入植物细胞只有 12 ~ 24 kb 的 T – DNA 部分，它能在 *vir* 基因表达产物的协助下整合到植物染色体中，并导致冠瘿瘤（crown gall tumor）的形成。T – DNA 两端边界各含有 25 bp 的末端重复序列 LB 和 RB（图 8 – 3），在不同的 Ti 质粒中高度保守，两侧边界序列在 T – DNA 的切除及整合过程中起着重要作用。

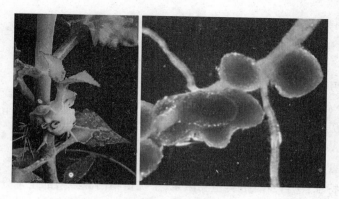

图 8 – 1　冠瘿瘤

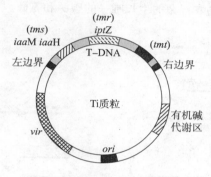

图 8 – 2　Ti 质粒

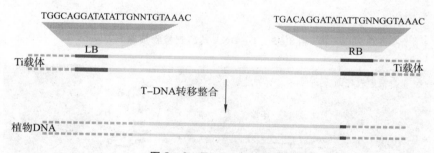

图 8 – 3　T – DNA 的整合

　　T – DNA 区域中含有三套基因 *tms*、*tmr* 和 *tmt*,分别编码合成植物生长素(auxins)、分裂素(cytokinins)和冠瘿碱(opines)的酶系。多数基因只在 T – DNA 插入植物基因组后才被激活表达。冠瘿碱是正常植物细胞中没有的一类精氨酸衍生物,它包括章鱼碱型(octopine,精氨酸与丙酮酸的缩合物)、胭脂碱型(nopaline,精氨酸与 α – 酮戊二酸的缩合物)、农杆碱型(agropine,谷氨酸与二环糖的缩合物)和琥珀碱(succinamopine)等。*tms* 和 *tmr* 基因的表达产物抑制植物的再生;*tmt* 基因合成生物碱消耗大量的精氨酸和谷氨酸,直接影响转基因植物细胞的生长代谢。根癌农杆菌感染植物后,诱导植物细胞合成冠瘿碱,但植物不能利用冠瘿碱。

　　位于根癌农杆菌染色体上的相关基因,负责移向、贴近植物受伤细胞。植物根部损伤时会分泌出乙酰丁香酮及羟基衍生物(图 8 – 4),诱导表达 Ti 质粒上的 *vir* 基因和根癌农杆菌基因组中的一个操纵子。

Ti 质粒受信号激活后,*virD* 编码的核酸内切酶先在 T - DNA 的 RB 序列的第 3、4 碱基间切开一个单链缺口,随后在 T - DNA 同一条链的 LB 序列中切出第二个缺口。T - DNA 便以单链形式释放出来,在 RB 序列的引导下定向地转移到寄主植物细胞。在有关酶系催化下,合成互补双链 T - DNA。在一系列酶的参与下,能以单拷贝或多拷贝的形式随机整合进植物基因组 DNA 的某一位点上。而 Ti 质粒上的 T - DNA 某链区则通过修复机制重新形成双链(图 8 - 5)。

图 8 - 4 乙酰丁香酮

Ti 质粒上的 T - DNA 转移至植物细胞内部,使植物组织恶性增生而形成冠瘿瘤(图 8 - 6)。其具有两大特征:①自身合成类植物激素,干扰植物内源激素的正常分布,导致被侵染植物畸形生长;②能合成冠瘿碱。冠瘿瘤的形成是类植物激素介导的致瘤作用。冠瘿碱的代谢产物为氨基酸和糖类,是根癌农杆菌的生长唯一的碳源和氮源。

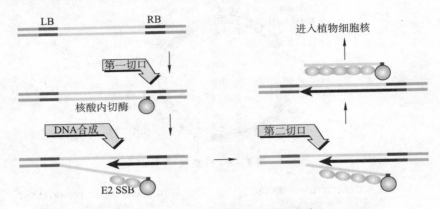

图 8 - 5 T - DNA 转移到植物细胞

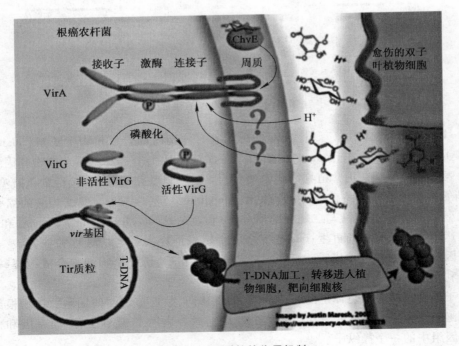

图 8 - 6 Ti 质粒的作用机制

（2） *vir* 区（毒性区，virolence region） 总长度约 35 kb，有 7 个互补群，分别为 *virA*、*virB*、*virC*、*virD*、*virE*、*virG* 和 *virH*。其编码产物能促进植物细胞的转化，其中任一个基因发生突变，都可能使 T - DNA 不能发生转移。

（3） *con* 区（conjugations regions） 存在细菌间接合转移有关基因（*tra*），调控 Ti 质粒在农杆菌之间的转移。

天然 Ti 质粒作为载体有以下缺陷：①T - DNA 中致瘤基因产物干扰宿主植物内源激素平衡，使转化的植物细胞形成瘤，阻碍细胞分化和植株再生；②参与冠瘿碱合成的基因会将能源转化为冠瘿碱而降低植物的产量；③Ti 过于庞大；④Ti 只能在农杆菌中复制，不能在大肠杆菌中复制。所以天然 Ti 质粒不宜直接作为植物基因工程载体，需进行改建：①去除 Ti 质粒上的致瘤基因 *tms*、*tmr* 和 *tmt*，保留转化所必需的基因和对 T - DNA 整合必不可少的 T - DNA 左、右边界（LB 和 RB）。②加入大肠杆菌的复制子和选择标记。③引入选择标记基因，如新霉素磷酸转移酶Ⅱ基因（*Npt* Ⅱ）。加上植物细胞的启动子和末端寡聚腺苷酸化信号序列，确保基因在植物细胞内正确高效表达。④插入人工接头于载体左右 T - DNA 边缘序列之间，以利于外源基因的克隆。

改造的克隆载体一般不含完整的 *vir* 基因，故 T - DNA 还不能整合到受体细胞的染色体中。有两种方法可解决 *vir* 问题，一是利用共整合载体系统；二是利用双元载体系统。

（1） 共整合载体系统 构建共整合载体系统需两种载体：①中介载体，含有 Ti 质粒的 *vir* 基因，外源基因可插入到该质粒中；②受体载体，野生型 Ti 质粒中的 T - DNA 区上缺失 *vir* 基因。中介载体与受体载体含有一段同源 DNA 片段。由于中介载体本身没有能在农杆菌中复制所需的复制子，只能通过与受体载体中 T - DNA 发生同源重组整合到受体 Ti 质粒中。当带有外源基因的中介载体进入根癌农杆菌后，通过同源重组可把克隆的基因整合到受体载体上，由受体载体 Ti 质粒提供 T - DNA 向植物细胞转移所必需的 *vir* 基因产物，使外源基因能够整合到植物染色体中。当整合型农杆菌感染植物细胞的愈伤组织时，外源基因随着 T - DNA 插入到植物染色体中，用筛选培养基如含有卡那霉素的固体培养基即可筛选出植物细胞的转化子。

（2） 双元载体系统 由两个分别含 T - DNA 以及致病 *vir* 区的相容 Ti 突变质粒构成。①克隆载体含有 T - DNA、筛选基因如 *Npt* Ⅱ 基因并可以插入外源基因的质粒，既有大肠杆菌复制起点，也有农杆菌复制起点，但不带 *vir*。②Ti 辅助质粒包含 *vir* 区，但缺失 T - DNA 序列无法转移。当两种质粒共同存在于农杆菌中时，由于功能互补，可将双元克隆载体T - DNA中插入的外源基因转移整合到植物细胞染色体中。目前大多采用 Ti 质粒介导的双元载体整合转化，即先用克隆载体在大肠杆菌中完成基因克隆，再将其转入含有 Ti 辅助质粒的农杆菌中，辅助双元载体的 T - DNA 整合到植物染色体 DNA 中。

2. Ri 质粒

来自发根农杆菌，诱根 Ri 质粒可诱发植物产生大量的毛状不定根（hairy root）。毛状根具有无根的向地性，多分支，能在无激素培养基上自主快速生长等特征。在一定条件下毛状根能分化形成完整的植株；此外，可利用毛状根进行次生物质生产研究。

3. 植物病毒与类病毒

许多植物病毒能感染一株植物的所有组织，不受单子叶或双子叶种类的限制。在已鉴定的 300 余种植物病毒中,单链 RNA 病毒占 91%,双链 RNA 病毒、双链 DNA 病毒和单链 DNA 病毒各占 3%,如花椰菜花叶病毒(cauliflower mosaic virus,CaMV)是一种双链 DNA 病毒,其 DNA 全长 8 kb。CaMV 载体的研究主要有三个方面:①互补载体系统:由缺陷型 CaMV DNA 与辅助病毒组成互补系统。外源基因克隆到 CaMV 基因组中,在共感染植物细胞时,外源基因能在 CaMV 35S 启动子驱动下表达,由于辅助病毒的协助,可组成重组病毒。②混合载体系统:将 CaMV DNA 插入 Ti 质粒的 T - DNA 中,转化根癌农杆菌,由农杆菌介导 CaMV 对植物进行细胞感染。③融合载体系统:利用 CaMV 启动子 35S 启动子构建融合载体,插入外源基因,在 35S 启动子驱动下在植物细胞中表达外源基因。

　　植物转基因表达载体(图 8 - 7)常用的启动子有 Ti 质粒中胭脂碱合成酶(Nos)基因启动子;花椰菜花叶病毒 CaMV 中分离的 35S(0.2 kb)和 19S(1.9 kb)启动子。35S 启动子表达力强,是 19S 启动子的 50 倍,比 Nos 也强数倍。这些启动子无组织特异性,适用于大多数双子叶植物。而对单子叶植物来说,泛素和肌动蛋白基因启动子的效果更好,如来自玉米的 Ubi1 启动子和水稻的 Act1 启动子。

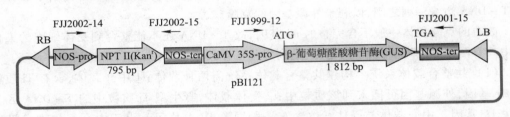

图 8 - 7　pBI121 载体

　　选择基因(selective gene)有抗生素抗性基因,如新霉素磷酸转移酶 Npt Ⅱ(neomycine phosphotransferase Ⅱ)基因、氯霉素乙酰转移酶 cat 基因、潮霉素磷酸转移酶 Hpt 基因等。Npt Ⅱ 基因即卡那霉素激酶基因,来自细菌转座子 Tn5,其产物可使氨基葡萄糖苷类抗生素如新霉素、卡那霉素及 G418 等磷酸化而失活。

　　报告基因(reporter gene)有:①β - 葡萄糖醛酸糖苷酶 GUS(β - glucuronidase)、绿色荧光蛋白 GFP、荧光素酶(luciferase)等基因。Gus 基因来自大肠杆菌,由 uidA 编码,该酶催化底物 β - 葡萄糖苷酯类物质的水解形成葡萄糖苷酸,一般植物细胞中无此酶。Gus 基因转入植物细胞后,在含有无色的卤代葡萄糖苷酸 X - gluc(5 - 溴 - 4 氯 - 3 - 吲哚 - β - D - 葡萄糖苷酸酯,5 - bromo - 4 - chloro - 3 - indolyl - β - D - glucuronate)的细胞培养基中,转基因植物细胞会产生蓝色反应,可用于测定 Gus 基因的表达量。由于植物细胞不能分泌 GUS,测酶活时须破碎细胞。此外,植物提取物中的 GUS 活性可进行荧光分析,涉及的反应是 4 - 甲 - β - D - 葡萄糖醛酸底物水解生成荧光产物,被 365 nm 光激发,产生 455 nm 的萤光,可用荧光分光光度计定量。②gfp 基因分离自水母,其产物经一定波长的紫外光照射后可激发出绿色荧光。③荧光素酶(Luc)基因来自弧菌或萤火虫,其产物在有还原型黄素单核苷酸和分子氧的存在下可催化长链脂肪醛的氧化,发出蓝绿色荧光(λ = 490 nm),易检测、反应专一和无干扰。④新霉素磷酸转移酶 Npt Ⅱ 基因:该基因编码新霉素磷酸转移酶,亦称氨基糖苷 - 3′ - 磷酸转移酶(amino glycoside - 3′ - phosphotransferase Ⅱ),其编码产物可使氨基糖苷类抗生素(aminoglycoside antibiotics)如卡那霉素、新霉素(neomycin)、G418 等磷酸化而失活。卡那霉素等氨基糖苷类抗生素能与植物细胞叶绿体和线粒体中的核糖体 30S 小亚基相结合,影响70S起始复合物的形成,干扰叶绿体及线粒体的蛋白质合成,导致植物细胞死亡。NPT Ⅱ通过使 ATP 分子上的 γ-磷酸基转移到卡那霉素等氨基糖苷类抗生素分子上,影响抗生素与核糖体亚基的结合,从而使抗生素失活。此外,β-半乳糖苷酶基因、二氢叶酸还原酶基因、胭脂碱合成酶基因、章鱼碱合成酶基因、链霉素磷酸转移酶、庆大霉素乙酰基转移酶等都可用作选择或报告基因。

二、植物转基因的受体

用于植物基因转化操作的受体通常称外植体(explant)。外植体的选择主要依据受体细胞的转化能力。作为基因转化的外植体材料涉及植物的各个组织、器官和部位。外植体的选择:①优先考虑幼嫩的叶片、子叶、胚轴等;②选择转化能力较强的幼期外植体,同时考虑其最佳感受态时期;③转化的外植体易于组织培养,并有较强的再生能力;④考虑外植体中易被转化的分生组织感受态细胞所在的部位及其数量。切割外植体时应尽可能地暴露分生组织细胞,增加农杆菌与分生组织的接种面积。

外植体消毒的消毒剂见表 8-1,消毒过程如把材料放入 70% 的乙醇中约 30 s;用 0.1% 的升汞(HgCl₂)浸泡 2~10 min 或用10% 的漂白粉上清液浸泡 10~15 min,无菌水冲洗 3~5 次。消毒时进行搅动,在消毒剂里滴加 0.1% 的 Tween-20 或 Tween-80 湿润剂效果更好。

表 8-1 常用消毒剂的使用方法及效果

消毒剂	使用浓度/%	消毒时间/min	去除的难易	消毒效果	对植物毒害
升汞	0.1~0.2	2~10	较难	最好	剧毒
酒精	70~75	0.1~1	易	好	有
次氯酸钠	2	5~30	易	很好	很小
漂白粉	饱和溶液	5~30	易	很好	低毒
过氧化氢	10~12	5~15	最易	好	很小
新洁尔灭	0.5	30	易	很好	很小
硝酸银	1	5~30	较难	好	低毒
抗菌素/mg·L⁻¹	0.4~5	30~60	中	较好	低毒

外植体培养三大难题:细菌或真菌污染、褐变、玻璃化。褐变是指外植体在培养中体内的多酚氧化酶被激活,使细胞里的酚类物质氧化成棕褐色的醌类物质,有时使整个培养基变褐,从而抑制其他酶的活性,影响材料的培养。玻璃化是指在长期的离体培养繁殖时,有些试管苗的嫩茎、叶片呈现半透明水渍状的现象。上述难题可通过选择合适的消毒方法和外植体、改良培养基配方和培养条件等加以克服。

三、DNA 重组

利用 PCR 将靶基因克隆到扩增载体中,如进行 TA 克隆,然后再将靶基因克隆到植物的 Ti 或 Ri 相关的表达载体中,具体内容与过程见第五章。

四、外源 DNA 导入植物细胞

外源 DNA 导入植物细胞的方法有非生物载体介导与生物载体介导两类。非生物载体介导的遗传转化以植物自身的生殖系统种质细胞为受体,如花粉浸泡外源 DNA、DNA 注射受粉后的子房等;也可采用物理或化学方法直接将外源基因导入受体细胞,如基因枪法等。生物载体介导的遗传转化多以农杆菌介导转基因。目前转基因中常用基因枪法和农杆菌介导法。

1. 花粉管通道法

将外源 DNA 涂于授粉的柱头上,使 DNA 沿花粉管通道或传递组织通过珠心进入胚囊,转化还不具正常细胞壁的卵、合子及早期的胚胎细胞。该方法简单,能避免体细胞变异,有一定的应用前景。

2. DNA 直接导入的基因转化法

利用各种理化方法突破植物细胞壁或细胞膜的屏障,使外源基因进入细胞或原生质体。如基因枪法、电击法、显微注射法、超声波法、低能离子束法、聚乙二醇法与脂质体法等。

（1）电击法（electroporation）　利用高压电脉冲的电击穿孔作用将质粒 DNA 导入植物原生质体。由于可适用于单子叶植物和双子叶植物原生质体的转化,且简单方便、对细胞毒性低以及转化率高等优点,因而该法有着很大的应用潜力。

（2）显微注射法（microinjection）　先通过琼脂糖包埋法、聚赖氨酸黏连法及吸管支持法对细胞进行固定。用直径 0.5 μm 的显微注射针一次可注射约 10^{-9} mol 的 DNA 进入原生质体(图 8-8)。显微注射繁琐、耗时,但转化率较高。除用于原生质体外,还用于注射花粉和子房。花粉注射可在受精之前进行,子房注射则在受精之后(合子注射)。

（3）基因枪法（gene gun）　也称高速微弹法（particle bombardment）,利用被电场或机械加速的金属微粒能够进入细胞内的原理,先将 DNA 溶液

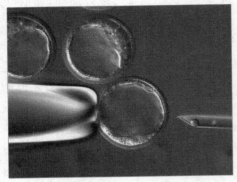

图 8-8　显微注射法

与钨、金等金属微粒一起保温,使 DNA 吸附在金属微粒表面,然后放电加速金属颗粒,使之直接喷射受体细胞,利用高压使金属颗粒高速(400 m/s)轰击植物组织和细胞^{©图8-1}。外源 DNA 随金属颗粒直接进入带壁植物细胞内部,并使其整合到细胞核 DNA 中。该法可避免原生质体操作的繁琐,不受宿主范围限制,快速简便,靶受体几乎包括所有具有潜在分化能力的组织或细胞,广泛应用于单子叶禾谷类作物。但该法转化效率低、嵌合体较多、重复性差,转化的外源基因以多拷贝居多,易导致基因沉默,成本较高。

（4）超声波法　利用低音强脉冲超声波的空化作用,可逆性地击穿细胞膜并形成过膜通道,使外源 DNA 导入植物细胞的方法。利用超声波处理可避免脉冲高电压对细胞的损伤,有利于原生质体存活,用于烟草叶片的转化率达 22.3%。

（5）激光微束穿孔法　用于叶绿体或线粒体的基因工程。利用直径小、能量高的微束激光在细胞表面引起可逆性的穿孔,使 DNA 进入细胞。在荧光显微镜下找出合适的细胞,然后用激光源替代荧光源,聚焦后发出激光微束脉冲,造成膜穿孔,处于细胞周围的外源 DNA 分子随之进入细胞。具有操作简便,基因转移效率高,无宿主限制,可适用于各种

植物细胞、组织、器官的转化。该法需要昂贵的仪器,技术条件要求高,稳定性和安全性不如电击法和基因枪法。

（6）多聚物介导法 用于植物的原生质体。利用多聚物如聚乙二醇(polyethylene glycol,PEG)、聚乙烯醇(polyvinyl alcohol,PVA)、二乙胺乙基(diethyl-aminoethyldextran,DE-AE)葡聚糖、多聚赖氨酸、多聚鸟氨酸等与二价阳离子、DNA 混合形成沉淀颗粒,通过细胞的胞饮作用进入细胞。线性 DNA 比环形 DNA 转化率高,单链 DNA 比双链 DNA 更有效。这与质粒转化大肠杆菌相反。该方法打破农杆菌的宿主范围限制,广泛用于多种单子叶植物,但转化率低,仅为 $10^{-4} \sim 10^{-6}$。

3. 农杆菌介导法

农杆菌 Ti 质粒介导的转化是植物转基因最常用方法:①将农杆菌接种到外植体的损伤切面,采用较低的菌液 *OD* 值和较短的浸泡时间进行外植体的接种。②农杆菌与外植体的共培养,在诱导愈伤组织或不定芽固体分化培养基上,随着外植体的细胞分裂和生长,农杆菌在外植体切口面也进行着增殖生长。③脱菌培养,把共培养后的外植体转移到含有抗生素的培养基上继续培养生长。④筛选、再生,将短时间共培养后的植物材料洗去大部分农杆菌后,放在添加适当抗生素如头孢霉素和卡那霉素的培养基上培养,一方面抑制或杀死其余的农杆菌,另一方面筛选出具某一抗生素抗性(选择标记)的转化细胞,最后还须将外植体转移至筛选培养基上继续培养,筛选出被转化的细胞,经再分化形成再生植株(图 8－9)。

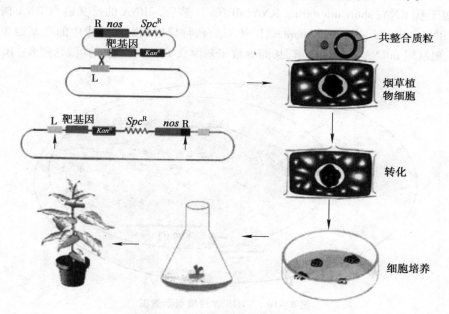

图 8－9 农杆菌 Ti 质粒介导的转化

针对不同的外植体以及不同的转化目的有多种转化方法:

（1）叶盘转化法 使用的外植体可以是带有伤口的植物叶圆盘、下胚轴和胚性愈伤组织等。

（2）整体植株接种转化法或活体接种法(inoculation *in vivo*) 将植物幼苗截顶后,或人为地在整体植株上造成创伤部位,再将农杆菌接种于创伤表面,或用针头把农杆菌注射到植株体内、使其按照天然的感染过程在植株体内进行侵染,获得转化的植物愈伤组织或转基因植株,再将长出的愈伤组织切下进行离体培养诱导分化植株。

（3）原生质体共培养（cocultivation）转化法 取含重组 Ti 质粒的农杆菌同刚刚再生出新细胞壁的原生质体作短暂的共培养,促使农杆菌与植物细胞之间发生遗传物质的转化。

（4）悬浮细胞共培养转化法 先建立悬浮细胞系,再类似于原生质体共培养转化法操作。

原生质体共培养转化法的转化率为 1% ～2% ,叶盘转化法可得到 20% ～50% 的转化愈伤组织。但多数单子叶植物,特别是一些重要的农作物如水稻、玉米、小麦等对未经诱导的农杆菌不敏感,因而应用范围受到很大的限制。研究发现,多数单子叶植物对农杆菌不敏感的主要原因是它们不能产生诱导 *vir* 区基因表达的信号分子。而乙酰丁香酮等酚类物质的使用大大提高了农杆菌对单子叶植物的侵染率。

4. 植物病毒介导法

病毒诱导的基因沉默（virus induced gene silencing, VIGS）是指携带植物功能基因 cDNA 的病毒,在侵染植物体后可诱导植物发生基因沉默,从而可通过植物表型或生理指标上的变化反映该基因的功能。这是近年来发现的一种转录后基因沉默（post-transcriptional gene silencing, PTGS）现象。作用机制是含有靶基因的病毒载体在被侵染的植物组织中大量复制,载体中的靶基因在 RNA 引导的 RNA 聚合酶（RNA-directed RNA polymerase, RdRP）作用下合成大量的双链 RNA（dsRNA）;dsRNA 在 Dicer 酶作用下产生 21 ～25 个核苷酸的短干扰 RNA（short interfering RNA, siRNA）;然后,siRNA 的反义链与 RNA 诱导沉默复合体（RNA-induced silencing complex, RISC）结合,特异性识别细胞质中的靶基因单链 mRNA,造成靶基因 mRNA 特异性降解,从而导致靶基因在 RNA 水平上的沉默（图 8 - 10）。

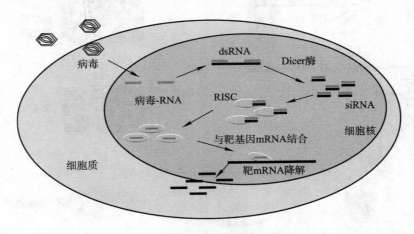

图 8 - 10　VIGS 作用机制示意图

dsRNA:双链 RNA;Dicer 酶:核糖核酸酶Ⅲ（Ribonuclease Ⅲ, RNase Ⅲ）
家族的成员;siRNA:短干扰 RNA;RISC:RNA 诱导沉默复合体

早在 1995 年,Kumagai 等通过携带八氢番茄红素脱氢酶（phytoene desaturase, PDS）cDNA 序列的重组烟草花叶病毒（tobacco mosaic virus, TMV）接种到本氏烟（*Nicotiana benthamiana*）中,发现了内源基因的 PTGS 现象。1998 年,Ruiz 等新构建了基于马铃薯病毒 X（potato virus X, PVX）的 VIGS 载体,但该载体寄主范围有限。TMV 和 PVX 两种病毒载体并不适用于寄主的生长点和分生组织的基因沉默。而基于烟草脆裂病毒（tobacco rattle virus,TRV)载体的开发可克服寄主分生组织障碍的局限性。TRV 可以有效地蔓延整个植物组织,包括分生组织,而且侵染的全部症状与其他病毒相比更加温和。改良的 TRV 诱导体系(pYL156 和 pYL279)对于内源基因的沉默更有效。目前,改建的 DNA 病毒玉米条纹病毒(maize streak virus,MSV)载体已成功地应用于提高玉米的蛋白质含量。大麦条纹花叶病毒(barley stripe mosaic virus,BSMV)以及小麦矮缩病毒(wheat dwarf virus,WDV)等也已用于基因沉默。感染单子叶植物的雀麦花叶病毒株"Tall-fescue"也被改造用于 VIGS,在谷类作物中成功沉默了 PDS 基因、肌动蛋白和 Rubisco 活化酶基因。

与其他导致基因功能缺失的研究方法(如反义抑制、基因突变等)相比,病毒诱导的基因沉默具有研究周期短、不需要遗传转化、可在不同的遗传背景下生效以及能在不同的物种间进行基因功能的快速比较等优势,是一种简单、快速、有效、高通量的分析基因功能的方法。

五、植物转基因筛选与植株分化

通常使用抗生素抗性基因,如新霉素磷酸转移酶 *Npt* Ⅱ 基因。其他选择标记基因,如抗除草剂基因、报告基因(如 *Gus* 基因)等。*Gus* 基因编码 β - 葡萄糖醛酸酶,将无色底物 X - gluc分解为蓝色的物质。

筛选后获得抗性的愈伤组织,在一定的营养、激素、外界条件下,诱导和控制细胞分化成胚状体或器官,并形成具有根、茎、叶的完整植株◎图8-2、◎图8-3。其中,植物激素在细胞分化中起重要的调节作用。植物激素有生长素、细胞分裂素、赤霉素、脱落酸和乙烯。生长素包括吲哚乙酸(IAA)、2,4 - 二氯苯氧乙酸(2,4 - D)、萘乙酸(NAA)等。具体的筛选与植株的分化见图 8 - 11。

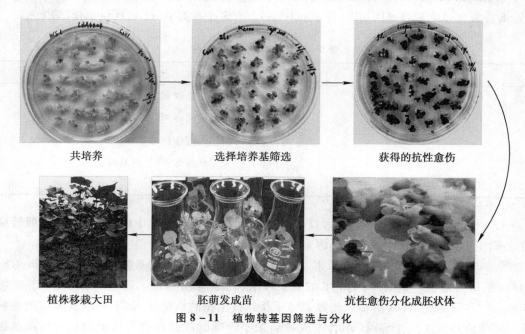

| 共培养 | 选择培养基筛选 | 获得的抗性愈伤 |

| 植株移栽大田 | 胚萌发成苗 | 抗性愈伤分化成胚状体 |

图 8 - 11 植物转基因筛选与分化

第二节 动物转基因

动物转基因(transgenic animal)是指用人工方法将外源基因导入动物受精卵或早期胚

胎细胞,使外源基因与动物本身的基因整合,并随着细胞的分裂而增殖,从而将外源基因稳定地遗传给下一代。1982 年美国华盛顿大学 Palmiter 等将大鼠生长激素基因导入小鼠受精卵中成功培育出转基因超级小鼠。

一、表达载体

大多在细菌质粒的基础上插入一些病毒或其他一些物种的真核基因表达调控序列。典型的哺乳动物细胞表达载体需要:①原核复制子;②真核复制子;③遗传选择标记基因;④高活性的启动子和增强子;⑤终止信号和 poly(A)加尾信号;⑥一个有效的 mRNA 翻译信号等。

(1) 启动子　常用的强启动子包括人巨细胞病毒(cytomegalovirus,CMV)早期启动子(CMV – IE)、人延伸因子 1 – 亚基(EF – l)启动子和 Rous 肉瘤长末端重复序列。

人巨细胞病毒 CMV 启动子是强启动子,可使基因获得快速高效的表达。CMV 基因组有 229 kb,属疱疹病毒亚 β 科。CMV DNA 只有一个单向性的 IE 启动子复合体,可指导多个基因的表达。在 *IE94* 基因上游有一个强启动子,内有多个回文结构,在这区段 – 50 ~ – 580 bp 之间至少有 4 套 13 ~18 bp 的重复序列。CMV 启动子/增强子被广泛用于构建高效真核表达载体。近来又发现一些新的强启动子,如人 *leukosialin* 基因和鼠 3 – 磷酸甘油激酶 l(PGK1) 基因启动子、人泛素(ubiquitin)*C* 基因启动子与核内小 RNA(snRNA)启动子。人泛素 *C* 基因启动子具有较高的活性,且比 CMV – IE、PGK1 等启动子有更广泛的宿主细胞范围。

(2) 多聚腺苷酸化位点　由位于多腺苷酸化位点上游 11 ~30 的保守序列 AAUAAA 和一个下游的 GU – 或 U – 富含区组成,它指导 poly(A)尾的形成,增加 mRNA 的稳定性。poly (A)聚合酶自 U 之后将基因切断,并加 poly(A)。有多个种类 poly(A)区供选择(表 8 –2)。

表 8 –2　多聚腺苷酸化位点

poly(A)区	来源
BGH	牛生长激素
晚期 SV40	猿猴病毒 40 晚期基因
TK	单纯疱疹病毒腺激酶
早期 SV40	猿猴病毒 40 早期基因
Hep B	乙肝表面抗原

(3) 遗传标记基因　外源基因整合到哺乳动物细胞染色体中的概率很低,一般转染的效率约 10^{-4},需用致死的抗性基因来筛选稳定整合的细胞。

①新霉素抗性基因 *neo'*　新霉素、庆大霉素及卡那霉素为氨基糖苷 418(gelltiein 418, G418)结构类似物。氨基糖苷 G418 对真核和原核细胞均有毒性。而 *neo'* 基因编码氨基糖苷磷酸转移酶能使 G418 失活。新霉素可干扰原核生物的核糖体,而不影响真核细胞核糖体。细菌的新霉素抗性基因(*neo'*)与真核启动子连锁时就能获得有效的表达。转染的细胞由于表达 *neo'* 基因使 G418 去毒性,就能在含 G418 的选择培养基中存活。不同细胞对 G418 的敏感性不同,在基因转染前,应先确定使所用细胞完全死亡的最小剂量。

②*Hph* 基因　编码潮霉素 B 磷酸转移酶(hygromycin B phosphoptransferase,HPH)。潮霉素 B 通过干扰细胞蛋白质合成中的转位以及促进错误翻译等机制抑制蛋白质的合成,

从而导致细胞在 10～400 μg/mL 潮霉素 B 的完全培养基中死亡。过量表达 *Hph* 基因的转染细胞通过磷酸化潮霉素 B 使其灭活,让细胞在潮霉素 B 选择培养基中存活。

③博来霉素抗性基因 编码一种相对分子质量 13×10^3 蛋白质,可与博来霉素、腐草霉素(phleomycin)和 zeocin 等药物按化学计量结合(使用浓度为 0.1 μg/mL)而使后者灭活。

④二氢叶酸还原酶基因(dinhydrofolate reductase,DHFR)选择系统 DHFR⁻ 细胞不能合成四氢叶酸,在不含胸腺嘧啶和次黄嘌呤的培养基中,细胞会因胸腺嘧啶及嘌呤的饥饿而死亡,未转入 *DHFR* 基因的细胞则被选择淘汰。当培养基中逐渐增加氨甲蝶呤(methotrexate,MTX)的浓度时,随着细胞对 MTX 抗性的增加。*DHFR* 基因与外源基因均明显扩增,进而使外源基因的表达产物增加。

(4) 报告基因 1982 年 Gorman 等建立了氯霉素乙酸转移酶 CAT(chloramphenicol acetyltlansferase)报告基因系统和相应的 CAT 检测方法。CAT 酶可催化氯霉素发生乙酰化使其失活。真核细胞不含内源的 CAT 酶,但其启动子却可引发外源 *cat* 基因的表达。带有 *cat* 基因的载体转化到哺乳动物细胞后,会合成 CAT。之后又建立了多种报告基因系统,包括荧光素酶、β-半乳糖苷酶、碱性磷酸酶及绿色荧光蛋白等(具体见本章第一节)。

哺乳动物细胞表达载体有 2 大类:质粒型载体和病毒型载体。

1. 质粒型载体

(1) pcDNA3.1 Invitrogen 公司提供的表达载体(图 8-12),主要包括高效表达的 CMV 启动子、新霉素抗性基因、多克隆位点、牛生长激素(bovine growth hormone,BGH)多腺苷酸化信号。还衍生出多种适合各种不同要求的载体,如含不同附加多肽(GFP、His、myc、HisG、Xpress 及 V5)等以利于蛋白质检测或纯化以及含不同选择标记(hygromycin 和 zeocin 等)的载体。

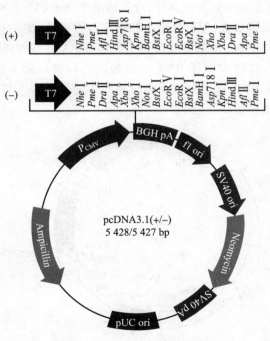

图 8-12 pcDNA3.1 质粒载体

（2）pEGFP－N1　该质粒具有强启动子 SV40 和 CMV 以及 neo 基因,可进行 G418 筛选（图 8－13）。pEGFP－N1 载体上携带有增强型 GFP（enhanced GFP,EGFP）蛋白表达基因（717 bp）,由 238 个氨基酸组成（27×10^{3}）。GFP 在热、极端 pH 和化学变性剂等苛刻条件下很稳定,用甲醛固定后会持续发出荧光,在还原环境下荧光会很快熄灭。GFP 在荧光显微镜下,用波长约 490 nm 的紫外线激发后,可观察到绿色荧光;无需任何的作用底物或共作用物,可在多种异源生物中表达且无细胞毒性;EGFP 是一种优化的增强型 GFP,产生的荧光较普通 GFP 强 35 倍。

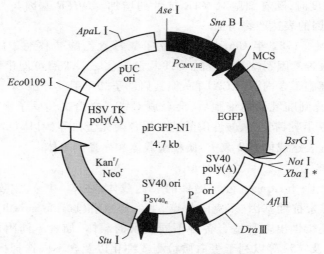

图 8－13　pEGFP－N1 质粒载体

（3）pIRES　源自 Clontech 公司,可同时表达两个靶基因。一般真核 mRNA 的翻译都需要 5′帽子来介导核糖体结合,但真核生物和病毒也有例外,如一些基因 5′端具有一段较短的 RNA 序列（150～250 bp）能折叠成类似于起始 tRNA 的结构,从而介导核糖体与 RNA 结合,起始蛋白质翻译,这段非翻译 RNA 被称为内部核糖体进入位点序列（internal ribosome entry site,IRES）。IRES 能招募核糖体对 mRNA 进行翻译。将 IRES 与外源 cDNA 融合,发现 IRES 能独立地起始翻译（图 8－14）。

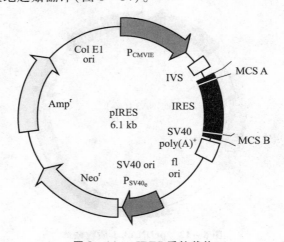

图 8－14　pIRES 质粒载体

2. 病毒型载体

病毒型载体有很高的拷贝数和强大的启动子,能保证外源基因的高效表达。在真核病毒载体中研究最多的是 SV40 病毒、反转录病毒(retrovirus)、腺病毒(adenovirus)、痘病毒(vaccinia virus)、腺相关病毒(adeno-associated virus)、昆虫杆状病毒(baculovirus)等。

(1) SV40 病毒载体　猴病毒40(simian virus 40,SV40)基因组为 5.2 kb,分早、晚期两个功能区,共编码五种蛋白质。早期转录贯穿整个溶菌裂解循环,表达 T 抗原和 t 抗原;晚期转录发生于 DNA 复制之后,表达病毒的衣壳蛋白 VP1、VP2 和 VP3(图 8−15)。SV40基因转录调控区处于早期与晚期区之间,包括 DNA 复制起点。早期基因的启动区包括一个 TATA 序列、六个重复的 GC 序列和两个 72 bp 的增强子。

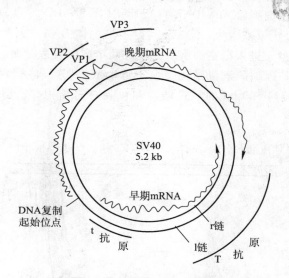

图 8−15　SV40 基因组结构

完整的 SV40 病毒可直接作为克隆载体,一般以置换的方式即取代其早期或晚期基因,与外源 DNA 形成重组体,这类载体需辅助病毒帮助其转化宿主细胞。且可与质粒DNA 重组构建穿梭载体,其克隆容量 2.5 kb 左右。

①晚期取代载体　晚期启动子的转录水平高于早期启动子,但在宿主细胞中复制的重组体不能产生衣壳蛋白,需另一能提供衣壳蛋白、早期区域缺损的辅助病毒,如SV40 的温度敏感变异株(tsA),只有将含有外源基因的 SV40 DNA 和 tsA 株同时混合感染宿主细胞,由 SV40 重组子产生早期基因产物,辅助病毒提供衣壳蛋白,才能形成子代病毒。

②早期取代载体　早期基因被取代时,形成的重组 DNA 没有 T 抗原,一般用 COS 细胞来解决。COS 细胞是用一个复制起点缺少的 SV40 突变种感染的猴细胞,由于病毒 DNA不能自主复制,便整合进宿主染色体的 DNA 中,随染色体 DNA 一起复制,早期基因表达产生功能性 T 抗原。若将重组 DNA 导入 COS 细胞,可形成重组 DNA 的病毒颗粒。

③穿梭质粒　由质粒和病毒亚基因组构建。如由质粒 pBR 和 SV40 DNA 组成的载体pSV1GT5、pSV1GT7 等,既可在大肠杆菌中复制,又可在猴细胞中复制和表达。常用的有pSVT7、pMT2 等,可进行外源基因的瞬时表达,广泛用于基因表达研究的各个领域。

（2）痘病毒载体　痘病毒（vaccina virus）是一种基因组庞大的双链 DNA 病毒,其 DNA 复制、转化、翻译均在真核细胞的细胞质中进行,基因表达有加工、修饰等过程,如糖基化、磷酸化,表达产物与天然蛋白质相似,是体内表达肿瘤抗原的理想载体。痘病毒作为大容量载体,可在同一或不同的非必需区中插入 25～40 kb 的外源基因,同一载体可携带多个外源基因。此外痘病毒可感染静息期细胞,基因不整合在宿主染色体上,载体的构建采用同源重组。痘病毒载体进入机体后可在短期内被清除,对于仅需要在体内短期表达的肿瘤基因治疗有着重要意义。

（3）腺病毒载体　腺病毒（adenovirus,Ad）含一个约 36 kb 线形双链 DNA。Ad‒DNA 两端具有逆向重复序列末端（inverted repeats terminal,IRT）,5′端共价结合一种 5.5×10^3 蛋白质（TP）,进入宿主细胞后 Ad‒DNA 自行环化（图 8‒16）。腺病毒易感染、宿主范围广、毒性低、可容纳的外源基因大、不整合到宿主染色体 DNA。人类腺病毒有 51 个血清型,常用 Ad5 和 Ad2 型。进入宿主细胞后分早晚两个基因表达时期。早期基因（E1～E4）编码调节因子,晚期基因编码病毒结构蛋白。野生型腺病毒容纳最大外源 DNA 为 2 kb。理论上,除基因组两端约 500 bp 的顺式结构和包装必需结构外,其他均可被替换成外源 DNA。

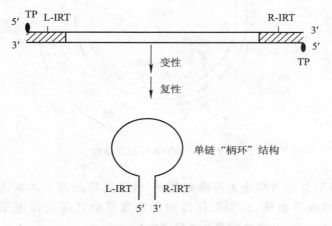

图 8‒16　腺病毒 DNA 的结构和柄环结构

Clontech 公司的 pAdeno‒X Vial DNA、Ptre‒Shuttle 载体和 Qiagen 公司的 pCR259、pCR276 等均为腺病毒表达载体。其中,pAdeno‒X 本身带有原腺病毒 DNA 的大部分序列,在转染细胞后可直接得到具备感染能力的重组腺病毒。其他几种为穿梭或转移载体,需进一步与腺病毒或腺病毒载体重组,才能得到具备感染能力的重组腺病毒。

（4）昆虫病毒载体　昆虫病毒也称杆状病毒（baculo virus）,应用较广的是苜银纹夜蛾多粒包埋核型多角体病毒（autographa californica multiple nuclear polyhedrosis virus,AcM-NPV）,通过吸附、内吞进入宿主细胞,而后移入细胞核,释放 DNA。感染 6 h 后,开始 DNA 复制并进行组装。在生命周期中,产生两种子代病毒:①细胞外病毒颗粒,在感染 12 h 后,通过发芽方式向细胞外释放,36～48 h 达到高峰;②多角体病毒颗粒,感染 18 h 后,在细胞核内,由组装的病毒 DNA 被嵌合于多角体蛋白中而形成,持续积累,至感染后 72 h,使细胞裂解。

杆状病毒基因 130 kb,*ocu* 与 *p10* 是构建杆状病毒转移载体的两个主要基因。多角体蛋白基因 *ocu* 是极晚期非必需的高效表达基因,全长 1.28 kb,编码 244 个氨基酸。在 *ocu* 基因超强启动子驱动下多角体蛋白的表达量为细胞总蛋白的 50% 以上,可用外源基因替代 *ocu* 基因编码区,多角体蛋白基因被外源基因代替后,病毒仍能形成有感染力的病毒粒子,但不能形成多面体,可镜检是否形成多面体初步筛选重组病毒。*p10* 基因也是非必需的极晚期高效表达基因,全长 720 bp,编码 94 个氨基酸。功能与病毒粒子的释放和多角体外膜形成有关。

杆状病毒为真核表达系统,可插入 >100 kb 的外源 DNA 片段,直接进行蛋白质的修饰和加工,表达的蛋白质多为可溶。不感染脊椎动物,病毒启动子在哺乳动物细胞中无活性。由于杆状病毒基因组庞大,无单一限制性酶切位点,无筛选标记,不能直接克隆靶基因,一般采用体内体外重组相结合的方法。

（5）反转录病毒载体　反转录病毒(retrovirus)是 RNA 病毒,进入处于增殖状态的细胞后,在分裂过程中反转录成 DNA 并整合入宿主基因组,被传至子代细胞,并在细胞中表达目标蛋白。

反转录病毒基因组全长 8~10 kb,RNA 有 mRNA 的功能,其 5′端是甲基化帽子结构,3′端是 poly(A)尾巴。反转录病毒一般含有结构蛋白基因(*gag*)、反转录酶基因(*pol*)和糖蛋白基因(*env*)三个基因。另外还含有一个癌基因能转化感染细胞。在反转录病毒基因组的两端分别有一个长末端重复序列(long terminal repeat,LTR),其中含有启动子、增强子、整合信号及多聚腺苷化信号等调控序列。

反转录病毒用作载体时需改造:①将天然的野生型 RNA 前病毒转变成 DNA 载体,并插入欲转移的外源基因。用标记基因和外源基因替代病毒的编码基因。②制备辅助细胞为载体 DNA 提供其丧失的功能。③将载体 DNA 导入辅助细胞以产生有感染力的病毒载体。

反转录病毒载体的优点:①具穿透细胞能力,可感染近 100% 的受体细胞,转化效率高。②能感染广谱动物物种和细胞类型,无严格的组织特异性。③可使外源基因整合到基因组中长期存留,且单拷贝、单位点,很少发生重排,可被稳定传代和表达。④可包装 10 kb 外源基因。缺点:①只能将 DNA 整合到能分裂旺盛细胞的染色体,不适合不能正常分裂的细胞,如神经元。②反转录病毒的插入位点是随机的,因而整合中有可能破坏内源基因,尤其插入到一些重要的基因位点时会导致细胞的异常。此外,病毒自身含有病毒蛋白及癌基因,有使宿主细胞感染病毒和致癌的危险性。③操作较复杂。

慢病毒(lentivirus)是反转录病毒中的一种,因其需要较长孵育时间而得名。慢病毒载体是基于人类免疫缺陷 I 型病毒(HIV-1)发展的基因治疗载体,可将靶基因(或 RNAi)高效导入动物和人的原代细胞。HIV-1 病毒共有九个基因(图 8-17),除 *gag*、*pol*、*env* 三个基因之外,还含有 *tat*、*rev* 调节基因以及 *vif*、*vpr*、*vpu*、*nef* 四个辅助基因。其中,*gag* 基因编码病毒的核心蛋白,包括基质蛋白、衣壳蛋白、核衣壳蛋白;*pol* 基因编码病毒复制所需的酶,如反转录酶、整合酶、蛋白酶;*env* 基因编码病毒的包膜糖蛋白,决定病毒感染宿主的靶向性。*rev* 编码的蛋白调节 *gag*、*pol*、*env* 的表达水平,*tat* 编码的蛋白参与 RNA 转录的控制。四个辅助基因编码的蛋白质则作为毒力因子参与宿主细胞的识别和感染。两端为长末端重复序列(LTR),内含复制所需的顺式作用元件,如包装信号元件 Ψ。

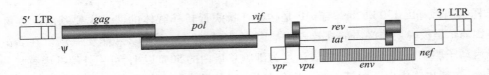

图 8 - 17 HIV - 1 RNA 结构

慢病毒载体的构建是基于将 HIV - 1 基因组序列,分成包装质粒、包膜蛋白质粒和转移载体质粒等 3 ~ 4 个载体。

第一代慢病毒载体系统为 3 个质粒:①包装质粒是 HIV - 1 前病毒基因组 5'LTR 由巨细胞病毒早期启动子 CMV 取代,并由 SV40 的 poly(A)替代 3'LTR 作为加尾信号,表达 HIV - 1 复制所需的全部反式激活蛋白,但不产生病毒包膜蛋白及辅助蛋白 vpu。②包膜蛋白质粒使用水疱性口炎病毒糖蛋白 G 基因(VSV - G)代替了原病毒的 env 基因。③转移载体质粒除含有包装、反转录及整合所需的顺式序列,还保留 350 bp 的 gag 和 rev 应答元件(rev response element,RRE),可在其中插入靶基因。将慢病毒载体系统分成 3 个质粒,可减少载体重组产生有复制能力病毒的可能性。

第二代慢病毒载体系统去除了辅助蛋白编码基因 vif,vpr,vpu 和 nef,以减少重组产生复制性病毒(replication-competent retroviruse,RCR)的风险,增加载体的安全性。

第三代慢病毒载体系统为 4 质粒表达系统(图 8 - 18),其包装成分分别构建在两个质粒上,一个表达 gag 和 pol,另一个表达 env。同时又增加了两个安全特性:一是删除了 U3 区的 5'LTR,使载体失去 HIV - 1 增强子及启动子序列,即使存在所有的病毒蛋白也不能转录出 RNA;二是去除了 tat 基因,用异源启动子序列代替,这样原始的 HIV - 1 基因组中的 9 个慢病毒载体中只保留了 3 个(gag、pol 和 rev)。

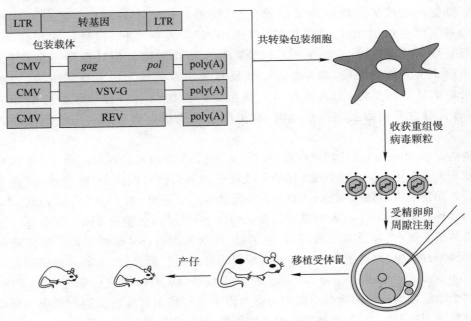

图 8 - 18 慢病毒制备转基因动物示意图

目前所用的三代慢病毒载体,其基因组 3′LTR 的增强子功能缺失,形成了自身失活型(self-inactivation,SIN),病毒基因整合到靶细胞基因组后不产生新的子代病毒,降低了对周围基因的意外激活,安全性好。

慢病毒载体是 RNAi 表达的主要手段,与化学合成和酶切形成的 siRNA 相比具有几个优点:①可携带 GFP 或荧光素酶等报告基因共表达,便于跟踪、选择和富集转染的细胞;②可根据需要表达不同类型的小 RNA 分子(siRNA、shRNA 或 miRNA,具体见第九章第二节);③具有较高的转染效率,使基因沉默维持较长时间。

慢病毒载体能产生表达 shRNA 的高滴度慢病毒,在周期性和非周期性细胞、干细胞、受精卵以及分化的后代细胞中表达 shRNA,实现在多种类型的细胞和转基因小鼠中特异而稳定的基因表达的功能性沉默,为在原代的人和动物细胞组织中快速而高效地研究基因功能,以及产生特定基因表达降低的动物提供可能性。慢病毒作为 siRNA 的携带者,不仅具备特异性地使基因表达沉默的能力,且充分发挥了慢病毒载体自身所具备的优势,为基因功能的研究提供了强有力的工具。

在 RNAi 研究中,为了感染原代细胞和难感染的细胞系,借助于病毒载体实现 RNAi。由于慢病毒可同时感染分裂和非分裂细胞、整合性以及免疫原性低等优点,基于慢病毒构建的 shRNA 被广泛使用。在 RNAi 研究需要长期观察或者需要进行动物实验时,基于慢病毒构建的 shRNA 的优势更为明显。但导入基因的慢病毒与用于 RNAi 的慢病毒载体不可通用,因为其启动子不同,基因表达用的是聚合酶二类启动子,而干扰载体用的是聚合酶三类启动子如 U6 等。野生型的 HIV 9.8 kb,慢病毒插入片段一般可达 4～5 kb。

二、哺乳动物细胞

哺乳动物细胞表达高等真核蛋白总是正确地被修饰,包括二硫键的形成、糖基化、磷酸化、寡聚体的形成或由特异性蛋白酶进行的裂解。培养哺乳动物细胞能生产天然复杂蛋白质。

(1) CHO – K1 细胞　1957 年 Puck 从中国仓鼠卵巢(chinese hamster ovary,CHO)中分离的一株上皮样细胞,广泛应用于构建工程细胞的是一株缺乏二氢叶酸还原酶(DHFR⁻)的营养缺陷型突变株,它可在氨甲蝶呤(methotrexate,MTX)压力下使外源基因的拷贝数扩增,使外源蛋白质得到较高水平表达,表达量达到 10 μg/mL 以上。CHO – K1 细胞的特点是:①将外源基因整合到宿主细胞染色体上,可在无选择压力下稳定保持。②适合多种蛋白质的分泌和胞内表达。③对培养基的要求低,无血清培养。④细胞可悬浮也可贴壁培养。⑤可大量培养,进行较大规模生产时其培养量可放大 5 000 L 以上。

用该细胞生产并已投放市场的重组生物药品有用于治疗心梗、脑栓塞和肺栓塞等血栓病的组织型纤溶酶原激活剂(tissue-type plasminogen activator,tPA),用于肾衰竭和艾滋病中增升红细胞的促红细胞生成素(erythropoietin,EPO),预防乙型肝炎感染的乙型肝炎表面抗原(hepatitis B surface antigen,HBsAg)疫苗,治疗骨髓移植或化疗中出现的中性粒细胞减少的粒系细胞集落刺激因子(granulocyte colony stimulating factor,G – CSF),用于治疗甲型血友病的凝血因子 8 以及用于治疗囊性纤维化的 DNA 酶 I 等。

(2) COS 细胞　1981 年 Gluzman 用复制起点缺失的 SV40 基因组 DNA 转化非洲绿猴肾细胞 CV – 1,获得了 COS – 1、COS – 3、COS – 7 三个细胞系。COS 易于培养和转染,能使转染该细胞的 SV40 载体快速扩增,组成型表达 SV－40 大 T 抗原,并瞬时表达大量的外源基因产物。COS 细胞被广泛用于瞬时表达系统。

（3）293 细胞与 293T 细胞　293 细胞是转染腺病毒 *E1A* 基因的人肾上皮细胞系,293T 细胞由 293 细胞派生,同时表达 SV40 大 T 抗原,含有 SV40 复制起始点与启动子区的质粒可以复制。用 $Ca_3(PO_4)_2$ 转染效率可高达 50%。蛋白质表达水平高,转染后 2～3天用碱性磷酸酶分析可较容易地检测到表达的蛋白质。瞬时转染 293T 细胞是过表达蛋白质并获得细胞内及细胞外(分泌的或膜)蛋白质的便捷方式。做 *E1A* 缺失型腺病毒最好不要用 293T。293T 中表达 SV40 的 T 抗原,而 293 细胞中则没有。293 中有腺病毒包装所需要的元件。

（4）鼠骨髓瘤细胞　细胞易于培养和转染,是"专业"的分泌细胞,表达量高,在培养上清液中可产生高达 100 mg/L 的抗体 Ig,且容易生长,可在无血清培养基中进行高密度悬浮培养;能对蛋白质进行糖基化修饰;高效表达 Ig 基因的调控成分明确,有利于表达载体的增强子和启动子的合理设计。目前可供使用的骨髓瘤细胞有 Sp2/0、J558L 和 NS0 等。J558L 细胞已用于多种相对分子质量为 $20×10^3～800×10^3$ 蛋白质的表达,表达量高于 100 mg/L,最高 1 mg/mL。

（5）C127　来自 RⅢ小鼠乳腺肿瘤细胞,特别适用于带有牛乳头瘤病毒(BPV)载体的转染。当 BPV－1 病毒载体转染后,细胞的生长形态可发生显著变化,转染成功的细胞可通过特有的转化形态加以识别。用 C127 细胞生产的重组人生长激素(hGH)已获准投放市场,用于治疗生长激素缺乏症。

（6）143B 细胞　人骨肉瘤细胞株。

三、外源基因导入动物细胞

（一）动物细胞转化法

1. 磷酸钙共沉淀法(calcium phosphate co-precipitation,也称磷酸钙转染技术)

使 DNA 和磷酸钙形成共沉淀物,黏附到培养的哺乳动物单层细胞表面,通过细胞脂相收缩时裂开的空隙进入,或在钙、磷的诱导下被细胞捕获,通过内吞作用进入受体细胞。具体是将溶解的 DNA 加入到 $CaCl_2$ 中,在振荡条件下加入由 Na_2HPO_4 和 NaH_2PO_4 组成的磷酸缓冲液,使溶液产生磷酸钙沉淀并将 DNA 包裹在沉淀中。当该沉淀物与细胞表面接触时,在电镜下可看到细胞通过胞饮作用将 DNA 导入到细胞中。该方法可进行共转化,将不含选择标记的 DNA 与含选择标记的 DNA 放在一起形成混合的共沉淀物,一起导入细胞。在制备 DNA 磷酸钙共沉淀物时,注意控制好 pH,使形成的颗粒大小适中。

2. 电击转染技术

在高压电脉冲作用下,使细胞膜上出现微小的孔洞,外源 DNA 可穿孔而入。操作需专用仪器,需控制好最大电压和电击时间。

3. 显微注射(microinjection)

利用微量注射器毛细管吸取外源 DNA 在显微镜下准确对准插入受体细胞核中,直接将 DNA 注射进去。显微注射方法可靠,重复性好,但需大型仪器,操作难度大,主要用于转基因动物研究中对卵细胞的操作(图 8－19、图 8－20)。

图 8 – 19　显微操作仪

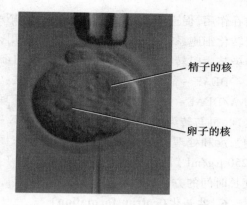

精子的核

卵子的核

图 8 – 20　显微注射

4. 脂质体介导法

脂质体(liposomes)是一种人造膜,可通过多聚碳酸酯滤膜(polycarbonate filter)灭菌。用它包装的 DNA 在 4 ℃长期保存不失活,可保护 DNA 免受核酸酶的降解。脂质体可以介导 DNA 和 RNA 转入动物和人的体内,用于基因治疗。

人工合成的阳离子脂质体与带负电荷的核酸结合后形成复合物,将 DNA 包裹在人工制备的磷脂双分子层的膜状结构内,通过脂质体与细胞膜的融合将 DNA 导入细胞内或通过内吞进入细胞质,随后 DNA 复合物被释放进入细胞核内(图 8 – 21)。以脂质体为载体的基因转移通常是先用高浓度的 PEG 或甘油处理培养的动物细胞,使之易于吸收周围培养基中的脂质体。正常情况下每个细胞平均可吸收约 1 000 个脂质体。

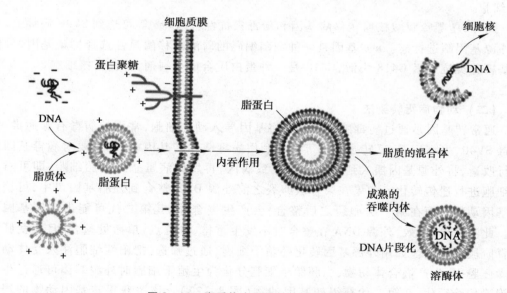

图 8 – 21　脂质体介导的转染与内吞作用

5. DEAE – 葡聚糖转染技术

DEAE(diethyl-aminoethyl,二乙胺乙基) – 葡聚糖是一种高分子多聚阴离子,其介导的转染可能是 DEAE – 葡聚糖与 DNA 结合后抑制核酸酶的作用或与细胞结合后引发细胞的内吞作用,促进哺乳动物细胞捕获外源 DNA。一般用于克隆基因的瞬时表达、不易形成稳定转化细胞系。由于它对细胞有毒性作用,某些细胞系(如 BSC － 1、CV － 1、COS 等)用该转染技术时转染效率很高,而有些类型的细胞则效率不高。

DEAE － 葡聚糖转染主要有 2 种方法:①先使 DNA 直接同 DEAE － 葡聚糖混合,形成 DNA/DEAE － 葡聚糖复合物后,再用于处理细胞;②受体细胞先用 DEAE － 葡聚糖溶液预处理,再与转染的 DNA 接触。影响 DEAE － 葡聚糖转染效率的因素主要有 DEAE － 葡聚糖的浓度和处理细胞的时间。一般用高浓度(1 mg/mL)短时间(0.5 ~ 1.5 h)或用低浓度(250 μg/mL)长时间(8 h)进行转染。由于 DEAE － 葡聚糖葡萄糖对细胞有毒性,采用低浓度长时间的方法较可靠。

6. 共转化(cotransformation)

将外源基因连接到报告基因,两者共同导入感受态真核细胞的方法。最常用的共转化报告基因是胸腺核苷激酶 tk(tkthymidinie kinase)基因,它能催化胸苷(T)转变成 dTMP,进而生成 dTTP。由于 tk$^+$细胞的 tk 酶可使核苷类似物溴化脱氧尿苷(BrUdr)变成细胞毒素,所以不能在含有 BrUdr 的培养基内生存,而 tk$^-$细胞可以在这种培养基内生存增殖。可利用 BrUdr 培养基筛选 tk$^-$细胞。

TK 选择系统将含有 tk$^+$基因的表达载体导入 tk$^-$宿主细胞,再用含有次黄嘌呤(H)、氨基喋呤(A)和胸苷(T)的 HAT 培养基培养细胞。其中氨基喋呤 A 为叶酸类似物,可阻断 dATP、dGTP 的合成以及 dUMP 到 dTTP 的转化,但次黄嘌呤 H 可合成 IMP,再由 IMP 合成 dATP 和 dGTP,含有载体的 tk$^+$细胞能利用胸苷 T 合成 dTTP,故可合成 DNA 使细胞存活,不含载体的 tk$^-$细胞不能利用 T 合成 dTTP,无法合成 DNA 使细胞死亡,从而筛选出 tk$^+$细胞。

此外,鸟嘌呤磷酸核糖转移酶基因和新霉素抗性基因 neo^r 等可连到 SV40 病毒上,作为外源基因筛选标志。neo^r 基因是一种细菌编码的磷酸转移酶显性选择标记基因,可使氨基糖苷类抗生素 G418 失活,G418 是一种蛋白质合成抑制剂,干扰真核细胞 80 S RNA 功能。

(二) 动物病毒转染法

通常转基因是通过病毒感染的方法将基因导入动物细胞,常用的病毒有腺病毒、猴病毒 SV40、牛痘病毒、反转录病毒等。在利用病毒载体转基因时,首先要对病毒基因组进行改造,将外源基因插入到病毒基因组致病区,再用此病毒感染胚胎细胞,即可对胚胎细胞进行遗传转化。如果在第一次卵裂之前外源 DNA 整合到胚胎基因组中,可获得转基因动物。而在第一次卵裂之后整合,会产生嵌合体,其第二代可能出现转基因动物。此法简单、高效,外源 DNA 在整合时不发生重排,单位点、单拷贝整合,且不受胚胎发育阶段的限制。如用外源基因转化胚胎干细胞,通过筛选,把阳性细胞注入受体动物的囊胚腔中,生产嵌合体动物,当胚胎干细胞分化为生殖干细胞时外源基因可通过生殖细胞遗传给后代,在第二代获得转基因动物(图 8 － 22)。该法获得转基因动物的周期较长,携带外源基因的长度不超过 15 kb,载体病毒基因有潜在的致病性,威胁受体动物的健康安全。

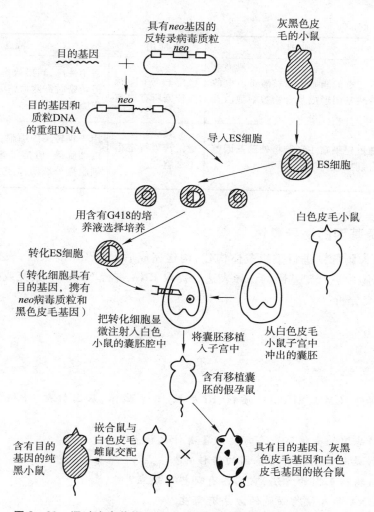

图 8 – 22 通过病毒载体导入 ES 细胞建立转基因小鼠的技术路线

至今还没有能应用体外包装技术将动物病毒 DNA 装配成颗粒感染真核宿主细胞,不能采用体外包装法、又无直接感染能力的病毒 DNA,只有依靠共转化来导入宿主细胞。

外源基因导入动物细胞的各种转化方法总结见表 8 – 3。

表 8 – 3 各种转化方法

方法	原理	应用	特点
DEAE – 右旋糖苷法	带正电的 DEAE – 右旋糖苷与核酸带负电的磷酸骨架相互作用形成的复合物被细胞内吞	瞬时转染	相对简单、结果可重复,但对细胞有一定的毒副作用
磷酸钙法	磷酸钙 DNA 复合物吸附细胞膜,被细胞内吞	稳定转染,瞬时转染	不适用于原代细胞,操作简单,但重复性差,有些细胞不适用
电击法	高脉冲电压破坏细胞膜电位,DNA 通过膜上形成的小孔导入	稳定转染,瞬时性转染所有细胞	适用性广,但细胞致死率高,DNA 和细胞用量大,需根据不同细胞类型优化实验条件

续表

方法	原理	应用	特点
阳离子性的脂质体法	带正电的脂质体与核酸带负电的磷酸基团形成复合物被细胞内吞	稳定转染,瞬时性转染所有细胞	适用性广,转染效率高,重复性好,但转染时需除血清,转染效率随细胞类型变化大
反转录病毒介导法	通过侵染宿主细胞将外源基因整合到染色体中	稳定转染特定宿主细胞	用于难转染的细胞,原代细胞和体内细胞等,但携带基因不能太大,细胞需分裂期,需考虑安全因素

四、外源基因的诱导表达

通常利用大肠杆菌进行重组载体构建,构建完成后,经 PCR 确认后,表达载体再导入特定的动物细胞中进行靶基因的诱导表达。提取 RNA 进行 Northern 杂交或提取蛋白质进行 Western 杂交分析。

思考题

1. 名词解释:GMO、VIGS、Ti 质粒、Ri 质粒、双元载体、基因打靶、外植体、慢病毒、脂质体。

2. 植物转基因的受体系统有哪些?各有什么特点?

3. Ti 质粒是如何实现外源基因的转移的?

4. 简述植物转基因的方法,它们各有哪些优缺点?

5. 外源 DNA 导入植物细胞的方法有哪些?

6. 简述反转录病毒在动物转基因中的作用?

7. 概述获得转基因植物可能的技术路线。

8. 某同学将从野生稻中克隆的抗白叶枯病基因 $Xa23$ 转入到栽培水稻,获得了再生植株,请问对获得的再生植株要进行哪些鉴定?

9. 如何对筛选获得的转基因愈伤组织进行再分化?

10. 外源基因导入动物细胞的方法有哪些?

11. 基因敲除中使用的慢病毒载体通常由 3~4 个载体构成,它们各具有什么作用?

12. 简述第一、二和三代慢病毒的异同点。

第九章
基因组、转录组和蛋白质组的研究

基因表达(gene expression)是指将基因携带的遗传信息转变为可辨别表型的全过程,包括基因组、转录组和蛋白质组。基因组和转录组的碱基排列决定所有生物的遗传蓝图和细胞特征。每个生物的基因组是静态的,组成有机体的不同细胞具有稳定不变的基因组。而转录组却是高度动态可变的,具有时间和空间性。同一生物体的细胞含有相同的基因却形成不同的细胞类型,导致它们行使不同的功能。此外,蛋白质组也是动态可变的,同一机体不同组织和细胞间有差异,同一机体的不同发育阶段,直至消亡的全过程也在不断变化。即使单一细胞在不同的时间和环境下所表达的蛋白质也可能有很大不同。

第一节　基因组

基因组(genome)是 1920 年 Winkles 等提出,来自 GENe 和 chromosOME,用于描述生物的全部基因和染色体组成,是某个特定物种细胞内全部 DNA 分子的总和。原核生物的基因组一般由一个环状双链 DNA 和若干个质粒组成。真核生物的基因组由一套若干条染色体(单倍体)组成。基因组学(genomics)是指发展和应用 DNA 测序新技术及计算机程序,研究并解析生物体全部基因组所包含的所有信息及功能的学科,包括结构基因组学(structural genomics)、功能基因组学(functional genomics)和比较基因组学(comparative genomics)(表 9 - 1)。而功能基因组学包含鉴定基因、分析基因功能和描述基因表达模式(表 9 - 2),主要是利用结构基因组学研究所得到的各种信息,研究基因组中全部编码、非编码序列的生物学功能。

表 9 - 1　基因组学

亚领域	内容
结构基因组学	整个基因组的遗传制图、物理制图及 DNA 测序
功能基因组学	认识、分析整个基因组包含的基因、非基因序列及功能
比较基因组学	比较不同物种的整个基因组,解析各个基因组功能与发育的相关性

表 9 - 2　功能基因组学研究策略及主要内容

内容	主要研究策略
鉴定基因	通过"ORF 搜寻",发现理论性蛋白质编码序列
分析基因功能	利用计算机进行"同源搜索",根据已知序列、演化相关性,发现蛋白质功能区。对 DNA 进行突变或剔除,结合功能、表型变化的实验鉴定基因功能
描述基因表达模式	采用 DNA 芯片进行整体基因表达谱,即转录组分析;采用蛋白质或多肽芯片、双向电泳以及飞行质谱技术进行蛋白质表达谱,即蛋白质组学分析

1977 年第一个生物基因组噬菌体 ΦX174(5 386 bp)测序完成,1995 年细菌嗜血流感杆菌(*Haemophilus influenzae*)的 1.8 Mb 全基因组测序结束。此后人类基因组计划顺序展开,一些模式生物如大肠杆菌(*E. coli*)、酿酒酵母(*S. cerevisiae*)、秀丽线虫(*Caenorhabditis elegans*)、果蝇(*Drosophila melanogaster*)、小鼠(*Mus musculus*)、斑马鱼(*Danio rerio*)、拟南芥(*Arabidopsis thaliana*)以及水稻(*Oryza sativa*)、玉米(*Zea mays*)等的基因组陆续被测定。NCBI 的 GenBank 中基因组数据在成倍迅猛增加。截至 2012 年 10 月,已有 3 600 多个生物完成测序,约有 14 000 种生物的基因组正在测序中。有关全基因组测序的信息可在 GOLD(Genomes Online Database,http://www.genomesonline.org/cgi-bin/GOLD/index.cgi)网站上在线查寻。

基因组研究包括基因组 DNA 提取、文库构建、序列测定、序列拼接、完成图的绘制、基因组功能注释(annotation)以及比较基因组分析等[图9-1]。其中基因注释包含碱基组成、RNA 基因(tRNA、rRNA)的预测、重复序列、基因组功能注释等。进行基因组测序可全面了解一个生物的基因组成与结构和基因调控,还可发现新的基因,明确蛋白质和代谢通路,进而深入探讨生物的演化和环境适应机制。

一、测序文库的构建

首先大量提取生物的基因组 DNA,对样品进行检测,要求无杂质,排除蛋白质污染,浓度要求 $A_{260}/A_{280} = 1.8 \sim 2.0$,电泳后 DNA 无降解(详见第三章第二节)。

利用合格的样品构建文库:采用超声法将大片段基因组 DNA 随机打断并产生主带为一定大小的一系列 DNA 片段,一般分 >2 kb 的大片段与 500 ~ 600 bp 的小片段两种。然后用 T4 DNA 聚合酶、Klenow 片段和 T4 多聚核苷酸激酶将打断形成的黏性末端 DNA 片段修复成平末端,再通过 3′端加碱基"A",与 3′端带有"T"碱基的特殊接头连接,电泳选择需回收的目的片段连接产物,再使用 PCR 扩增两端带有接头的 DNA 片段;最后利用合格的文库进行集群(cluster)制备和测序。

二、基因组测序

第一代测序技术是 20 世纪 70 年代的双脱氧终止法和化学降解法。双脱氧核苷酸末端终止法通过凝胶电泳和放射自显影技术,根据电泳带的位置确定待测分子的 DNA 序列。80 年代中期以荧光标记代替了放射性同位素标记,以荧光信号接收器和计算机信号分析系统代替放射自显影,实现单一泳道分离测序反应物,从而降低了迁移率差异对测序精度的影响[图9-2]。

进入 21 世纪后,多元化、高通量且高效率的测序技术相继诞生,包括罗氏(Roche)公司的 454 技术、Illumina 公司的 Solexa 技术和 ABI 公司的 SOLiD 技术等(图 9-1)。这些测序技术具有高通量、高效率、高准确性等特点,被称为第二代测序技术(next-generation sequencing)或高通量测序技术(high-throughput sequencing)。

1. 第二代测序技术

(1) 454 高通量测序　454/GS-FLX 测序是基于焦磷酸(pyrosequencing)测序原理建立的。由 4 种酶催化的同一反应体系中酶的级联化学发光反应。首先每个特异性的测序引物和单链 DNA 模板结合,加入酶混合物(DNA 聚合酶、硫酸化酶、荧光素酶和双磷酸酶)以及底物混合物 APS(adenosine 5′phosphosulfate)与荧光素;每次反应只向体系中加入一种 dNTP,若能与待测序列配对并在末端形成共价键,则释放焦磷酸基团(PPi);在 ATP 硫酸化酶(ATP sulfurylase)的作用下,生成的PPi可以和APS结合形成ATP;在荧光素酶(luciferase)的催化下,ATP又可以和荧光素(luciferin)结合形成氧化荧光素,产生可见光(图9-2)。

📧 知识扩展9-1 454/Roche FLX系统

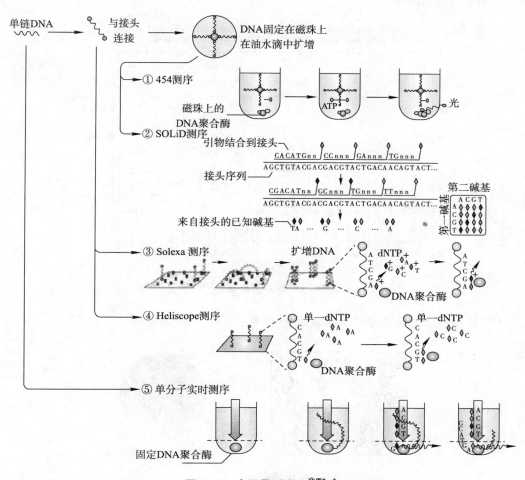

图9-1 高通量测序法[图9-3]

$$\text{(a)} \quad \text{(DNA)}_n + \text{dNTP} \xrightarrow{\text{DNA聚合酶}} \text{(DNA)}_{n+1} + \text{PP}_i$$

$$\text{(b)} \quad \text{PP}_i + \text{APS} \xrightarrow{\text{ATP硫酸化酶}} \text{ATP} + \text{SO}_4^{2-}$$

$$\text{(c)} \quad \text{D-荧光素} + \text{ATP} + \text{O}_2 \xrightarrow{\text{荧光素酶}} \text{氧化荧光素酶} + \text{AMP} + \text{PPi} + \text{CO}_2 + hv$$

$$\text{(d)} \quad \text{ATP} \xrightarrow{\text{双磷酸酶}} \text{AMP} + 2\text{P}_i$$

$$\text{dNTP} \xrightarrow{\text{双磷酸酶}} \text{dNMP} + 2\text{P}_i$$

图9-2 高通量测序的酶反应

通过电荷耦合元件CCD(charge-coupled device)光学系统即可获得一个特异的检测峰,峰值的高低则和相匹配的碱基数成正比(图9-3);反应体系中剩余的dNTP和残留的少量ATP在双磷酸酶(apyrase)的作用下发生降解。引物上每一个dNTP的聚合与一次荧光信号释放偶联起来,通过检测荧光信号释放的有无和强度就可以实时测定 DNA 序列。该技术不需要荧光标记的引物或核酸探针以及电泳,具有分析快速、准确、高灵敏度和高自动化的特点。最早应用于 DNA 甲基化检测和单核苷酸的多态性(SNP)位点分析,2005年后被用来基因组测序。

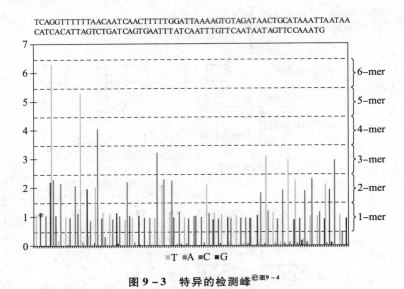

图 9 - 3　特异的检测峰[e图9-4]

454 测序系统的简要操作步骤如图 9 - 4 所示。

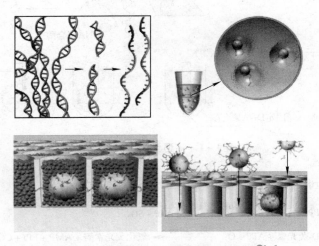

图 9 - 4　454/GS - FLX 高通量测序原理[e9-5]

①文库制备　将基因组 DNA 打断成 400 ~ 800 bp 小片段。在两末端加上不同的接头,组成样品文库。

②乳液 PCR 扩增(emulsion-based PCR,emPCR)　单链 DNA 与 20 μm 磁珠一同孵育和退火,使单链 DNA 通过接头与磁珠连接,成百上千条 DNA 片段分别结合到一个磁珠上,磁珠被单个油水混合小滴包被,由此样品文库中每个 DNA 片段就可在无其他竞争性或者污染性序列影响的微环境中进行平行扩增,产生几百万个相同的拷贝。随后打破乳液混

合物,扩增后仍结合在磁珠上的片段就可被回收纯化用于测序。

③测序反应 将反应混合物及回收的携带 DNA 磁珠放入 PTP(pico titer plate)板中。PTP 板含有 160 多万个由光纤组成的孔,29 μm 的孔直径只能容纳一个磁珠,孔中载有化学发光反应 所需的各种酶和底物。然后将 PTP 板放置在 GS FLX 中测序。每一个与模板链互补的核苷酸 的添加都会产生化学发光的信号,并被 CCD 照相机所捕捉,达到实时检测的目的。

④数据处理 通过 GS FLX 系统提供两种不同的生物信息学工具对测序数据进行 分析。

GS FLX 系统的技术特点有:①单序列的读长平均可达 450 个碱基,一次测序可获得 20 Mb 以上的序列信息。②操作简便高效,不需要建库,每人每天可完成一个微生物物种的测 序。③信息高通量,10 h 运行可获 100 多万个读长,读取超过 4 亿~6 亿个碱基信息。④应用 于基因组从头测序、重测序、目标基因捕获测序、宏基因组测序和 RNA 测序分析等研究领域。 此外,还可用于 DNA 甲基化位点确定、小 RNA 研究、基因表达连续分析(serial analysis of gene expression,SAGE)。每 Mb 序列仅需 20 美元成本。⑤同聚物的限制,错误率为 10^{-3} ~ 10^{-4},来自相同碱基的连续掺入,如 AAA 或 GGG。其主要错误是插入或缺失,不是替换。

(2)Solexa 测序技术 2007 年 Illumina 公司花费 6 亿美金收购了 Solexa,利用 Solexa 专利核心技术"DNA 簇"和"可逆性末端终结",实现自动化样本制备及基因组数百万个碱 基大规模平行测序^{ⓔ图9-6}。Genome Analyzer IIx 测序技术见图 9-5。

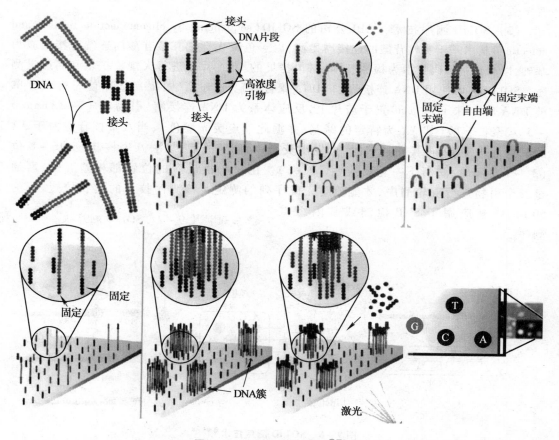

图 9-5 Solexa 测序技术^{ⓔ图9-7}

①文库制备　将基因组序列打断成几百 bp 小片段,在两端加上不同接头(adapter)。

②桥式 PCR 产生 DNA 簇　专用的测序芯片 Flowcell 表面连接有一层单链引物,变性的单链 DNA 片段与芯片表面的引物通过碱基互补被固定;进行扩增反应使得单链 DNA 成为双链 DNA,然后再成为单链;一端固定在测序芯片上,另外一端随机和附近的另一个引物互补被固定住,形成的单链桥在测序芯片表面再次进行扩增;双链经变性成单链,再次形成桥,成为下一轮扩增的模板;在反复 30 多轮反应中每个单分子扩增了 1 000 倍,成为单克隆"DNA 簇群",并在 Genome Analyzer IIx 测序仪上进行序列分析。

③测序反应　基于单分子簇的边合成边测序技术及可逆终止化学反应原理,测序时加入带有 4 种荧光标记的 dNTP,每个碱基末端被保护基团封闭,每个循环只允许单个碱基合成,经过扫描读取每个反应的荧光信号。保护基团被除去,继续下一个反应,如此反复得出碱基的精确序列。

illumina 测序平台的特点有:高通量,单序列读长约 100 bp,一次实验可读取 15 亿个碱基/芯片;上样量低,只需 pmol(ng)级,可应用于样品有限的实验(如 ChIP-seq、microRNA-seq、转录组测序);简单快速、自动化,由独立软件控制的自动生成 DNA 簇的过程可在 5 h 内完成,一周内得到高精确度的数据;错误率低,利用可逆荧光标记终止子可在 DNA 链延伸中检测单个碱基掺入,每个测序循环都存在四个可逆终止子 dNTP,自然竞争减少了掺入的错配;成本低,每天可产生约 5 Gb 的数据,每 Mb 序列花费 1 美元。

(3) SOLiD 测序技术　ABI 公司的 SOLiD(sequencing by oligonucleotide ligation and detection)技术基于寡核苷酸的连接与检测,以 4 色荧光标记寡核苷酸的连续连接反应为基础,以双碱基编码技术为检测技术,对单拷贝的 DNA 片段进行大规模扩增和高通量测序。SOLiD 技术使用 DNA 连接酶(非 DNA 聚合酶)合成序列(图 9-1②),首先将带有单链 DNA 的小珠子(1 μm)置于玻片上,反应体系为 DNA 连接酶、引物和 3′-XXnnnzzz-5′八聚核苷酸(其 XX 为特定的碱基,并据此确定荧光颜色);当八聚核苷酸由于 XX 的配对而被 DNA 连接酶连接时,会发出荧光;检测荧光后,切去八聚核苷酸的 6~8 位(3′-zzz-5′),进行下一轮反应(图 9-6)。由于每次反应的位置都相差五位,需通过五个引物进行五轮测序,才能最终完成序列的测定。该测序技术的读长较短,仅为 50 bp,常被应用于 SNP 检测或基因组重测序。

知识扩展 9-2　SOLiD 测序仪

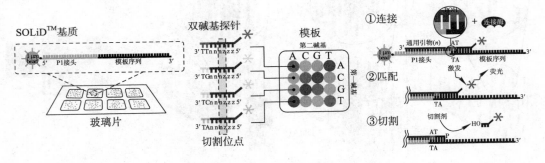

图 9-6　SOLiD 测序技术 图9-8

SOLiD 系统特点有:①高准确度,双碱基编码检测技术在测序过程中对每个碱基判读两遍。②高通量:单次运行可产生 50 GB 的序列数据。③可扩展性,采用开放玻片式的结构,使用包被 DNA 样品的微珠来输入基因组信息。

2. 第三代测序技术

第一、二代测序技术在制备测序文库时都需经过 PCR 扩增,这一过程可能引入突变或改变样品中核酸分子的比例关系(表 9 - 3)。且第二代测序的读长偏短,数据拼接会遇到问题。为此发展了不需扩增、直接以单分子实时测序和纳米孔为标志的第三代测序技术(third-generation sequencing),如 HeliScope 测序技术、单分子实施技术(SMRT)(图 9 - 7a)、荧光共振能量转移(FRET)技术(图 9 - 7b)、Nanopore 测序技术(图 9 - 7c)和 Ion Torrent 测序技术(图9 - 7d)。此外,基于透射电子显微镜(TEM)、扫描隧道电子显微镜(STM)的测序技术、晶体管介导的测序技术正在研发中。第三代测序是直接在单分子水平上进行 DNA 测序,因此也被称为单分子测序(single-molecules sequencing,SMS)技术。

表 9 - 3 第一、二代测序方法的比较

测序平台	ABI 3730XL	Roche(454)FLX	Illumina Genome Analyzer	ABI SOLiD
测序方法	自动双脱氧法	焦磷酸法	可逆终止合成法	连接酶合成法
模板扩增	克隆 PCR	乳化 PCR	桥式 PCR	乳化 PCR
长度	700 ~ 900 bp	200 ~ 300 bp	32 ~ 40 bp	35 bp
测序量	0.03 ~ 0.07 Mb/h	13 Mb/h	25 Mb/h	21 ~ 28 Mb/h
公司地址	http://www.appliedbiosystems.com.cn	http://www.roche-applied-science.com/index.jsp	http://www.illumina.com	http://www.appliedbiosystems.com.cn

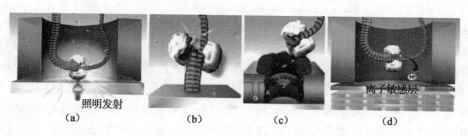

照明发射
(a)　　　　(b)　　　　(c)　　　　离子敏感层　(d)

图 9 - 7 第三代测序仪的工作原理 ©图9 - 9
(a)SMRT 测序;(b)FRET 测序;(c)Nanopore 测序;(d)Ion Torrent 测序

(1) HeliScope 测序技术 Helicos 公司的 HeliScope 单分子测序基于边合成边测序,将待测序列随机打断成小片段,在 3'端加上 poly(A),用末端转移酶在接头末端加上 Cy3 荧光标记。用小片段杂交于带有寡聚 poly(T)的平板上。加入 DNA 聚合酶和 Cy5 荧光标记的一种 dNTP 进行 DNA 合成反应。洗脱游离的 dNTP 和 DNA 聚合酶后,ICCD 相机以 15 ms的速度快速检测荧光信号。再用化学试剂去掉 Cy5 荧光标记,进行下一轮反应。经过不断地重复合成、洗脱、成像与淬灭完成测序(图 9 - 8)。HeliScope 的读取长度为 30 ~ 35 nt,每个循环的数据产出量为 21 ~ 28 Gb。

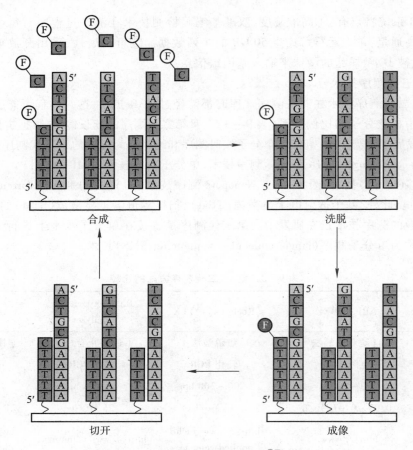

图9-8　HeliScope测序技术ⓒ图9-10

（2）SMRT 技术　Pacific Biosciences 公司的单分子实时 DNA 测序技术（single-mole-cule real-time DNA sequencing, SMRT）以 SMRT 芯片为测序载体。SMRT 芯片是一种带有很多 ZMW（zero-mode waveguides）孔的金属片，由一个固定在 ZMW 孔底部的 DNA 酶进行合成反应，DNA 酶下方为检测区（图9-9）。将待测序列和 dNTP 放入 ZMW 孔，dNTP 由不同荧光标记于磷酸基团；当一个 dNTP 配对到模板链上时，它恰好进入荧光信号检测区，并在激光激发下发出荧光，从而可判定 dNTP 的种类；当磷酸酯键形成时，荧光基团随磷酸基团释放，离开检测区；随后另一个可配对的 dNTP 进入检测区，并重复此过程。

（3）FRET 测序　Life Technologies 公司的荧光共振能量转移（fluorescence resonance energy transfer, FRET）测序使用荧光标记核苷酸技术。被量子点（quantun dot）修饰的 DNA 聚合酶与 DNA 模板被锚定在固体表面。在核苷酸掺入时，能量从量子点转移到每个被标记核苷酸的受体荧光分子上发出荧光，只当核苷酸被掺入时才会发荧光而被检测（图9-10）。四种碱基带有四种不同的受体荧光，反应后带有荧光的焦磷酸基团自动脱落。其特点是不用加反应剂，四种核苷酸同时加入。

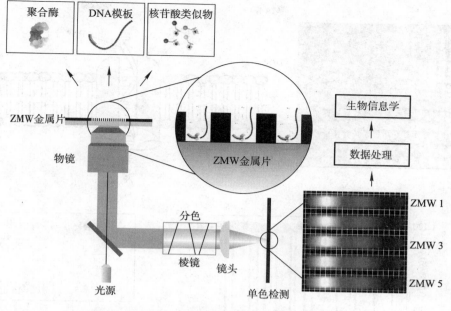

图 9-9 单分子实时 DNA 测序技术[e图9-11]

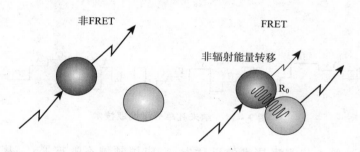

图 9-10 荧光共振能量转移

（4）纳米孔单分子读取技术 Oxford Nanopore Technologies 公司的纳米孔（Nanopore）单分子技术基于电信号测序（http://www.nanoporetech.com）。纳米孔是以 α-溶血素为材料制作的，在孔内共价结合有分子接头环糊精，为核苷酸结合位点[e图9-12]。纳米孔中连接有一个核酸外切酶可切割 ssDNA。当从 DNA 模板链上被核酸外切酶陆续切下的单个碱基落入纳米孔内，和其中的环糊精相互作用，短暂地影响流过纳米孔的电流强度，不同碱基对电流强度的影响不同，即可据此分辨碱基序列（图 9-11）[e图9-13]。纳米孔技术不需要扩增与荧光标记物，能直接快速"读"出 DNA，且通过电流强度变化幅度的特异性可直接读取甲基化的胞嘧啶，而不必通过重亚硫酸盐处理。

（5）Ion Torrent 测序 Ion Torrent 公司的 Ion PGM（ion personal genome machine）测序仪使用了一种高密度半导体小孔芯片，该芯片置于一个离子敏感层和离子感应器上。每当合适碱基进入孔并合成于 DNA 链 3'端时，伴随着一个 H^+ 离子的释放，从而影响了溶液的 pH，离子感应器通过感应这种变化确定 DNA 链的合成，从而读出 DNA 序列。该技术不需要标记、激光和照相机。

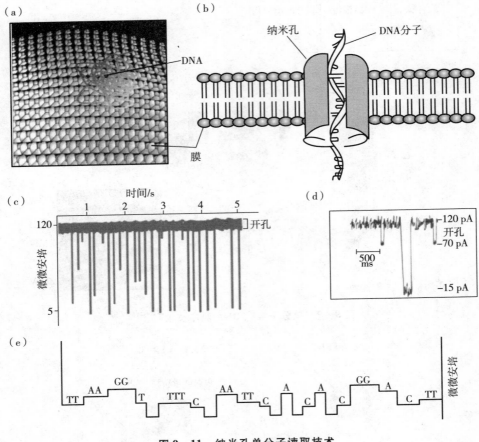

图 9 - 11　纳米孔单分子读取技术

随着第二代、第三代测序技术的迅猛发展,应用领域不断扩展:①基因组水平对还没有参考序列的物种进行从头测序(*de novo* sequencing),获得该物种的参考序列;②对有参考序列的物种进行全基因组重测序(resequencing),在全基因组水平上扫描并检测突变位点;③在转录组水平进行测序,开展可变剪接、编码序列单核苷酸多态性(cSNP)等研究;④分离特定大小的 RNA 进行小分子 RNA 测序,可发现新的 microRNA 分子;⑤染色质免疫共沉淀测序(ChIP - seq),研究组蛋白修饰、特定转录因子调控等 DNA 与蛋白质的相互作用。在转录组水平上,与染色质免疫共沉淀(ChIP)和甲基化 DNA 免疫共沉淀(MeDIP)技术相结合,可检测与特定转录因子结合的 DNA 区域和基因组上的甲基化位点。

三、测序后数据组装

针对某生物 DNA,采用全基因组鸟枪法构建 500 bp 和 7 000 bp 的两个 Paired-End 文库,进行 Illumina/Solexa 高通量测序,整体测序深度达到 100 倍以上。运用 SOAPdenovo 短序列组装软件(http://soap. genomics. org. cn/soapdenovo. html)对处理后的 reads 数据进行组装©图9 - 14。SOAPdenovo 拼接软件运行于 Linux 系统下,针对 Solexa/liumine 所产生的短读拼接成长序列(使用的计算机硬盘需要 5～15 G)。

1. 构建 De Bruijn 图

从输入的 reads 上逐一提取 K-mer 长度的序列作为图上的结点,如果两 K-mer 序列存在连接的关系,则在两结点间画一条边,最后统计所有 reads 上 K-mer 序列出现的情况,构建完整的 De Bruijn 图。

2. 构建 Contig 序列

如果两结点相连,则表示两结点代表的序列是 overlap 连在一起的;但图中结点间的关系非常复杂,通常无法找到一条唯一的路径反映所有结点间的前后关系,所以软件先把能确定前后关系的序列集中在一起,形成 Contig 序列集。

3. reads 与 Contig 序列 mapping 构建 Scaffold 序列

利用一对 reads 的 Paired-End 关系,统计覆盖到不同 Contig 序列上的成对的 reads 信息,构建 Scaffold 序列。如果两条 Contig 序列存在多对 reads 的覆盖支持,则认为这两条 Contig 的位置关系确定,可连在一起形成 Scaffold。

测序后获得的数据可通过 Rast(rapid annotation using subsystem technology)进行分析(http://rast. nmpdr. org/rast. cgi)。

四、内洞修补、拼接

测序完成后,将两个数据库的可用数据进行拼接组装,得到 Scaffolds 以及含有内洞的克隆重叠群(Contig)。Scaffold 是指克隆重叠群之间的定位,是根据同一克隆两端 reads 的正反向信息,将克隆重叠群 Contig 按一定顺序和方向连接起来。

根据得到的 Contig 和 Scafford 序列信息,使用 Primer Premier 5 设计引物,进行补洞、拼接。为确保拼接的准确性和可靠性,引物需位于距离末端约 300 bp 且特异性较高处。对于 Scaffold 之间的 Gap,在其序列末端设计特异性引物,使引物 3′ 方向指向末端,并通过引物组合的多重 PCR 进行扩增。多重 PCR 的引物设计:应距离重叠群末端 200~500 bp;G+C 含量应对应基因组的 G+C 含量,避免 3 或以上个连续的 G 或 C 出现。引物长度为 22~26 nt,使退火温度在 62~68 ℃,多个引物的融解温度控制在 ±2 ℃。

五、全基因组注释

测序得到的原始数据过滤及统计后,运用 SOAPdenovo 1.05 短序列组装软件,对数据进行组装;若有近源参考序列,可以对基因组和基因区覆盖度进行评价,确定与参考序列的同源性高低,再进行基因组注释(genome anotation)(图 9-12)。

1. RNA 基因的注释

使用 tRNAscan-SE 软件工具预测 tRNA 区域以及 tRNA 的二级结构;通过与参考序列 rRNA 比对找到 rRNA;或利用 RNAmmer、Snoscan 软件以及 Rfam 数据库寻找编码 rRNA 的基因以及 miRNA、sRNA 和 snoRNA。

2. 重复序列注释

通过 Repeat Masker 软件(使用 Repbase 数据库)和 Repeat Protein Masker 软件(使用 Repeat Masker 自带的转座子蛋白库)两种方法来预测转座子和蛋白质重复序列;通过 TRF(Tandem Repeat Finder)软件预测串联重复序列。

3. 基因预测

采用 Glimmer v3.0 软件预测编码基因的开放阅读框 ORF,注释 Perl 脚本。

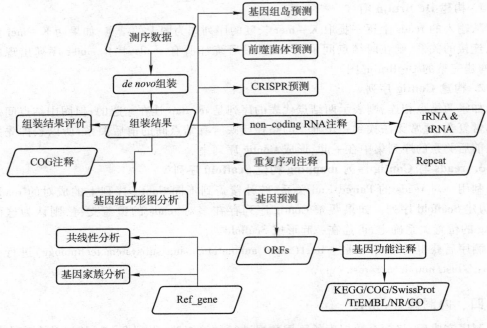

图 9 – 12　基因组注释分析流程

4. 基因功能注释

将基因的序列与各数据库进行比对,得到对应的功能注释信息。即基因预测的蛋白质序列与 NCBI 数据库 NR、Swiss – Prot 进行 Blast 比对,获得基因功能信息;再利用蛋白质直系同源簇 COGs(clusters of orthologous groups of proteins)数据库(http://www. ncbi. nlm. nih. gov/COG)对预测的基因进行同源聚类分析,预测单个蛋白质功能和整个新基因组中蛋白质的功能;使用 Interproscan 软件对蛋白质序列进行 GO(gene ontology)分类注释;使用京都基因和基因组百科全书(Kyoto encyclopedia of genes and genomes,KEGG)网站(http://www. genome. ad. jp/kegg)的 KAAS 注释系统对基因序列进行代谢通路的预测。

KEGGS 是系统分析基因功能,联系基因组信息和功能信息的数据库。基因信息 GENES/SSDB/KO 数据库提供关于在基因组计划中发现的基因和蛋白质的相关知识;PATHWAY 数据库整合当前在分子互动网络(比如通道,联合体)的知识,包括图解的细胞生化过程,如代谢、膜转运、信号传递、细胞周期、同系保守的子通路等信息;LIGAND 数据库包含关于化学物质、酶分子、酶反应等信息。COMPOUND/GLYCAN/REACTION 数据库提供生化复合物及反应方面的知识。在给出染色体中一套完整的基因的情况下,就可以对蛋白质交互(互动)网络在各种细胞活动起的作用进行预测。

5. 环形图

使用(G – C)/(G + C)的计算方法来进行 GC 倾斜(skew)分析,同时根据 COG 的注释结果和基因的位置信息绘出 COG 注释的基因在基因组上的分布情况☞图9 – 15。原核生物的基因组 DNA 链不同区域的碱基组成是不对称的,对于大多数原核生物来说,其前导链含有较多的 G 而后随链含有较多的 C,GC 倾斜 = ($nG - nC$)/($nG + nC$)。在复制的终点和起点会发生($nG - nC$)/($nG + nC$)的正负值之间的转变。

6. 共线性分析

通过目标菌蛋白集(核酸集)与参考菌蛋白集(核酸集)两两比对,将目标菌的基因组序列根据参考菌的基因组序列进行排序构图。

7. 基因岛预测

将目标基因组与基于 SIGI‐HMM 软件所预测的全部基因岛序列作为的基因岛库进行 BLAT 比对,得到目标基因组中可能的 GIs。

8. 前噬菌体预测

将目标基因组与 Prophinder 软件和 ACLAME 数据库预测出的前噬菌体座位的前噬菌体库作 BLAT 作比对,从而判定目标基因组中可能的前噬菌体。

9. CRISPR 预测

使用 CRISPR Finder 软件,识别 CRISPRs,得到 DRs 和 spacers。

使用 RAST sever 进行 subsystem 的功能分析;使用 Phobius web sever 预测蛋白质信号肽和跨膜结构。各种蛋白质信号肽一般由带正电荷的 N 区,疏水的 h 区及中性极化的 c 区组成,信号肽酶切位点上游的 1~3 个氨基酸必须是小且中性的氨基酸。所有分析均设置 E‐value<1E‐5。基因组及质粒序列提交序列至 NCBI。根据测序及注释的结果,对菌株的特性进行分析。

直系同源(orthology)是指不同物种中由同一个祖先基因演化而来的对应基因。旁系同源(paralogy)是指一个个体的基因组内基因复制形成的多个基因。一般而言,直系同源保持了同样的功能,旁系同源则演化出不同的功能。因此确定直系同源对功能注释的可靠性很重要。COG 直系同源簇法,即用不同种族的基因成对相似聚类法划分成各种直系同源簇,从而可以用同一簇中的已知基因注释未知基因。COG 是在基因组水平上找寻直系同源体,预测未知 CDS 蛋白产物的生物学功能。一般与已知基因的相似性很低,只有 20%~30%,难以做出合理的功能预测,为孤儿基因(orphan gene)。

第二节 转录组

随着越来越多生物的全基因组测序完成,一本本没有标点符号、词句和段落、"写满生命密码的天书"呈现在人们面前。要读懂基因组这本"天书",先要搞清楚基因是怎么表达的。基因表达的第一步是基因转录,它是基因表达调控的关键环节。

基因转录是在细胞核内进行的,它以 DNA 的一条链为模板,按照碱基互补配对原则,合成 RNA 的过程。转录组(transcriptome)是一个细胞内转录出的所有 RNA(mR-NA、tRNA、rRNA 及非编码 RNA)的总和,也称表达谱(expression profile)。包含了某一环境条件、某一生命阶段、某一生理或病理(功能)状态下,生命体的细胞或组织所表达的基因种类和水平。转录组是连接基因组遗传信息与生物功能的蛋白质组的纽带。人类基因组包含有 30 亿个碱基对,其中大约只有 5 万个基因转录成 mRNA 分子,而转录后的 mRNA 仅部分被翻译成功能性的蛋白质。与基因组不同,转录组是可变的,如人体同一细胞在不同的生长时期及生长环境下,其基因表达情况不完全相同。当细胞受到侵犯时,甚至当细胞处于正常的生理活动如复制和分裂时,基因的转录情况会发生很大变化。除了异常的 mRNA 降解现象(如转录衰减)外,转录组所反映的是特定条件下活跃表达的基因。

真核生物的基因由三类 RNA 聚合酶进行转录：RNA 聚合酶 Ⅰ 和 Ⅲ 负责种类稀少、功能重要的非编码 RNA 基因的转录。由这两类 RNA 聚合酶转录的非编码 RNA 属于管家 RNA，在各种生理和病理状态下都被高水平转录，转录产物占细胞内 RNA 总量的 95% 以上。而 RNA 聚合酶 Ⅱ 负责蛋白质编码基因和调控非编码 RNA 的转录，在真核生物的不同生理和病理状态下表达量被严格调控。

转录组测序（RNA – seq）是对成熟 mRNA、small RNA 和非编码 RNA 进行高通量测序。通过测序获得一种细胞内几乎所有重要基因的表达参数。转录组学（transcriptomics）是研究单个细胞或一个细胞群的特定细胞类型内所产生的 mRNA 分子，从 RNA 层次分析基因表达的情况，研究生物细胞中转录组的发生、变化以及转录调控规律，搞清基因在何时何地及何种程度进行表达。

非编码 RNA（non-coding RNA，ncRNA）是指不编码蛋白质的 RNA，其中包括 rRNA，tR-NA，snRNA，snoRNA 和 miRNA（详见后面说明）等多种已知功能的 RNA，还包括未知功能的 RNA。这些 RNA 的共同特点是都能从基因组上转录而来，但不翻译成蛋白质，在 RNA 水平上行使各自的生物学功能。非编码 RNA 从长度上来划分可分为 3 类：小于 50 nt，包括 microRNA，siRNA，piRNA；50 ~ 500 nt，包括 rRNA，tRNA，snRNA，snoRNA，SLRNA（spliced leader RNA），SRPRNA（signal recognition particle RNA）等；大于 500 nt，包括长 mRNA-like 的非编码 RNA，长的不带 poly（A）尾巴的非编码 RNA 等。

snRNA（small nuclear RNA，小核 RNA）与蛋白因子结合形成小核核糖蛋白颗粒（small nuclear ribonucleo-protein partcle，snRNPs），行使剪接 mRNA 的功能，主要包括 U1、U2、U4、U5 和 U6，存在于所有 snRNP 中的蛋白称通用蛋白（Sm 蛋白）。除 U6 外，Sm 蛋白可以结合到所有的其他 snRNA 的保守序列 AAU4 – 5GGA 上，可作为判断 snRNA 的一个特征。

snoRNA（small nucleolar RNA，核仁小 RNA）最早在核仁发现的小 RNA，用来修饰 rRNA，可分为两类：一类是 C、D box snoRNA，对 RNA 碱基进行甲基化修饰。其特点是含有 Box C、Box D、Box C′ 和 Box D′，snoscan 软件可预测 C/D box snoRNA；另一类是 H/ACA box snoRNA，对 RNA 的碱基进行甲尿嘧啶化修饰。其特点是形成一个双 stem，中间加一个 loop 区，中间的 loop 区中有一个 box H，而在尾部有个 box ACA。一级序列特征 Box H 是 ANANNA，box ACA 是 ACANNN，且 HACA snoRNA 的二级结构非常明确，可联合两者判断一个 RNA 是否为 HACA snoRNA。

miRNA（microRNA，小分子 RNA）是一类 21 ~ 23 nt 小 RNA，其前体为 70 ~ 100 nt，形成标准的颈环结构。microRNA 与 mRNA 互补，可让 mRNA 沉默或者降解。RNA 干扰（RNA interference，RNAi）技术就是利用加入类似 microRNA 的 small RNA 来沉默对应 mRNA（图 9 – 13），详见后文。

对转录组的研究可确定不同种类的细胞和组织的基因在何时何地被激活或进入休眠，对转录组的定量可了解特定基因的活性和表达量，用于疾病的诊断和治疗，如通过对转录组的研究可让个性化医疗的目标成为可能。目前，进行转录组研究主要有三种技术：基于杂交的微阵列（DNA 芯片）技术，基于 Sanger 测序法的 SAGE 和 MPSS 以及基于高通量测序的转录组测序技术（表 9 – 4）。

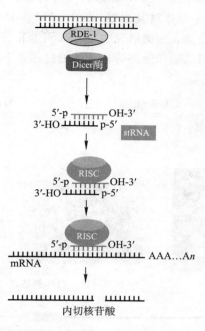

图 9 - 13　RNA 干扰

表 9 - 4　转录组检测技术的比较

技术	DNA 芯片	SAGE 和 MPSS	RNA - seq
原理	杂交	Sanger 测序	高通量测序
信号	荧光模拟信号	数字化信号	数字化信号
分辨率	高	低	高
基因表达量范围	几十到几百倍	不适用	大于 8 000 倍
转录组成本	高	高	相对较低
RNA 用量	多	多	少

一、微阵列技术

微阵列技术也称 DNA 芯片技术(图 9 - 14),适用于检测已知序列,却无法捕获新的 mRNA。细胞中 mRNA 的表达丰度不尽相同,通常细胞中不到 100 种、占总 mRNA 一半的高丰度 mRNA,而另一半 mRNA 由种类繁多的低丰度 mRNA 组成。杂交技术对于低丰度的 mRNA,微阵列技术难以检测,也无法捕获到目的基因 mRNA 表达水平的微小变化。

二、SAGE 和 MPSS 技术

SAGE(serial analysis of gene expression,基因表达的系列分析)是一种以 DNA 序列测定为基础定量分析基因群体表达状态与模式的技术,它能直接读出任何一种细胞类型或组织的基因表达信息。先提取 RNA 并反转录成 cDNA,随后用锚定酶(anchoring enzyme)切割双链 cDNA,再将切割的 cDNA 与不同接头进行连接,通过标签酶进行酶切处理获得

SAGE 标签,然后 PCR 扩增连接 SAGE 标签形成的标签二聚体,再通过锚定酶切除接头序列,形成标签二聚体的多聚体对其测序(图 9 − 15)。SAGE 可在组织、细胞中定量分析相关基因表达水平。在差异表达谱研究中,SAGE 可获得完整的转录组学图谱以及发现新的基因,鉴定其功能、作用机制和通路等。具体的过程如下:

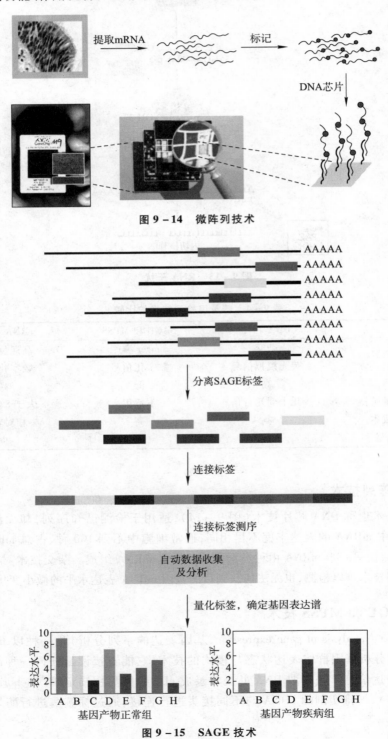

图 9 − 14 微阵列技术

图 9 − 15 SAGE 技术

（1）以 5′端生物素修饰（biotinylated）的 oligo（dT）为引物反转录合成 cDNA，以一种限制性内切酶 *Nla*Ⅲ（锚定酶）酶切，该酶能够识别 CATG 位点并在其 3′侧进行酶切。通过链霉抗生物素蛋白珠亲和纯化收集 cDNA 3′端部分。对每一个 mRNA 只收集其 poly（A）尾与最近的酶切位点之间的片段。

（2）将 cDNA 的 5′端补平，并分为 a 和 b 两部分，分别连接接头 A 或 B。每种接头包含 CATG 四碱基突出端（锚定酶识别位点）、标签酶（tagging enzyme）*Bsm*FⅠ的识别序列和一个 PCR 引物 A 或 B 序列。标签酶 *Bsm*FⅠ能在距识别位点下游 14～15 bp 切割 DNA 双链（酶切的位置 20% 在其识别序列的 14 bp 下游，80% 在 15 bp），从而每条 cDNA 释放出一个带有接头的 SAGE 标签。

（3）用标签酶 *Bsm*FⅠ酶切，从而每条 cDNA 释放出一个带有接头的 SAGE 标签（tag）。A 和 B 两部分的带有接头的 SAGE 标签分别用 DNA 聚合酶（Klenow 酶）进行末端补平，混合，并用连接酶（ligase）进行连接。得到的带接头的双标签（linker-adapted ditag）用引物 A 和 B 进行 PCR 扩增。

（4）用锚定酶切割扩增产物，抽提双标签片段并克隆、测序。一般每个克隆最少有 10 个标签序列，克隆的标签数处于 10～50 之间。

（5）对标签数据进行处理。得到的克隆插入序列由一系列的 20～22 bp 长的 SAGE 双标签组成，每两个双标签中间由 4 bp 的锚定酶 *Nla*Ⅲ酶切位点分隔开，以 CATG/GTAC 序列确定标签的起始位置和方向。根据同一标签重复次数，可计算其对应基因表达频率。不管它是低丰度还是高丰度。通过快速和详细分析成千上万个 EST 来寻找出表达丰度不同的 SAGE 标签序列，从而接近完整地获得基因组的表达信息。

MPSS（massively parallel signature sequencing）是 SAGE 的改进版，首先提取实验样品 RNA 并反转录为 cDNA，将获得的 cDNA 克隆至具有各种 adaptor 的载体库中，PCR 扩增克隆至载体库中的不同 cDNA 片段，然后在 T4 DNA 聚合酶和 dNTP 的作用下将 PCR 产物转换为单链文库，最后通过杂交将其结合在带有 anti-adaptor 的微载体上进行测序。MPSS 技术对于功能基因组研究非常有效，能在短时间内捕获细胞或组织内全部基因的表达特征。

三、转录组测序技术

随着测序技术的发展，大规模转录组测序成为转录组研究的重要方法。主要有转录组结构研究（基因边界鉴定、可变剪接研究），转录组变异研究（如基因融合、编码区 SNP 研究），非编码区域功能研究（ncRNA 研究、miRNA 前体研究），基因表达水平研究以及全新转录本发现。

1. 转录组测序（RNA – seq）

提取样品总 RNA 后，用带有 oligo（dT）的磁珠富集真核生物 mRNA（若为原核生物，则用试剂盒去除 rRNA 后进入下一步）。加入 fragmentation buffer 将 mRNA 打断成短片段，以 mRNA 为模板，用六碱基随机引物（random hexamers）合成 cDNA 的第一链，然后加入缓冲液、dNTPs、RNase H 和 DNA 聚合酶 Ⅰ 合成第二链 cDNA 链，在经过 QIAquick PCR 试剂盒纯化并加 EB 缓冲液洗脱之后做末端修复、加 poly（A）并连接测序接头，再用琼脂糖凝胶电泳进行片段大小选择，最后进行 PCR 扩增，建好的测序文库用 Illumina HiSeq™2 000 进行测序(图 9-16)。

2. 测序数据分析

（1）GS-FLX Software 去除衔接子区域和低质量序列。

（2）Bowtie 将短 DNA 序列比对到人类基因组 (http://bowtie-bio. sourceforge. net/index. shtml)。

（3）TopHat 进行 splice junction mapping 的程序 (http://tophat. cbcb. umd. edu)。

（4）SpliceMap 是一个从头开始发现和比对剪接 junction 工具,提供高敏感度并且支持任意长度 RNA-seq 序列片段 read 长度 (http://www. stanford. ed...ab/SpliceMap)。

（5）Cufflinks 组装转录本,估计转录组的丰度,检测 RNA-Seq 样品中的差异表达和调控(http://cufflinks. cbcb. umd. edu)。

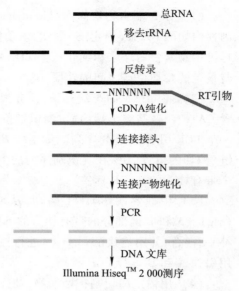

图 9-16 转录组测序技术路线

（6）短寡聚核苷酸分析包 SOAP 包括:①基于 GPU 的软件 SOAP3 用于比对短序列片段到参考序列。②高效比对程序 SOAPaligner/soap2 用于将短核苷酸比对至参考序列上。③SOAPsplice 是设计成为使用 RNA-Seq 序列片段用于基因组范围内从头开始检测剪接 junction 位点和鉴定可变剪接事件。④一致性序列建造程序 SOAPsn 基于 soap1 和 SOAPaligner/soap2 的比对,计算每个一致性碱基的质量得分值,便于后续流程中的 SNP calling。⑤短序列片段从头开始组装工具 SOAPdenovo 是将短核苷酸组装成为 Contig 和 scaffolds 的工具包。⑥SOAPindel 是一个针对重测序技术,寻找插入和删除的程序。⑦SOAPsv 是用于检测结构差异的程序(http://soap. genomics. org. cn)。

（7）BLAT(the BLAST-like alignment tool)为类 BLAST 比对工具,相对于速度偏慢、结果难处理、无法表示出包含内含子的基因定位的 BLAST,BLAT 则速度快,共线性输出结果简单易读,适合用于比较小的序列(如 cDNA)对大基因组的比对。

（8）GMAP(http://research-pub. gene. com/gmap)能快速将 cDNA 序列映射到基因组序列的相应位置(http://www. gene. com/share/gmap)。

（9）sim4 适合于跨物种的转录本序列与基因组序列的比对。

（10）BWA 适用于短片段比对软件(http://bio-bwa. sourceforge. net)。

（11）GO(gene ontology)数据库,注释基因的参考,GO 分类分析可按生物学过程,分子功能和细胞组分(cellular component)三大亚类进行分类,对所有注释信息整理。

RNA-Seq 的应用表现在:①可极大丰富基因注释,还可对可变剪接进行定量研究。②可以发现序列差异(如融合基因鉴定、编码序列多态性研究)。③可以捕捉不同组织或状态下的转录组动态变化。④发现和分析 ncRNA。至少 93% 的人类基因组可转录为 RNA,其中不到 2% 的序列用于编码蛋白,其余 91% 的基因组可转录为非编码蛋白的 RNA,即 ncRNA 非编码区域功能。⑤可以检测的基因组中存在的大量新转录区域。

随着新一代高通量测序技术的运用,转录组研究中提供的数据量呈现爆炸式的扩增,极大拓宽了转录组研究问题的范围,并且单一的蛋白质组数据不足以清楚地鉴定基因的功能,蛋白质组研究需要更多的转录组研究的信息作为印证。

第三节 蛋白质组

蛋白质组(proteome)是 1994 年澳大利亚学者 Wilkins 与 Williams 首先提出,源于蛋白质(PROTEin)与基因组(genOME)两个词的组合,意指生物细胞或组织的基因组所表达的全部蛋白质,反映特殊阶段、环境状态下细胞或组织在翻译水平的蛋白质表达谱。除了管家基因(house-keeping gene)外,大多数基因在细胞内只有部分表达,具有时空性。同一基因组在不同细胞/组织中表达的蛋白质谱不同,如脑、肝、心和肾之间;同一细胞、组织在不同时间、不同环境条件下表达的蛋白质谱也不同,如胎儿与成人。在进行蛋白质组分析时,需要把时间和空间作为重要的参数。

RNA 转录或 RNA 剪辑的选择性拼接和转录后的修饰能够产生比基因编码数目多得多的蛋白质。此外,翻译后的多肽还要经过加工修饰,如切除前导序列,磷酸化(phosphorylation)、糖基化(glycosylation)、乙酰化(acetylation)、甲基化(methylation)、羧基化(carboxylation)等(表 9 - 5),以及在分子伴侣作用下折叠组合成有生物活性的三维空间蛋白质。

表 9 - 5 翻译后的修饰

修饰	残基
糖基化(glycosylation)	天冬酰胺(Asn)、丝氨酸(Ser)或苏氨酸(Thr)
磷酸化(phosphorylation)	丝氨酸(Ser)、苏氨酸(Thr)、酪氨酸(Tyr)或组氨酸(His)
乙酰化(acetylation)	赖氨酸(Lys)
甲基化(methylation)	赖氨酸(Lys)、精氨酸(Arg)
羧基化(carboxylation)	谷氨酸(Glu)
羟基化(hydroxylation)	脯氨酸(Pro)、赖氨酸(Lys)
酰胺的胺解(transamidation)	谷氨酰胺(Gln)、赖氨酸(Lys)

目前国际上最大、种类最多、比较权威的蛋白质序列数据库是瑞士的 SWISS - PROT (http://www. expasy. ch/sport),由 Geneva 大学和欧洲生物信息学研究所(EBI)于 1986 年联合建立。SWISS - PROT 中的蛋白质序列是经过注释,数据来源有:①从核酸数据库经过翻译推导而来;②从蛋白质数据库 PIR 选择出合适的数据;③从科学文献中提取;④研究人员直接提交的蛋白质序列数据。

应用最普遍的数据库有 NRDB 和 dbEST 数据库。NRDB 是由 NCBI 创建的,是 NCBI 的 BLAST 搜索程序的默认蛋白质序列数据库。该数据库由 GenPept(由 GenBank 编码序列自动翻译而成数据库)、PDB 序列数据库、SWISS - PROT 数据库、SPupdate(每周更新的 SWISS - PROT 数据库)、PIR 和 GenPeptUpdate(每天更新的 GenPept)数据库复合而成。是一个较完全,包含最新信息的数据库。dbEST 数据库由美国国家生物技术信息中心(NC-BI)和欧洲生物信息学研究所(EBI)共同编辑,包括许多生物体的表达序列标签(EST)、肽序列标签(PST)。

蛋白质组学(proteomics)是利用高分辨的蛋白质分离技术和高效的蛋白质鉴定技

术,在整体水平上研究细胞内蛋白质组分及其活动规律的学科,旨在阐明生物体全部蛋白质的表达模式及功能模式,包括细胞内动态变化的蛋白质谱的组成成分、表达水平、修饰状态、细胞内定位和蛋白质之间的相互作用等,以揭示蛋白质功能及其与生命活动的关系(图9-17)。

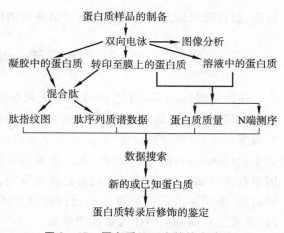

图9-17　蛋白质组研究的技术路线

蛋白质组的研究不仅为生命活动规律提供物质基础,也为多种疾病机制的阐明及攻克提供理论根据和解决途径。通过对正常个体及病理个体间的蛋白质组比较分析,找出某些"疾病特异性的蛋白质分子",为新药物设计、疾病的早期诊断提供分子靶点与标志。

蛋白质组学的研究方法有蛋白质双向电泳、飞行质谱、蛋白质芯片技术、基因敲除、酵母双杂交和噬菌体展示等。

一、双向电泳

双向电泳(two dimension electrophoresis,2-DE)也称二维电泳,是等点聚焦(IFE)和聚丙烯酰胺凝胶(SDS-PAGE)结合的高分辨率电泳。根据蛋白质的等电点不同,在pH梯度胶中进行等电聚焦分离,然后按照蛋白质相对分子质量的大小在垂直方向或水平上进行SDS-PAGE第二次分离。2-DE电泳后凝胶中的蛋白质经染色呈现二维分布,水平方向反映蛋白质在等电点上的差异,垂直方向反映出相对分子质量的差别。2-DE电泳包括蛋白质提取→一向等电聚焦→二向SDS-PAGE→染色→扫描→图像分析(图9-18)。

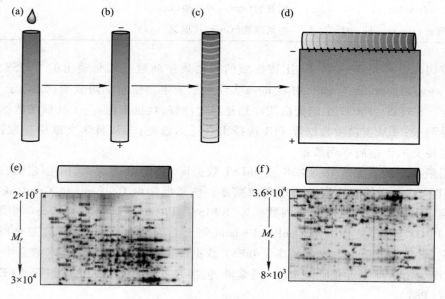

图9-18　IFE/SDS-PAGE双向电泳

目前双向电泳一般能分辨 1 000 ~ 3 000 个蛋白质点(spot),最多达 11 000 点,ng 级。而一个细胞系可表达上万个基因,加上蛋白质加工修饰的多样性,一个样品中的蛋白质种类可达 10^6 种。对于一些低拷贝蛋白质通常先让蛋白质粗提液经亲和柱纯化,再由一维或二维电泳分离。

"满天星"式的 2-DE 图谱的每个图象斑点的上、下调及出现、消失都可能在生理和病理状态下产生,须借助计算机的数据处理进行定量分析。在产生高质量系列 2-DE 凝胶的前提下,进行图象分析,包括斑点检测、背景消减、斑点配比和数据库构建。通常使用电荷耦合 CCD(charge coupled device)照相机采集图象;激光密度仪(laser densitometers)和 Phospho 或 Fluoro-imagers 对图像进行数字化,并成为以像素(pixels)为基础的空间和网格。其次,在图象灰度水平上过滤和变形,进行图像加工、斑点检测(图 9-19)。

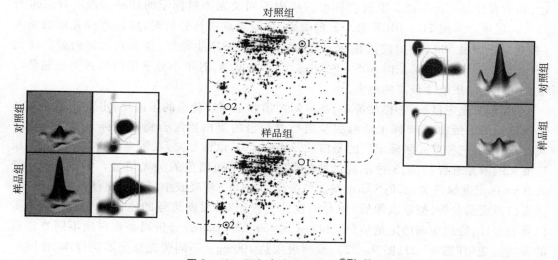

图 9-19 双向电泳图像分析©图9-16

双向电泳分析蛋白质的相对分子质量在 30×10^3 以上时电泳图谱较清楚,对在组织抽提物中占很大比例的低丰度的蛋白质却不能检出;2-DE 对极端物理和化学性质的蛋白质(极酸与极碱性蛋白质)、疏水性蛋白质(膜结合蛋白质和跨膜蛋白质)、极大蛋白质(相对分子质量 $> 200 \times 10^3$)与极小蛋白质(相对分子质量 $< 8 \times 10^3$)以及极端等电点的蛋白质、低丰度蛋白质难于有效分离。其次,二维电泳胶上的蛋白质斑点很大一部分包含一种以上的蛋白质。

为此后来发展了双向荧光差异凝胶电泳(two dimensional fluorescence difference in gel electrophoresis,2D-DIGE),利用荧光染料(fluorescent dye)与蛋白质赖氨酸的氨基反应,标记后蛋白质的等电点和相对分子质量基本不受影响,等量混合标记的蛋白质在一张凝胶上对标记好的三组蛋白质混合进行双向电泳分离,蛋白质表达量的变化则通过不同荧光的强度来体现。

三种最小标记荧光染料 Cy2,Cy3 和 Cy5(图 9-20)属于水溶性 3H-吲哚菁型生物荧光标记染料,它们在化学结构上相似,相对分子质量接近,带有相同的活化基团(-NHS 脂),可特异性标记在赖氨酸的 ε 氨基上。由于三种染料均带有一个正电荷,取代反应后的蛋白质等电点不发生改变,但过多的染料标记会导致蛋白质疏水性的增加而不易溶解。所以应保持每个蛋白质分子最多只标记上一个染料分子,使蛋白质赖氨酸残基的荧光标记修饰为 1% ~ 2%。

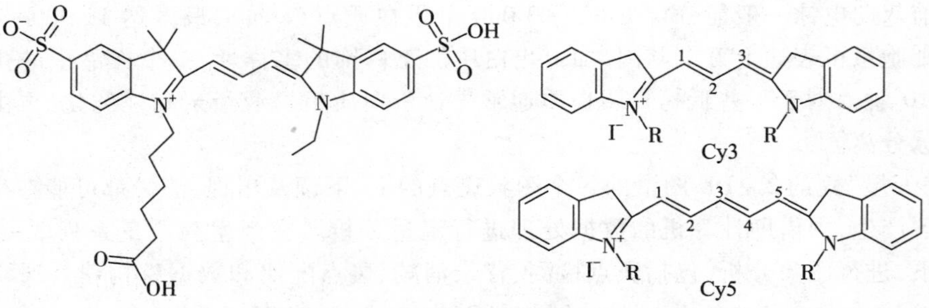

图 9 – 20   荧光染料 Cy3 和 Cy5 结构

进行 2D – DIGE 应设内标,即将试验中所有样品取等量混合,单独用 Cy2 荧光染料标记,和所有样品一起电泳。通过内标可对胶内不同荧光染料标记的样品和胶间样品进行归一化定量。采用 2D – DIGE 分离蛋白质后,切取斑点进行分析时,应注意荧光团的加入(相对分子质量 500 左右)使得在标记与未标记蛋白间产生差异,被荧光标记的蛋白质比未标记的蛋白质点在第二向 SDS – PAGE 时会有些偏差,对于小分子蛋白质其荧光显色的中心并非蛋白质浓度最高的地方。

DIGE 荧光定量法:①样品准备,提取对照组和不同实验组的蛋白质,定量,Cy3 和 Cy5 分别标记两组蛋白,Cy2 标记所有实验组与对照组的蛋白质混合物作内标。②蛋白质分离,等量混合三种荧光素标记后的蛋白质,2D – PAGE 电泳分离,在激光扫描仪中分别用相应波长的激光进行扫描,3 种不同的激发波长得到不同颜色的荧光信号。Cy2 发蓝色荧光,Cy3 标记发绿色荧光,Cy5 标记发红色荧光。在同一张凝胶中可得到三组蛋白的图像。③蛋白质定量分析,凝胶成像后,用专用软件进行比对,根据信号的比例来判定样品间蛋白质的差异,给出准确的定量信息。Image Master 7.0(DIGE)分析同一蛋白质不同处理后的表达量变化(图 9 – 21、图 9 – 22),检测极限达 100 pg。不同荧光标记不同样本,在同一胶上进行电泳,有利于比较分析。

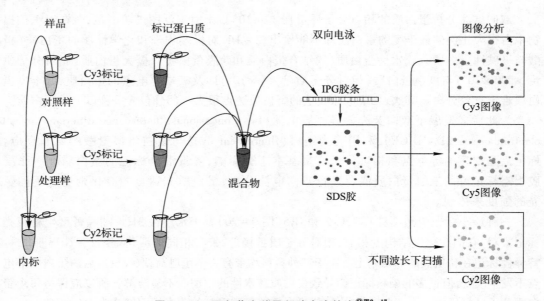

图 9 – 21   双向荧光差异凝胶电泳技术[图9 – 17]

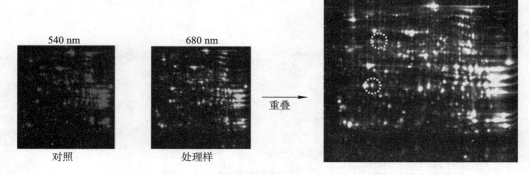

图 9 – 22　双色荧光标记不同蛋白 图9-18

蛋白质经双向电泳后,将分离到的感兴趣蛋白质切割下来、进行蛋白质凝胶的脱色、胶内蛋白质的酶切(表 9 – 6),或转移到 PVDF 膜上,进行膜解,然后上样进行分析。

表 9 – 6　多肽水解

裂解剂	裂解位点
胰蛋白酶(trypsin)	Lys,Arg(C)
胰凝乳蛋白酶(chymotrypsin)	Phe,Tyr,Trp(C)
弹性蛋白酶(elastase)	Phe,Tyr,Trp(C)
胃蛋白酶(pepsin)	Phe,Trp,Tyr(N)
蛋白质内切酶 Glu – C(来自金黄色葡萄球菌 V 8)	Glu(C)
溴化氰(cyanogen bromide)	Met(C)
羟胺(hydroxylamine)	Asn – Gly

二、生物质谱技术

2002 年诺贝尔化学奖颁给发展生物巨分子的质谱分析的 J. B. Fenn 与田中耕一以及解析蛋白质结构的核磁共振(NMR)的 K. Wuthrich。质量是物质的固有特征,不同物质有不同的质量谱,即质谱。质谱技术是将离子化的原子、分子或是分子碎片按质量或是质荷比(m/z)大小顺序排列成图谱,在此基础上进行各种无机物、有机物的定性或定量分析。定性分析包括相对分子质量和相关结构信息;定量分析通过测量各种离子的质谱峰来实现。

生物质谱(bio-mass spectrometry,Bio – MS)鉴定是将蛋白质消化成肽段,在质谱中经离子化后带上一定量的电荷,得出相应代谢产物或代谢组的图谱(图 9 – 23),图谱中每个峰值对应着相应的相对分子质量。通过质量分析器的分析,检测肽段的质量与电荷的比值(质荷比),测出肽段的数。再与数据库中理论质量数进行匹配检索,寻找具有相似肽谱的蛋白质,具体包括:样本准备→酶切消化→质谱检测→数据库检索。

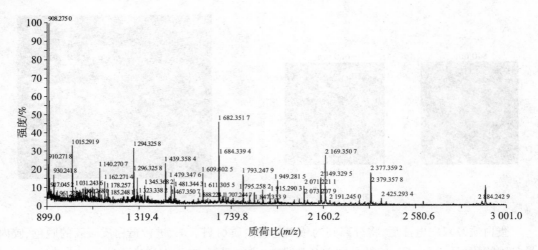

图 9 – 23　生物质谱图

基于质谱的蛋白质相互作用研究方法有：

（1）亲和层析耦联质谱技术　将某种蛋白质以共价键固定在基质（如琼脂糖）上,含有与之相互作用的蛋白质的细胞裂解液过柱,先用低盐溶液洗脱下未结合的蛋白质,再用高盐溶液或 SDS 溶液洗脱结合在柱子上的蛋白质,最后用多维液相色谱耦联质谱技术（MDLC – ESI – MS/MS）鉴定靶蛋白的结合蛋白。

（2）免疫共沉淀耦联质谱技术　以细胞内源性靶蛋白为诱饵,用抗靶蛋白抗体与细胞总蛋白进行免疫共沉淀（immuno-precipitation,IP）纯化靶蛋白免疫复合物,凝胶电泳分离后,质谱鉴定靶蛋白的结合蛋白。

（3）生物传感器耦联质谱技术　Biacore 基于表面等离子共振（SPR）进行生物大分子相互作用分析（BIA）。

（4）串联亲和纯化耦联质谱技术　在靶蛋白一端或中部嵌入蛋白质标记（TAP Tag）,经过特异性的两步亲和纯化,在生理条件下与靶蛋白相互作用的蛋白质便可洗脱下来,然后用质谱技术对得到的蛋白质复合体进行鉴定。

双重分子标签构建到靶蛋白→表达融合蛋白→制备细胞裂解液→IgG 柱纯化→TEV 蛋白酶的洗脱液洗脱蛋白质复合体→耦联钙调素的亲和柱纯化→洗脱→含 EGTA 的洗脱液洗脱→质谱鉴定结合蛋白质。

Bio – MS 灵敏可达 pmol（10^{-12}）~ fmol（10^{-15}）、鉴定相对分子质量为几万 ~ 几十万的蛋白质,可有效地与各种色谱联用（如 GC/MS,HPLC/MS）,常用的是液 – 质联用技术（LC – MS/MS）。蛋白质混合物直接通过液相色谱分离（代替 2 – DE）,然后进入 MS 系统获得肽段相对分子质量,再通过串联 MS 技术,得到部分序列信息,最后通过计算机联网查询、鉴定蛋白质。

三、SILAC 技术

SILAC（stable isotope labelling with amino acids in cell cultures）为氨基酸中稳定同位素标记的细胞培养技术,用含有轻、中、重型同位素的必需氨基酸培养基进行细胞培养,使细胞内蛋白质被稳定同位素标记。收获标记的细胞样品进行蛋白质的裂解,按等量进行混合,分离纯化后进行质谱鉴定。

SILAC 技术的主要操作步骤是:①标记,在缺乏赖氨酸(Lys)和精氨酸(Arg)的培养基中添加 Lys 和 Arg 的同位素 Lys(D4 或 ^{13}C6 ^{15}N4)、Arg(^{13}C6 或 ^{13}C6 ^{15}N4)等培养细胞,使蛋白质被标记成"中型"或"重型";②细胞处理,如药物处理;③细胞裂解、提取蛋白质;④等量混合对照与处理组蛋白质、SDS – PAGE 电泳、染色;⑤割取蛋白质条带,胰蛋白酶消化,质谱分析(图 9 – 24)。

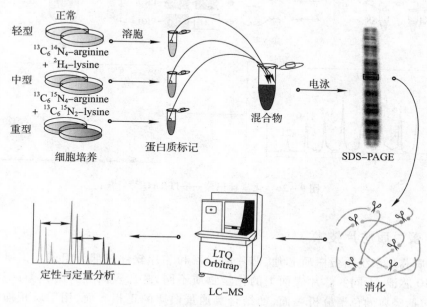

图 9 – 24 SILAC 分析^{ⓔ图9-19}

四、iTRAQ 技术

同重标签标记的相对和绝对定量(isobaric tags for relative and absolute quantitation, iTRAQ)包括报告基团、平衡基团、肽反应基团三部分(图 9 – 25)。报告基团有八种(相对分子质量为 114 ~ 121),可同时标记 8 组样品;平衡基团也有八种(相对分子质量为 31 ~ 24),不同的报告基团分别与相应的平衡基团相配,能保证 iTRAQ 标记的同一肽段的质荷比相同(总相对分子质量 145);肽反应部分能与肽 N 端及赖氨酸侧链发生共价连接而标记上肽段,几乎可以标记所有蛋白质。

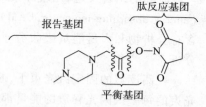

图 9 – 25 iTRAQ 结构

iTRAQ 试剂可与氨基酸末端氨基及赖氨酸侧链氨基连接的胺标记同重元素。在质谱图中,任何一种 iTRAQ 试剂标记不同样本中的同一蛋白质表现为相同的质荷比。在串联质谱中,信号离子表现为不同质荷比(113 ~ 119,121)的峰,根据波峰的高度及面积,可鉴定出蛋白质和分析出同一蛋白质不同处理的定量信息。先平行地将几组蛋白质样本变性沉淀后,用胰酶酶切消化,不同的标签进行肽段标记,合并后进行质谱分析(图 9 – 26)。

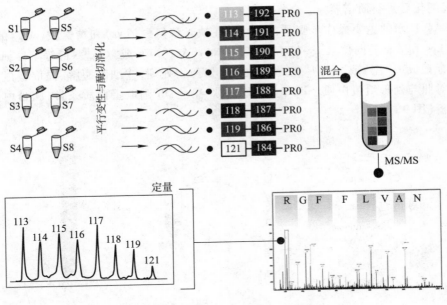

图 9-26　化学标记法——iTRAQ（图9-20）

五、蛋白质芯片技术

蛋白质芯片系统由蛋白质芯片、芯片阅读器和芯片软件三部分组成。供研究用芯片上有 6~10 芯池，不同的芯片表面上的化学物质不同，芯片表面分为两大类：一类为化学类表面，包括经典的色谱分析表面，如结合普通蛋白质的正相表面，用于反相捕获的疏水表面，阴阳离子交换表面和捕获金属结合蛋白的静态金属亲合捕获表面；另一类称为生物类表面，特定的蛋白质共价结合于预先活化的表面阵列，可以用来研究传统的抗体-抗原反应，DNA 和蛋白质作用，受体、配体作用和其他的一些分子之间的相互作用。根据检测目的不同，可以选用不同的芯片或者自己设计芯片，将样本和对照点到芯池上以后，经过一段时间的结合反应，用缓冲液或水洗去一些不结合的非特异分子，再加上能量吸收分子（energy absorbing molecule，EAM）溶液，使样本固定在芯片表面。当溶液干燥后，形成一个含有分析物和大量能量吸收分子"晶体"。然后就可把芯片放到芯片阅读器中进行质谱分析。

在阅读器的固定激光束下，芯片上、下移动，使样本上每一个特定点都被"读"到。激光束的每一次闪光释放的能量都聚集在该区一个非常小的点上，每个区都含有丰富的，可寻址（addressable）的位置。蛋白质芯片处理软件精确控制激光寻读过程。当样本受到激发，就开始电离和解除吸附。不同质量的带电离子在电场中飞行的时间长短不同，计算检测到的不同时间，就可以得出质荷比，把它输入电脑，形成图像。

六、酵母双杂交技术

酵母双杂交（yeast two-hybrid）技术是一种有效的真核活细胞内研究方法，主要研究蛋白质的相互作用（详见第四章第一节）。德国海德堡 E. E. Wanker 等为了系统检测人类蛋白质间相互作用，选择了 4 456 个诱饵蛋白和 5 632 个猎物蛋白，采用酵母双杂交进行研究。在1 705种蛋白质之间确定了3 186种新的相互作用关系,并采用免疫共沉淀和Pull-down技术验证了结果;通过拓扑学等评价,至少确认了401种蛋白质间有911种相互作用联系。

七、噬菌体展示技术

将多肽或蛋白质编码基因克隆到噬菌体外壳蛋白结构基因的适当位置,在不影响其他外壳蛋白正常功能的情况下,使外源多肽或蛋白质与外壳蛋白融合表达,且随子代噬菌体的重新组装而展示在噬菌体表面。该技术有三要素:①在噬菌体pⅢ和pⅧ衣壳蛋白N端插入外源待筛基因编码的蛋白质,形成的融合蛋白表达在噬菌体颗粒的表面;同时其保持的外源蛋白天然构象能被相应的抗体或受体识别。②利用固相支持物上的抗体或受体,采用亲和筛选法(panning)从噬菌体文库中筛选出能结合筛选分子的目的噬菌体。③外源多肽或蛋白质表达在噬菌体的表面,其编码基因可通过分泌型噬菌体的单链DNA测序推导出来(详见第四章第一节)。

八、基因靶向

1987年美国Utah大学Capecchi研究组根据同源重组的原理,首次实现了胚胎干细胞(embryonic stem cell, ES)的外源基因的定点整合(targeted integration),即基因打靶(gene targeting)。1993年Gu等应用Cre/loxP重组酶系统实现外源基因的时间特异性表达。2007年度诺贝尔生理学或医学奖授予了M. Capecchi、美国北卡罗来纳州大学教会山分校O. Smithies与英国卡迪夫大学M. Evans,他们发现了如何操纵小老鼠的ES基因,为人类攻克某些疾病提供了药物试验的生物模型,同时也造就了修复缺陷基因的基因疗法。

基因打靶又称基因靶向技术,是建立在胚胎干细胞和同源重组技术之上对基因组进行定位修饰的一种方法。当细胞染色体DNA与外源性DNA具有同源序列,可通过同源重组将外源基因定点整合到细胞基因组上某一特定位点,达到定点修饰和改造染色体某基因(图9-27)。通过基因打靶可对生物体基因组进行基因灭活、点突变、缺失突变、外源基因定位引入、染色体大片段删除等修饰和改造,使遗传修饰生物个体表达突变性状成为可能,并使修饰后的遗传信息通过生殖系进行遗传。

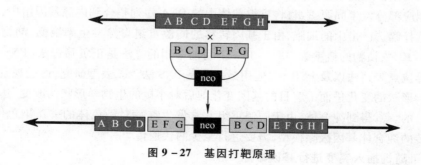

图9-27　基因打靶原理

基因打靶包括基因敲除和基因敲入两种。基因敲除(gene knock-out)是通过同源重组将一个结构已知而功能未知的基因进行敲除,使机体特定的基因失活,从整体观察实验动物,推测研究该基因的相应功能。基因敲入(gene knock-in)是通过同源重组,用一种基因替换另一种基因,以便在体内测定其是否具有相同的功能,或将正常基因引入基因组中置换突变基因以达到靶向基因治疗的目的。根据所用靶细胞的不同,基因打靶分为胚胎干细胞(ES)打靶和体细胞(somatic cel1)打靶两类。

基因敲除包括利用基因同源重组、随机插入突变进行基因敲除,也可利用 RNAi 引起基因敲除以及其他三螺旋寡核苷酸、反义技术等。

1. 基因同源重组的基因敲除

运用基因同源重组进行基因敲除是构建基因敲除动物模型中最普遍使用的方法。生物(如酿酒酵母、人)基因敲除依赖于同源同组,即携带有同源序列的质粒或 DNA 片段转化宿主后,可通过同源重组整合到染色体相应位置上,造成宿主内同源基因的替换或缺失。因此,只要构建同源序列 – 筛选标记 – 同源序列(图 9 – 28)这样的基因敲除盒,转入宿主后就能进行敲除。理论上,酵母转入的敲除盒两侧只要有 40 bp 以上的同源序列即可。

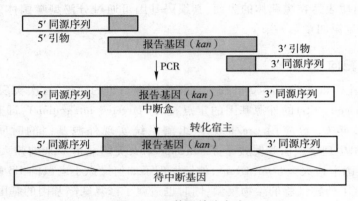

图 9 – 28 基因敲除方法

基因敲除的基本操作步骤如下:①替换型基因载体的构建,把目的基因和与细胞内靶基因特异片段同源的 DNA 分子都重组到带有标记基因(如 *neo* 基因,*TK* 基因等)的载体上,成为重组载体。②ES 细胞的获得,基因敲除一般采用胚胎干细胞,常用鼠,而兔、猪、鸡等的胚胎干细胞也有使用。③同源重组,将重组载体通过一定的方式(电穿孔法或显微注射或胚胎干细胞和动物桑葚胚共培养法)导入同源的胚胎干细胞(ES)中,使外源 DNA 与胚胎干细胞基因组中相应部分发生同源重组,将重组载体中的 DNA 序列整合到内源基因组中,从而得以表达。④选择筛选已击中的细胞,由于基因转移的同源重组自然发生率极低,动物的重组概率为 $10^{-2} \sim 10^{-5}$,植物的概率为 $10^{-4} \sim 10^{-5}$。目前常用的方法是正负筛选法(PNS 法),标记基因的特异位点表达法以及 PCR 法,应用最多的是 PNS 法。⑤表型研究,通过观察嵌合体小鼠的生物学形状的变化进而了解目的基因变化前后对小鼠的生物学形状的改变,达到研究目的基因的目的。⑥得到纯合体,由于同源重组常常发生在一对染色体的一条染色体中,要得到稳定遗传的纯合体基因敲除模型,需要进行至少两代遗传。

2. 利用随机插入突变进行基因敲除

利用某些能随机插入基因序列的病毒、细菌或其他基因载体,在目标细胞的基因组中进行随机插入,建立一个携带插入突变的细胞库。再通过相应的标记进行筛选,获得基因敲除的细胞。反转录病毒可用于动植物细胞的插入(图 9 – 29);对于植物细胞而言,农杆菌介导的 T – DNA 转化和转座子比较常用;噬菌体可用于细菌基因敲除。

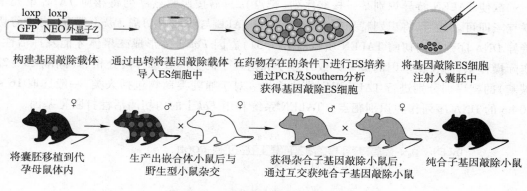

构建基因敲除载体   通过电转将基因敲除载体   在药物存在的条件下进行ES培养   将基因敲除ES细胞
                导入ES细胞中   通过PCR及Southern分析   注射入囊胚中
                                             获得基因敲除ES细胞

将囊胚移植到代   生产出嵌合体小鼠后与   获得杂合子基因敲除小鼠后，   纯合子基因敲除小鼠
孕母鼠体内   野生型小鼠杂交   通过互交获纯合子基因敲除小鼠

图 9 − 29　基因敲除鼠制作过程示意

3. RNAi 干扰引起的基因敲除

RNA 干扰（RNA interference，RNAi）是一种普遍的转录后基因沉默的机制，由 siRNA（small interference RNA）引起（图 9 − 13）。siRNA 是外源基因产生的双链 RNA 在 Dicer 酶的作用下，被裂解成长度为 21 ~ 23 nt 的一系列片段的总称，另一方面双链 RNA 还能在 RdRP（以 RNA 为模板指导 RNA 合成的聚合酶，RNA-directed RNA polymerase）的作用下自身扩增后，再被 Dicer 酶裂解成 siRNA。这些新生成的 siRNA 具有很强的关闭基因的功能，能介导 RNAi 现象，诱导出一种由 siRNA 核酸酶以及螺旋酶等结合在一起的 RNA 诱导沉默复合物（RNA-induced silencing complex，RISC）。RISC 能够解开 siRNA 并精确地指导特异 mRNA 降解。通过将双链 RNA 分子导入细胞内，特异性地降解细胞内与其同源的 mRNA，封闭内源性基因的表达来失活该基因，同样可以实现基因的敲除。

基因敲除技术还包括 TILLING（定向诱导基因组局部突变技术，targeting induced local lesions in genomes）、ZFN（锌指核酸酶，zinc finger nuclease）、TALEN（转录激活因子样效应物核酸酶，transcription activator-like effector nucleases）和最新的 CRISPR/Cas9（成簇的规律间隔的短回文重复序列，clustered regularly interspaced short palindromic repeats）靶向基因敲除技术。

（1）TALEN 基因敲除 TALEN 为转录激活因子样效应物核酸酶（transcription activator-like effector nucleases）。TALEN 能够识别并结合指定的基因序列位点，并高效精确地切断。随后细胞利用天然的 DNA 修复过程来实现 DNA 的插入、删除和修改。研究发现，来自植物细菌 *Xanthomonas* sp. 的 TALE 的核酸结合域的氨基酸序列与其靶位点的核酸序列有较恒定的对应关系。构成 TALE 的核心区域是 33 ~ 35 个氨基酸重复序列，其中 12、13 位点双连氨基酸与 A、G、C、T 有恒定的对应关系，即 NG 识别 T，HD 识别 C，NI 识别 A，NN 识别 G（图 9 − 30）。

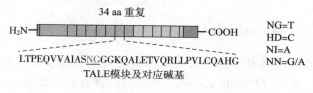

图 9 − 30　TALE 模块及对应碱基

欲使 TALEN 特异识别某一核酸序列(靶点),只需按照靶点序列将相应 TALE 单元串联克隆即可。然后,将识别特靶 DNA 序列的 TALE 与核酸内切酶 Fok I 偶联,构建剪切特异 DNA 序列的内切酶 TALEN 质粒(图 9 – 31)。因 Fok I 需形成二聚体才能发挥活性,实际操作中,需在靶基因的编码区或外显子和内显子的交界处选择两处相邻(间隔 13 ~ 22 碱基)的靶序列分别进行 TALE 识别模块构建。对于哺乳类动物包括人类,一般选取 16 ~ 20 bp 的 DNA 序列作为识别靶点。TALEN 系统利用 Fok I 的内切酶活性打断靶基因。

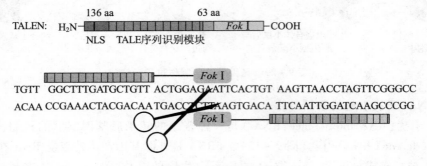

图 9 – 31　TALEN 质粒

将 TALEN 质粒对共转入细胞后,其表达的融合蛋白即可分别找到其靶点并与靶点特异结合。此时,两个 TALEN 融合蛋白中的 Fok I 功能域形成二聚体,发挥非特异性内切酶活性,在两个靶位点之间剪切 DNA,形成 DSB(double-strand breaks),诱发 DNA 损伤修复机制。修复过程中或多或少地删除或插入了一定数目的碱基,造成移码,形成靶基因敲除突变体。

(2) CRISPR/Cas9 基因敲除　CRISPR/Cas 系统是最近发现的一个新型的基因组定向编辑技术,CRISPR(clustered regularly interspaced short palindromic repeats,成簇的规律间隔短回文重复序列)是一类独特的 DNA 直接重复序列家族,由 25 ~ 50 bp 高度保守的重复序列与长度相似的非重复的间隔序列排列而成。CRISPR 系统能够为细菌与古菌提供一种获得性免疫保护机制,Ⅱ 型的 CRISPR/Cas9 利用一段小 RNA 引导 Cas9 核酸内切酶可在多种细胞(包括诱导多能干细胞 iPS)的特定的基因组位点上进行切割和修饰。其中 crRNA(CRISPR-derived RNA)通过碱基配对与 tracrRNA(trans-activating RNA)结合形成双链 RNA,此 tracrRNA/crRNA 二元复合体指导 Cas9 蛋白在 crRNA 引导序列靶定位点剪切双链 DNA(图 9 – 32)。

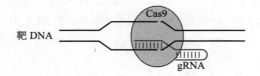

图 9 – 32　RNA 介导的 CRISPR/Cas9 剪切系统

CRISPR/Cas9 系统能够对小鼠和人类基因组特定基因位点进行精确编辑,包括诱导多能干细胞 iPS 等。此外,CRISPR/Cas 系统还可同时针对同一细胞(ES)中的多个位点能实现多靶点同时酶切,使得多个基因敲除、敲入成为可能。

总之,基因打靶可精确地研究一个基因的功能,克服基因随机整合的盲目性和危险性。尤其是条件性、可诱导性基因打靶系统的建立,可在时间和空间上精确地调控基因靶位点,为发育生物学、分子遗传学、免疫学及医学提供全新的研究手段,其应用涉及基因功能与生物制药的研究、生产具有商业价值的转基因动植物、异体动物器官移植和人类疾病的基因治疗等。

思考题

1. 名词解释:基因组学、转录组学、蛋白质组学、高通量测序、单分子测序、直系同源、旁系同源、孤儿基因、DNA 芯片、表达谱、SAGE、MPSS、管家基因、双向电泳、双向荧光差异凝胶电泳、生物质谱、基因敲除、RNA 干扰。

2. 第二代的高通量测序有哪些方法,各有什么特点?

3. 简述第三代单分子测序的原理与方法。

4. 转录组测序有哪些方法? 简述转录组测序的基本流程。

5. 蛋白质组学的研究采用哪些技术?

6. 什么是基因打靶?

7. 基因敲除方法有哪些?

8. RNA 干扰的基因敲除有哪些技术?

9. 选择题

(1) 用于研究蛋白质与 RNA 相互作用的是(　　)。

    A. 原位杂交　　　　　　　　　　　B. 酵母双杂交

    C. 凝胶电泳阻滞分析　　　　　　　D. 免疫杂交

(2) 可全部或部分抑制基因表达,以便研究基因功能的技术包括(　　)。

    A. 基因定点突变　　　　　　　　　B. 酵母双杂交

    C. 基因敲除　　　　　　　　　　　D. RNA 干扰

    E. 基因表达系列分析

(3) 可用于蛋白质组学研究的技术包括(　　)。

    A. 双向电泳　　　　　　　　　　　B. PCR

    C. 蛋白质印迹　　　　　　　　　　D. 蛋白质质谱分析

    E. RACE 技术

(4) 关于基因芯片技术下列叙述错误的是(　　)。

    A. 工作原理是分子杂交　　　　　　B. 可用于 SNP 研究

    C. 可以改造变异基因　　　　　　　D. 可同时检测大量靶基因的表达

第十章
基因工程应用与思考

第一节　基因工程的应用

　　基因工程是一门定向改造生物的科学,它将通常用于改变作物性状所采用的物理与化学诱变,以及生物演化过程中那种偶然性变成必然性。基因工程是生物工程的核心技术,可打破不同生物种在亿万年中形成的天然杂交屏障,将亲缘关系比较远的生物进行重组;其后代遗传性状的改变是定向的,完全处在人们有目的、有计划的控制之下。

　　近30多年来,基因工程技术在工业、农业、环境保护、疾病防治等各方面为人类生活提供了便利。1983年耐受抗生素的转基因烟草诞生,1993年一种软化成熟较慢、保存期长的西红柿成为美国也是世界第一种投入商业种植的转基因作物。1996年英国超市货架上首次出现了转基因西红柿酱;同年,美国孟山都公司将抗除草剂大豆投放市场,欧洲批准进口。很快,转基因成分出现在英国市场上的许多食品中,从土豆片到意大利面。英国人爱吃的干酪,有的也用上了转基因凝乳酶。据报道,包括婴儿食品在内,转基因食品目前在美国市场上已接近4 000余种,有两亿人食用,全球实现商业化的转基因作物种植面积达几千万公顷。2000年我国的种植转基因植物的面积达到50万 hm^2,目前通过国家商品化生产许可的转基因作物有:转基因耐储藏番茄、转查尔酮合成酶基因的矮牵牛、抗病毒甜椒、抗病毒番茄和抗虫棉花等,基因工程的产品已经深入到我们的生活,在医药产品、转基因植物与动物等方面已有广泛的应用。

一、医药卫生

1. 基因工程药物

包括胰岛素、干扰素、乙肝疫苗等60多种(表10-1),具有高质量、低成本的特性。

表10-1　基因工程药物

产品	功能
组织胞浆素原激活剂	抗凝
血液因子Ⅷ	促进凝血
颗粒细胞-巨噬细胞集落刺激因子	刺激白细胞生成
促红细胞生成素(EPO)	刺激红细胞生成
生长因子(bFGF,EGF)	刺激细胞生长与分化
生长素	治疗侏儒症

产品	功能
胰岛素	治疗糖尿病
干扰素(α1b,α2a,α2b,γ)	抗病毒感染及某些肿瘤
白细胞介素	激活、刺激各类白细胞
超氧化物歧化酶	抗组织损伤
单克隆抗体	利用其结合特异性进行诊断试验、肿瘤导向治疗
乙肝疫苗(CHO,酵母)	预防乙肝
口服重组 B 亚单位菌体霍乱菌苗	预防霍乱

胰岛素是治疗糖尿病的有效药物,长期以来都是从牛和猪的胰腺中提取的,据统计,每生产 10 g 胰岛素需要 1 t 的胰腺,而用基因工程方法,100 L 工程菌的培养液所获得的胰岛素相当于 1 t 牛和猪胰腺的提取量。

乙肝疫苗是用于预防乙肝的特殊药物。乙肝病毒的主要抗原是乙肝表面抗原 HbsAg,其由 s 基因编码。20 世纪 80 年代初,P. Valenzuela 等将 835 bp 的 s 基因片段克隆到表达载体上,在酵母中合成了该抗原。提纯后即可作为乙肝病毒的疫苗投入使用。

生长激素是由脑垂体前叶合成的一种蛋白质,有 191 个氨基酸。这种激素的缺乏将导致侏儒症。由于生长激素具有物种的特异性,所以只能用人的生长激素来治疗侏儒症。此外,还有激素类药物、细胞因子类药物、抗体等。

2. 基因诊断

用放射性同位素、荧光分子等标记的 DNA 分子做探针,利用 DNA 分子杂交原理,鉴定被检测标本上的遗传信息,达到检测疾病的目的。如用 DNA 探针检测出肝炎患者的病毒,为诊断提供了一种快速简便方法。已能检测肠道病毒、单纯疱疹病毒等多种病毒;在诊断遗传病方面发展尤为迅速;在肿瘤诊断中的应用取得重要成果。

3. 基因治疗

把健康的外源基因导入有基因缺陷的细胞中,达到治疗疾病的目的。1990 年美国国家卫生研究所首次报道对一个患有先天性严重综合性免疫缺陷症(SCID)的小孩进行了第一例基因治疗 图10-1。该小孩体内不能合成腺苷酸脱氨酶(ADA),将该基因引入患者体内产生一定量的 ADA,并检测到治疗前从未产生过的抗体,显示了免疫系统有较大的改善,治疗 SCID 获得初步效果。基因治疗导致个体的遗传性状发生改变,但不会遗传给下一代。

20 世纪 90 年代科学家自信地宣布,基因治疗(gene therapy)将是一场医学革命。如今 20 多年过去了,经过许多项临床试验,但基因治疗发挥的作用让人失望;同时那些长期支持基因研究的投资商也抱怨到,基因治疗的进展比想像得要慢得多。正如美国康奈尔大学威尔医学院的遗传学会主席 R. Crystal 说,"每个人都知道用基因做药是个好主意,可是实施起来并不容易。"完美理论遭遇残酷现实。从 1999 年到 2002 年期间,巴黎医院接纳了 10 名患者,他们都患有一种少见的先天丧失免疫功能的基因疾病。尽管骨髓移植可以治疗这种疾病,但很多患儿找不到和身体匹配的骨髓捐献。于是医生们想植入正常的基因到患儿体内,修复有缺陷的免疫系统;但事情发展并不像理论那么完美。因为在目前的基因治疗中采用的载体是病毒,医生发现基因治疗有使细胞快速"增殖"的危险。

二、农牧业、食品工业

1. 农业

培育高产、优质或具特殊用途的动植物新品种。天然的玫瑰没有蓝色的花冠,因为蔷薇科植物缺少合成蓝色色素的酶系。从矮牵牛中克隆了一个控制合成蓝色素的基因,目前可将该基因转入玫瑰中,出现蓝色的玫瑰。此外,利用反义 RNA 可控制植物基因的表达。高等植物体内的多聚半乳糖醛酸酶(polygalacturonase,PG)能降解果胶而使细胞壁破损,减少该酶的表达可有效防止蔬菜和水果的过早腐烂。将 PG 基因 cDNA 的 5′端部分序列反向接在花椰菜花叶病毒(CaMV)的启动子下游,并克隆到根癌农杆菌 – 大肠杆菌穿梭质粒的 T – DNA 中。用卡那霉素筛选被重组根癌农杆菌感染的番茄愈伤组织转化子,培养物可再生出 PG 表达量极低的转基因品种。

2. 畜牧养殖业

培育体型巨大(如超级小鼠、超级绵羊、超级鱼等),品质优良(如具有抗病能力、高产仔率、高产奶率和高质量的皮毛等)的转基因动物;利用外源基因在哺乳动物体内的表达获得人类所需要的各种物质,如激素、抗体及酶类等。

3. 食品工业

基因食品投放市场后,动物来源的、植物来源的和微生物来源的转基因食品发展非常迅速,各种类型转基因食品应运而生。

转基因食品的类型分为:①增产型。农作物增产与其生长分化、肥料、抗逆、抗虫害等因素密切相关,可转移或修饰相关的基因达到增产效果。②控熟型。通过转移或修饰与控制成熟期有关的基因使转基因生物成熟期延迟或提前,以适应市场需求。如延熟速度慢,不易腐烂,好贮存的西红柿。③高营养型。许多粮食作物缺少人体必需的氨基酸,为了改变这种状况,可从改造种子贮藏蛋白质基因入手,使其表达的蛋白质具有合理的氨基酸组成。现已培育成功的有转基因玉米、土豆和菜豆等。④保健型。通过转移病原体抗原基因或毒素基因到粮食作物或果树中,人们吃了这些粮食和水果,相当于在补充营养的同时服用了疫苗,起到预防疾病的作用。有的转基因食物可防止动脉粥样硬化和骨质疏松,一些防病因子也可由转基因牛羊奶得到。⑤新品种型。通过不同品种间的基因重组,获得的转基因食品可在品质、口味和色香方面具有新的特点。⑥加工型。由转基因产物作原料加工制成,花样最为繁多。转基因技术是一种新的尖端生物技术,在提高粮食产量、减少农药使用、生产含有更多营养成分的健康食品方面有巨大潜力,具有广泛的应用前景。

上市的转基因食品包括抗除草剂基因大豆、抗虫基因玉米、抗病毒基因油菜、抗病毒土豆、抗虫基因棉花等。

三、环境保护

1. 用于环境监测

用 DNA 探针可检测饮水中病毒的含量。使用一个特定的 DNA 片段制成探针,与被检测的病毒 DNA 杂交,从而快速、灵敏地将病毒检测出来。

2. 用于被污染环境的净化

利用转基因技术,可以获得分解石油的"超级细菌","吞噬"汞和降解土壤中 DDT 的细菌,能够净化镉污染的植物;而且,可以构建新的杀虫剂以及回收、利用工业废物等。

第二节　转基因的安全性分析

1983 年首例转基因烟草问世,1993 年美国批准孟山都公司研制的延熟保鲜转基因西红柿上市。目前,转基因产品的品种及产量成倍增长,根据国际农业生物技术应用服务组织(ISAAA)统计,2011 年全球共有 29 个国家的 1 670 万名农民种植了 1.6 亿 hm^2 的转基因作物,包括转基因大豆、玉米、棉花和油菜等,种植面积占全球耕地的 10% 。随着转基因产品商业化进程的加快,转基因安全性引起了人们的广泛关注,尤其在欧美发达国家,引起了一场强烈的争论。

一、剖析与转基因产品安全性有关的十大事件

1. 1994 年巴西坚果与转基因大豆事件

美国先锋种子公司将巴西坚果中一种编码富含甲硫氨酸和半胱氨酸的白蛋白(albumin)基因转入大豆,提高了转基因大豆的含硫氨基酸含量。公司对该转基因大豆进行食用安全评价时发现,对巴西坚果过敏的人同样会对这种大豆过敏,该白蛋白可能是巴西坚果的主要过敏原。为此,先锋种子公司立即终止了这项研究计划。此事后来被作为反对转基因的一个主要事例,一度被说成是"转基因大豆引起食物过敏"。实际上"巴西坚果事件"是研发单位在开展安全评价时发现过敏并及时停止的转基因案例,这种转基因大豆根本没有上市。这恰恰说明转基因产品的安全管理和生物育种技术体系具有自我检查和自我调控的能力,能有效防止转基因食品成为过敏原。

2. 1998 年 Pusztai 事件

英国 Rowett 研究所 Pusztai 博士利用转雪花莲凝集素基因的马铃薯喂养大鼠,1998 年秋在英国电视台发表讲话,声称大鼠食用后"体重和器官重量减轻,免疫系统受到破坏"。此事轰动全球,绿色和平组织、地球之友等组织把这种马铃薯说成是"杀手",策划了焚烧破坏转基因作物试验地、示威游行等,激发了公众对转基因食品安全性的质疑。英国皇家学会对此非常重视,组织了同行评审,并于 1999 年 5 月发表评论,指出 Pusztai 的实验有 6 方面的错误:不能确定转基因和非转基因马铃薯的化学成分有差异;对食用转基因马铃薯的大鼠未补充蛋白质以防止饥饿;供试动物数量少,饲喂几种不同的食物,都不是大鼠的标准食物,统计学意义差;实验设计不合理,未作双盲测定;统计方法不当;实验结果无一致性等。

3. 1999 年斑蝶事件

1999 年 5 月康奈尔大学昆虫学家约翰·罗西等人在 *Nature* 杂志上报告说,转 *Bt* 基因(苏云金杆菌毒蛋白)抗虫玉米的花粉撒在一种植物杂草"马利筋"叶片上,用马利筋叶片饲喂美国大斑蝶(黑脉金斑蝶),导致 44% 的幼虫死亡,表明转基因食品可能存在安全隐患,在全世界引起很大的反响,一时成了反对转基因环保组织的招牌。事实上,这一实验是在实验室完成的,并不反映田间情况,缺乏说服力,并且没有提供花粉量的数据。此事已有结论:①玉米的花粉非常重,扩散不远,在玉米地以外 5 m,每 cm^2 马利筋叶片上只找到一粒玉米花粉。②2000 年开始在美国和加拿大进行的田间试验证明,抗虫玉米花粉对斑蝶并不构成威胁,实验室试验用 10 倍于田间的花粉量来喂大斑蝶的幼虫,也没有发现对

其生长发育有影响。斑蝶减少的真正原因是农药的过度使用以及墨西哥生态环境的破坏。

4. 2000 年加拿大"超级杂草"事件

2000 年加拿大 Western Producer 网站(http://www.producer.com)报道,由于基因漂流,在加拿大的油菜地里发现了个别油菜植株可以抗 1~3 种除草剂,称此为"超级杂草"。事实上,这种油菜在喷施另一种除草剂 2,4 - D 后即被全部杀死。应指出,"超级杂草"并非科学术语,只是一个形象化的比喻,目前没有证据证明已有"超级杂草"的存在。同时,基因漂流并不是从转基因作物开始,而是历来都有。如果没有基因漂流,就不会有演化,世界上也就不会有这么多种的植物和现在的作物栽培品种。当然,油菜是异花授粉作物,为虫媒传粉,花粉传播距离比较远,且在自然界中存在相关的物种和杂草可以与它杂交,因此对其基因漂流的后果需加强跟踪研究。

5. 2001 年墨西哥玉米事件

墨西哥是玉米的原产地,2001 年 11 月美国加州大学伯克利分校的两位研究人员在 *Nature* 上发表文章,声称在墨西哥南部采集的 6 个玉米地方品种样本中,发现有 CaMV 35S 启动子及 Novartis Bt11 抗虫玉米中的 *adh1* 基因相似序列。绿色和平组织借此大肆渲染,说墨西哥玉米已经受到了"基因污染",甚至指责墨西哥小麦玉米改良中心(CIMMYT)的基因库也可能受到"基因污染"。文章发表后受到许多科学家的批评,指出其在方法学上有许多错误。所谓测出的 35S 启动子,经复查是假阳性。所称 *Bt* 玉米中的 *adh1* 基因已经转到了墨西哥玉米的地方品种,则是"张冠李戴"。因为转入 *Bt* 玉米中的基因序列是 *adh1 - 1 S* 基因,而作者测出的是玉米中本来就存在的 *adh1 - 1F* 基因,两者的基因序列完全不同。显然作者没有比较这两个序列,审稿人和 *Nature* 编辑部也没有核实。对此,*Nature* 编辑部发表声明,称"这篇论文证据不足,不足以证明其结论"。墨西哥小麦玉米改良中心也发表声明,指出经对种质资源库和新近从田间收集的 152 份材料的检测,在墨西哥任何地区都没有发现 35S 启动子。

6. 2003 年中国的 *Bt* 抗虫棉事件

2003 年 6 月 3 日南京环境科学研究所与绿色和平组织在北京召开会议,南京环境科学研究所、绿色和平组织顾问薛达元在会上发表了题为《转 *Bt* 基因抗虫棉环境影响研究综合报告》,6 月 4 日 *China Daily* 上发表了题为"GM Cotton Damage Environment"的文章。绿色和平组织也于当天在其网站上刊登该英文报告,从而再次引发国际争论,在欧美产生巨大反响,成为国际上争论转基因抗虫棉安全性的重大事件之一。6 月 5 日德国《农业报》文章的标题进一步升级,称"Chinese Research:Large Environment Damage by Bt Cotton"。但该研究报告未经同行评审,没有说明研究方法,没有生物学统计数据,违反生物学的一般常识。随后中国、美国、德国、加拿大、比利时、印度等国的科学家纷纷发表评论,反驳绿色和平组织的观点。抗虫棉非"无虫棉",抗虫棉中的 *Bt* 基因主要是针对鳞翅目的某些害虫,并不杀死所有害虫,包括盲蝽象、红蜘蛛及甜菜夜蛾。棉农只要采取适当防治措施,喷洒一般有机磷或菊酯类农药,这些害虫便可得到有效控制,根本谈不上"超级害虫",更不能说是抗虫棉破坏环境。

7. 2007 年有关转基因玉米 MON863 事件

2007 年 3 月法国生物学家塞拉里尼在美国《环境污染与毒理学文献》杂志上发表论文

说,雌性实验鼠在食用 MON863 转基因玉米后开始变胖,且肝功能受损;雄性实验鼠食用后开始消瘦,并伴有肾功能受损。他希望有关政府机构能够重新验证这种转基因玉米的安全性,并暂时取消该玉米的上市许可。随后,欧盟食品安全局在调查报告中指出,塞拉里尼发表的论文并非一项新的研究成果,他引用的是法国生物分子工程委员会毒理学家帕斯卡尔在 2003 年 10 月发表的一项研究,该研究报告谈及实验鼠对食物的不同反应,而且特别提到实验鼠食用转基因玉米与普通玉米后并无明显区别,而塞拉里尼只是断章取义地引用了部分数据,因此缺乏科学性。

8. 2010 年俄罗斯之声转基因食品事件

2010 年 4 月 16 日俄罗斯广播电台"俄罗斯之声",以《俄罗斯宣称转基因食品是有害的》为题报道,由全国基因安全协会和生态与环境问题研究所联合进行的试验,证明转基因生物对哺乳动物是有害的。声称负责该试验的 A. Surov 博士说,用转基因大豆喂养的仓鼠第二代成长和性成熟缓慢,第三代失去生育能力。俄罗斯之声还称"俄罗斯科学家的结果与法国、澳大利亚的科学家结果一致,科学家证明转基因玉米是有害的,法国立即禁止"。实际上 A. Surov 博士所在的 Severtsov 生态与进化研究所并无任何研究简报或新闻,俄罗斯之声报道的新闻事件也没有在任何学术期刊上发表过研究论文。至于新闻中提到法国禁止转基因玉米的生产和销售,也与事实不符。法国政府并没有对转基因食品的生产和销售下禁令,恰好相反,欧盟已于 2004 年 5 月 19 日决定允许进口转基因玉米在欧盟境内销售。

9. 2012 年法国转基因玉米致癌事件

2012 年 9 月法国凯恩大学科学家 Gilles-Eric Séralini 等公布研究成果,称用美国孟山都公司研制的转基因玉米 NK603 喂养实验鼠 2 年,发现 50% ~ 80% 的实验鼠长了肿瘤,平均每只长出多达 3 个肿瘤;而对照组中只有 30% 患病。NK603 是对草甘膦除草剂"Roundup"耐药的转基因玉米。研究文章称 NK603 对实验鼠的健康造成的危害与草甘膦除草剂相似,尤其在雌性实验鼠中,幼鼠夭折和患病的比例特别高,死亡率为对照组的 2 ~ 3 倍,喂养了转基因生物的雌鼠更易长乳腺肿瘤,脑垂体功能更易受损,导致其性荷尔蒙的不平衡。而雄鼠中出现的健康问题主要包括肝、肾和皮肤肿瘤以及消化系统疾病,肝梗塞率、坏死率增加了 2.5 ~ 5.5 倍,严重肾病患病率增加 1.3 ~ 2.3 倍,肉眼可见的肿瘤数为对照组的 4 倍,同时肾功能受到长期的慢性损伤。推测其原因,转入基因的过度表达导致玉米蛋白质组的改变,进而影响了实验鼠的内分泌环境,实验鼠的生化紊乱和生理障碍证实转基因生物对不同性别不同程度的病理作用。原文作者也指出:对转基因食物的食用、农药的制定必须非常仔细地进行评估,并且通过长期的研究,以权衡其潜在的毒性作用。

该报道在世界范围内引起轩然大波,不少公众对转基因作物产生了恐慌,但有科学家对该研究结果产生质疑。剑桥大学的 D. Spiegelhalter 对研究方法提出质疑:"对照组数量太少,没有合适的统计分析,无法成为有效的证据,且报道结果尚未得到重复,使得其他业内人士很难接受这些结论"。同时伦敦国王学院与爱丁堡大学的学者也指出该大鼠品系本来就容易染上肿瘤,其结果的产生可用随机误差来解释。美国伊利诺伊大学学者则认为,这并不是一份单纯的科学报告,而是一个精心策划的新闻事件。人类和牲畜已食用多年的转基因谷物,但迄今并无任何证据支持这项研究中提到的死亡率升高或患癌现象。

澳大利亚阿德莱德大学植物功能基因组学教授 M. Tester 也对此项研究结果表示疑问,称转基因在北美被用于食物已超过十年,人口寿命仍在持续稳定增长。与此同时,法国农业部长特凡纳·勒福尔表示得出有关结论"为时尚早",实验使用的玉米主要用作动物饲料,"不必过于恐慌"。德国农业部长伊尔塞·艾格纳也指出,人们需要等待针对这项研究的更详细调查结果。

10. 2012 年中国"黄金大米"事件

2012 年 8 月 30 日绿色和平组织发布消息称,美国一家科研机构选取湖南衡阳某小学学生做转基因"黄金大米"的人体试验,其结果已形成学术论文。具体是 2012 年 8 月美国塔夫茨大学汤光文、湖南省疾病预防控制中心胡余明、中国疾病预防控制中心营养与食品安全所荫士安和浙江省医学科学院王茵等在《美国临床营养杂志》发表了题为《"黄金大米"中的 β – 胡萝卜素与油胶囊中 β – 胡萝卜素对儿童补充维生素 A 同样有效》的研究论文。绿色和平组织的消息引起了中国众多媒体的关注和报道。为此,中国相关部门对该事件开展详细的调查。2012 年 12 月 6 日中国疾病预防控制中心在其网站对"黄金大米"一事进行情况通报,称湖南省衡南县江口镇中心小学 25 名儿童于 2008 年 6 月 2 日随午餐每人食用了 60 g"黄金大米"米饭。该米饭是由美国塔夫茨大学汤光文在美国烹调后,未按规定向国内相关机构申报,于 2008 年 5 月 29 日携带入境,违反了国务院农业转基因生物安全管理有关规定,存在学术不端行为,违反了知情权和伦理道德的问题。

二、转基因的安全性问题

食品安全、生物安全和环境安全是转基因安全性争论的焦点。

1. 食物安全

进入中国人食品的转基因食品每年已超过 2 000 万 t,但目前还没人能完全确定转基因食品是否安全。2002 年 12 月 25 日上海市发布第五号消费提示指出,在目前国家还未实施严格的安全管理和审批制度,在转基因技术还不成熟的情况下,消费者应谨慎食用转基因食品。

公众对转基因生物之所以存在戒心,重要的是担心转基因生物,特别是转基因农作物或由它们加工成的食品会给人类身体健康带来损害。

（1）抗性选择标记基因可能编码对人体有直接毒性的蛋白质,或编码出的蛋白质所具有的催化功能对宿主的代谢具有潜在毒性作用,并出现滞后效应或长期效应。如对抗生素的抵抗作用,人们在服用了这类改良食物后,食物会在人体内将抗药性基因传给致病的细菌,使人体产生抗药性。

（2）转基因植物可能会表达过敏蛋白,过敏是免疫系统对特殊蛋白质产生的反应。自然条件下存在许多过敏原,下列情况转基因食品可能产生过敏性,都有可能使过敏体质的人产生过敏反应:①所转基因编码已知的过敏蛋白;②基因源（供体）含过敏蛋白;③转入蛋白与已知过敏蛋白的氨基酸序列在免疫学上有明显的同源性,且有 8 个以上连续的相同氨基酸;④转入的蛋白质为某类蛋白质的成员,而这类蛋白质家族中的有些成员是过敏蛋白等。

（3）转基因农作物表达出的某些蛋白质,可能会潜移默化地影响人的免疫系统,从而对人体健康造成隐性的损伤。

（4）改变农作物品质的基因及其表达产物，可能会改变宿主体内的代谢途径，从而改变转基因食品的营养成分，因为外源基因会以一种人们目前还不甚了解的方式破坏食物中的营养成分。

（5）将动物蛋白质基因转入农作物中，是否会侵犯素食者或宗教信仰者的权益？把人的某些基因转入农作物或牛、羊等家畜体内，结果在农作物或家畜的肉、奶中含有人的某些蛋白质，这样做是否违反了人类伦理道德？

2. 生物安全

生物安全是指现代生物技术研究、开发、应用，以及转基因生物跨国转移，可能对生物多样性、生态环境和人体健康产生潜在不利影响。特别是各类转基因生物活体释放到环境中，可能会对生物多样性构成潜在的风险和危险。

（1）转基因生物获得某些全新的性状，增强了它们与其他生物的生存竞争能力，可能会使本地区本来生活力就很纤弱的个体或物种加速从地球上消失。而转基因生物可能会成为某一地区新的优势种，成为"入侵生物"，破坏自然生态环境，打破原有生物种群动态平衡。

（2）载体介导的外源基因可能发生横向转移，重组出新的菌株或病毒。

（3）抗虫功能的转基因植物体产生的抗虫蛋白可能使害虫产生抗性，变得更加难以防治？

（4）转基因逃逸（transgene escape）是导入的靶基因向野生近缘种等非靶生物的基因流动。转基因作物花粉的飘飞是转基因在空间上逃逸的主要渠道。转基因作物种子或组织通过过鸟、水流或运输也会发生基因逃逸。逃逸的关键问题是转基因作物是否与野生亲缘种形成杂种？有学者担心转基因在野生种群中留存将导致野生等位基因的丢失，造成遗传多样性的丧失。

（5）抗除草剂基因等可能会通过花粉传播或近缘杂交进入杂草或半驯化植物，产生超级杂草。通过对转基因植物的生存竞争性和相关野生种的近缘性、可交配性等转基因扩散机制及风险评价研究，认为对于带有标记基因的植物要比未转基因植株具有强的生存竞争力，但环境中不可能存在相当高的选择介质。而对于除草剂类，由于环境中除草剂施用量已达到一定选择浓度，一旦在转基因释放区存在可与其杂交的近缘野生种，就会发生基因逃逸，产生抗药性杂草；即便如此杂草抗药性只局限于有限的几种除草剂，还有其他除草剂可将其杀死。

3. 环境安全

转基因生物可能破坏生态环境稳定性，对环境造成污染，也是公众疑虑的重要内容。

（1）改变生物的多样性和群落结构，生态系统的稳定性可能会遭到破坏。转基因生物是自然界中不存在的"人工制造"的生物，它们具有强大的生存竞争，将使处于脆弱平衡状态的农田生态系统等遭到破坏。

（2）转基因植物如含有对人体有害蛋白质或过敏蛋白的花粉，有可能通过蜜蜂采集进入蜂蜜中，最后再通过食物链进入人体。

（3）重组 DNA 进入水体、土壤后，将流向何方？存活多久？它们是否与细菌杂交，出现对人体有害的、新的致病菌？现在已知 DNA 在土壤中至少可以存留 40 万年。1992 年意大利科学家就发现，被认为最安全的大肠杆菌 K12 菌株，进入下水道后竟可以存活72 h，在这么长时间里它完全可以与其他细菌进行基因交换。

三、转基因的安全性管理

无需讳言,转基因生物可能存在一定程度的安全性风险;然而,绝大部分风险可以采取适当的措施加以控制甚至彻底解决。

1. 严格的安全性管理政策

目前,从事转基因作物研究和开发的主要发达国家和部分发展中国家都制定了相应的政策和法规,对转基因生物安全性进行严格的管理和有效的控制。美国是转基因作物开发最早、种植面积最大的国家,已具有健全的从事食品安全与环境检测的管理机构以及严格的安全标准。1986 年美国白宫科技政策办公室颁布了生物工程产品管理框架性文件,接着美国环保局(EPA)、药品与食品管理局(FDA)和动植物卫生检验局(APGUS)制定了一系列法规,用以检测、控制转基因作物以及食物产品的安全性。我国也建立了相关的机构,并制定了相应的政策法规以确保转基因作物的安全性。1993 年 12 月原国家科委制定了基因工程安全管理办法。在此基础上,1996 年 4 月农业部制定了《农业基因工程安全管理实施办法》,同时成立了负责该办法实施的农业基因工程安全管理办公室。农业部还成立了农业生物基因工程安全委员会,以负责全国农业生物遗传工程体的安全性审批。2001 年 6 月国务院颁布了《农业转基因生物安全管理条例》,表明我国政府将更加重视转基因生物的安全性问题。我国的《农业转基因生物标志管理办法》和《农业转基因生物进口安全管理办法》也于 2002 年 3 月开始实施,建立了研究、试验、生产、加工、经营、进口等环节的许可和标识管理制度。

2. 科学的技术评价措施

20 世纪 90 年代初开始,一些国际组织和国家便致力于制定转基因食品安全性评价条例。现在对转基因食品的安全性评价主要依据经济发展合作组织(OECD)1993 年提出的实质等同性(substantial equivalence)原则,认为转基因食品只要与传统食品实质性相同就是安全的。实质等同性分析主要包括表型性状、关键营养成分及抗营养因子、有无毒性物质以及有无毒性蛋白等。其特点在于,转基因食品的检测要经过一定的动物喂食试验和人类试验。针对食品的过敏原性,1996 年国际食品生物技术委员会和国际生命科学研究所发展了一种称为树型判定法的程序来进行过敏原性分析。2000 年 FAO/WHO 联合专家顾问委员会修订了树型判定法,2001 年再次对其作了修订。现行的树型判定法包括:①转基因的来源,来自过敏原的材料需要特别谨慎;②序列同源性,与已知过敏原的氨基酸序列比较;③新蛋白的免疫化学,与有关过敏患者血清 IgE 是否存在交叉反应;④耐酸性或耐消化性,多数过敏原能耐受胃酸和消化道蛋白酶的水解;⑤热稳定性或耐受加工处理,热不稳定的过敏原则无需担心过敏性,因为经熟食或经加工后可破坏其过敏原。

对转基因作物的生态风险评价,目前发展到分子、个体、种群、群落和生态系统等各个层次,已建立或正在建立一些相关的理论基础和评估方法、程序等。有学者建议对转基因生物进行长期的监测,对转基因生物可能对环境造成的影响进行跟踪和研究,并建立全国范围的测报网和相应的转基因漂流状况国家和省级地理信息系统。

3. 更加安全的转基因技术体系

随着基因操作技术的发展,各种转基因新方法不断出现,转基因技术体系的安全性也不断提高。标记基因的去除有助于消除标记基因对转基因作物的安全性隐患,有助于将多个靶基因整合于同一生物物种中。

已经发展的去除选择标记基因的转化系统有:①位点特异性重组系统,利用重组酶催化两个短的、特定 DNA 间的重组去除选择标记基因,以获得无标记基因的转基因生物。目前已经使用成功的位点特异性重组系统是 *E. coli* 噬菌体 P1 的 *Cre/lox* 系统。②通过转座子使转基因在基因组内重新定位,如利用玉米中的转座因子 *Ac/Ds* 和 *Spm/dSpm* 转座系统。③共转化系统,将两个分离的 T–DNA 同时转化植物细胞,或用双 T–DNA 超级载体转化植物细胞,这两个 T–DNA 一个含有靶基因,另一个含有选择标记基因,它们在植物基因组中插入的位置不一定相同,转基因植株后代经过有性阶段就会发生分离,获得只含靶基因而不带选择标记基因的植株。④利用选择标记基因的组织特异性表达,或靶基因替换选择标记基因的策略来去除标记基因。前者是利用一个能在时间或空间上起控制作用的特异启动子来调控选择标记基因在转化位点的表达,后者则利用在一些真核生物和转化系统中高频发生的同源重组来剔除标记基因。⑤使用更安全的标记基因,如甘露糖 –6–P–异构酶基因;或者完全不用标记基因,如花粉管通道介导法。⑥使用将转基因定位于叶绿体的方法,以减少转基因的逃逸。

目前,有关转基因的安全性争论一直存在,转基因生物安全性争论的实质已并非纯粹是科学问题,其中还涉及国际经济和国际贸易的技术壁垒等诸多问题。因此,作为科学家,不要轻率承诺实验有缺陷,刻意回避转基因已经显现或隐匿的毒害与风险问题,必须秉持客观、理性、审慎的态度,正面回应所面临的问题与挑战。每个公民也应关心相关科技的应用。此外,更需要学术界承担对社会、对人类可持续发展的责任和道德义务。因为转基因问题不仅关系到食品安全、农业安全、环境安全和生态安全,而且关系到生物多样性安全和种族繁衍生养的安全。

思考题

1. 如何看待转基因食品的安全问题?
2. 设计转基因植物应该注意哪些安全问题。
3. 如何确认转基因植物,如转基因大豆?

参考文献

1. Aziz R K, Bartels D, Best A A, et al. The RAST server: rapid annotations using subsystems technology. BMC Genomics, 2008, 9:75.

2. Bentley D R, Balasubramanian S, Swerdlow H P, et al. Accurate whole human genome sequencing using reversible terminator chemistry. Nature, 2008, 456(7218):53-59.

3. Borgheresi R A, Palma M S, Ducancel F, et al. Expression and processing of recombinant sarafotoxins precursor in *Pichia pastoris*. Toxicon, 2001, 39:1211-1218.

4. Braslavsky I, Hebert B, Kartalov E, et al. Sequence information can be obtained from single DNA molecules. PNAS, 2003, 100(7):3960-3964.

5. Cohen S N, Chang A C, Boyer H W, et al. Construction of biologically functional bacterial plasmids in vitro. PNAS, 1973.

6. Dohm J C, Lottaz C, Borodina T. et al. Substantial biases in ultra-short read data sets from high-throughput DNA sequencing. Nucleic Acids Res, 2008, 36(16):e105.

7. Eid J, Fehr A, Gray J, et al. Real-time DNA sequencing from single polymerase molecules. Science, 2009, 323(5910):133-138.

8. Fedurco M, Romieu A, Williams S, et al. BTA, a novel reagent for DNA attachment on glass and efficient generation of solid-phase amplified DNA colonies. Nucleic Acids Res, 34(3):e22.

9. Gaj T, Gersbach C A, Barbas C F. ZFN, TALEN, and CRISPR/Cas-based methods for genome engineering. Trends in Biotechnology, 2013, 31(7):397-405.

10. Griffiths-Jones S, Moxon S, Marshall M, et al. Rfam: annotating non-coding RNAs in complete genomes. Nucleic Acids Res, 2005, 33(Database issue):D121-D124.

11. Harris T D, Buzby P R, Babcock H, et al. Single-molecule DNA sequencing of a viral genome. Science, 2008, 320(5872):106-109.

12. Heiger D N, Cohen A S, Karger B L. Separation of DNA restriction fragments by high performance capillary electrophoresis with low and zero crosslinked polyacrylamide using continuous and pulsed electric fields. J Chromatogr, 1990, 516(1):33-48.

13. Hillier L W, Marth G T, Quinlan A R, et al. Whole-genome sequencing and variant discovery in *C. elegans*. Nat Methods, 2008, 5(2):183-188.

14. Hyman E D. A new method of sequencing DNA. Anal Biochem, 1988, 174(2):423-36.

15. Jagadeeswaran G, Zheng Y, Sumathipala N, et al. Deep sequencing of small RNA libraries reveals dynamic regulation of conserved and novel microRNAs and microRNA-stars during silkworm development. BMC Genomics, 2010, 11:52.

16. Jiang X W, Xu X W, Huo Y Y, et al. Identification and characterization of novel esterases from a deep-

sea sediment metagenome. Arch Microbiol,2012,194:207 – 214.

17. Kall L,Krogh A,Sonnhammer E L L. Advantages of combined transmembrane topology and signal peptide prediction—the Phobius web server. Nucleic Acids Res,2007,35 (Web Server issue):W429 – 432.

18. Lagesen K,Hallin P,Rφdland E A,et al. RNAmmer:consistent and rapid annotation of ribosomal RNA genes. Nucleic Acids Res,2007,35(9):3100 – 3108.

19. Liao L,Xu X W,Jiang X W,et al. Cloning,expression,and characterization of a new β-agarase from Vibrio sp. CN41. Appl Environ Microbiol,2011,77:7077 – 7079.

20. Maxam A M,Gilbert W. A new method for sequencing DNA. PNAS,1977,74(2):560 – 564.

21. Margulies M,Egholm M,Altman W E,et al. Genome sequencing in microfabricated high-density picolitre reactors. Nature,2005,437(7057):376 – 380.

22. Meierhoff G,Dehmel U,Gruss H J,et a1. Expression of the FLT3 receptor and FLT3 ligand in human leukemia-lymphoma cell lines. Leukemia,1995,9(8):1368 – 1372.

23. Munroe D J,Harris T J. Third-generation sequencing fireworks at Marco Island. Nat Biotechnol,2010,28(5):426 – 428.

24. Ng P,Wei C L,Sung W K,et al. Gene identification signature (GIS) analysis for transcriptome characterization and genome annotation. Nat Meth,2005,2(2):105 – 111.

25. Ogata H,Goto S,Sato K,et al. KEGG:Kyoto Encyclopedia of Genes and Genomes. Nucleic Acids Res,1999,27(1):29 – 34.

26. Pfeifer G P,Tanguay R L,Steigerwald S D,et al. In vivo footprint and methylation analysis by PCR-aided genomic sequencing:comparison of active and inactive X chromosomal DNA at the CpG island and promoter of human PGK – 1. Genes Dev,1990,4(8):1277 – 1287.

27. Polonsky S,Rossnagel S,Stolovitzky G. Nanopore in metal-dielectric sandwich for DNA position control. Appl Phys Lett,2007,91(15).

28. Sanger F,Nicklen S,Coulson A R. DNA sequencing with chain-terminating inhibitors. PNAS,1977,74(12):5463 – 5467.

29. Schadt E E,Turner S,Kasarskis A. A window into third-generation sequencing. Hum Mol Genet,2010,19(R2):R227 – 240.

30. Shaffer C. Next-generation sequencing outpaces expectations. Nat Biotechnol,2007,25(2):149.

31. Shendure J,Porreca G J,Reppas N B,et al. Accurate multiplex polony sequencing of an evolved bacterial genome. Science,2005,309(5741):1728 – 1732.

32. Shih L Y,Huang C F,Wu J H,et al. Internal tandem duplication of FLT3 in relapsed acute myeloid leukemia I a comparative analysis of bone marrow samples from 108 adult patients at diagnosis and relapse. Blood,2002,100(7):2387 – 2392.

33. Stelzl U,Worm U,Lalowski M,et al. A Human protein-protein interaction network:A resource for annotating the proteome. Cell,2005,122 (6):957 – 968.

34. Tatusov R L,Galperin M Y,Natale D A,et al. The COG database:a tool for genome-scale analysis of protein functions and evolution. Nucleic Acids Res,2000,28(1):33 – 36.

35. Turcatti G,Romieu A,Fedurco M,et al. A new class of cleavable fluorescent nucleotides:synthesis and optimization as reversible terminators for DNA sequencing by synthesis. Nucleic Acids Res,2008,36(4):e25.

36. Wallerman O,Motallebipour M,Enroth S,et al. Molecular interactions between HNF4a,FOXA2 and GABP identified at regulatory DNA elements through ChIP-sequencing. Nucleic Acids Res, 2009, 37 (22):7498 – 7508.

37. Whitfeld P R. A method for the determination of nucleotide sequence in polyribonucleotides. Biochem

J,1954,58(3):390-396.

38. Wilkinson D L,Harrisin R G. Predicting thesolubility of recombinant proteins in *Escherichia coli*. Biotechnology,1991,9(5):443-448.

39. Zhang H,Yang J H,Zheng Y S,*et al*. Genome-wide analysis of small RNA and novel MicroRNA discovery in human acute lymphoblastic leukemia based on extensive sequencing approach. PLoS One,2009,4(9):e6849.

40. Zhang Z D,Rozowsky J,Snyder M,*et al*. Modeling ChIP sequencing in silico with applications. PLoS Comput Biol,2008,4(8):e1000158.

41. Zhu X F,Tan H Q,Zhu C,*et al*. Cloning and overexpression of a new chitosanase gene from *Penicillium* sp. D-1. AMB Express. 2012,2:13.

42. 龙敏南,柳士林,杨昌盛,等. 基因工程. 2 版. 北京:科学出版社,2010.

43. 邱文元,邓文叶,蔡艳桥,等. 第 21 和第 22 种氨基酸. 化学通报,2003,66:W051.

44. 任增亮,堵国成,陈坚,等. 大肠杆菌高效表达重组蛋白策略. 中国生物工程杂志,2007,27(9):103-109.

45. 张惠展. 基因工程. 2 版. 北京:高等教育出版社,2010.

46. 朱旭芬. 基因工程实验指导. 北京:高等教育出版社,2006.

47. 朱旭芬. 基因工程实验指导. 2 版. 北京:高等教育出版社,2010.

索 引